基因工程原理与技术应用研究

杨立国◎著

武汉理工大学出版社
·武汉·

内容提要

本书紧扣现代生物技术最新进展，以当今基因工程应用热门领域为切入点，主要论述基因工程的基本原理、单元操作和应用。基本原理涉及基因的高效表达原理、重组表达产物的活性回收原理、基因工程菌（细胞）的稳定生产原理；单元操作包括 DNA 的切接反应、DNA 重组分子的转化、转化子的筛选与重组子的鉴定；应用部分重点介绍了基因工程在农业、畜牧业和养殖业、工业、医药以及环境保护等领域的应用进展、应用技术和方法。本书可供高等院校生物工程、生物技术、生物科学等相关专业的师生，以及从事生物学领域研究的相关工作人员参考阅读。

图书在版编目 (CIP) 数据

基因工程原理与技术应用研究 / 杨立国著. — 武汉：武汉理工大学出版社，2023.12
ISBN 978-7-5629-6974-7

Ⅰ. ①基… Ⅱ. ①杨… Ⅲ. ①基因工程－研究 Ⅳ. ① Q78

中国国家版本馆 CIP 数据核字（2023）第 249168 号

责任编辑：黄　鑫
责任校对：陈军东　　　排　版：任盼盼
出版发行：武汉理工大学出版社
社　　址：武汉市洪山区珞狮路 122 号
邮　　编：430070
网　　址：http://www.wutp.com.cn
经　　销：各地新华书店
印　　刷：北京亚吉飞数码科技有限公司
开　　本：710×1000　1/16
印　　张：14.25
字　　数：226 千字
版　　次：2025 年 3 月第 1 版
印　　次：2025 年 3 月第 1 次印刷
定　　价：86.00 元

凡购本书，如有缺页、倒页、脱页等印装质量问题，请向出版社发行部调换。
本社购书热线电话：027-87391631　87664138　87523148

·版权所有，盗版必究·

前　言

近年来，包括人类基因组计划在内的各种世界性的基因工程相继开展，使基因工程的实用性不断加强，基因操作技术和基因组理论研究的结合也愈加紧密，基因工程的技术成果必将会在未来的发展中大放异彩，可以说，21世纪是生命基因科学的世纪。我国基因工程技术研究起步较晚，总体上落后于西方科技发达国家，但是随着国家对生命科学的日渐重视，以及基因研究手段和研究设备的逐渐完善，我国的基因工程研究也必将会迎来一个新的发展阶段。为了紧跟生命基因科学的研究步伐，同时也为了适应社会发展对更先进、更实用的基因工程技术与成果的需求，我们应该敢于打破传统思想的束缚，积极开拓和发现基因研究的新领域，提高我国基因工程研究和发展的总体水平，为我国基因技术的发展做出自己的贡献。为此，作者在参阅大量相关著作文献的基础上，精心撰写了《基因工程原理与技术应用研究》一书。

本书共有八章。第一章首先对基因工程的概念、发展历史、操作与应用、安全性进行了系统分析，从而为下文的展开做好铺垫。第二章承接上文，探讨了基因工程的常用工具酶，包括限制性核酸内切酶、DNA聚合酶、DNA连接酶、DNA修饰酶。第三章研究了基因工程载体，如质粒载体、噬菌体载体、人工染色体载体、其他载体。第四章针对目的基因的获得展开论述，涉及直接分离法、化学合成法、基于PCR的分离法、文库构建法。在上述章节内容的基础上，第五章至第七章重点研究了DNA的体外重组和转移、重组体克隆的筛选和鉴定、基因工程技术与方法。第八章为本书的最后一章，探索了基因工程技术在农业生产、畜牧业、养殖业、工业、医药、卫生、环境保护中的具体应用。

撰写本书的目的是为我国基因工程技术的发展和研究提供更多、更精彩的研究思路和研究方法，帮助我国基因工程研究领域营造积极、友好的学术氛围。基因工程的研究和应用是一项长久的事业，希望拙作能为初次接触基因科学的学生和研究者敲开生命科学的大门，为我国基因工程的研究和发展提供源源不断的人才支持。

本书在撰写过程中参考了大量有价值的文献，在此向这些文献的作者表示敬意。此外，本书的撰写还得到了出版社领导和编辑的鼎力支持和帮助，同时也得到了学校领导的支持和鼓励，在此一并表示感谢。由于基因工程技术发展的日新月异，加之作者自身水平及时间有限，书中难免有错误和疏漏之处，敬请广大读者给予批评指正。

作　者
2023年10月

目 录

第1章 绪 论 ·· 1
  1.1 基因工程的基本概念 ·· 1
  1.2 基因工程的发展历史 ·· 3
  1.3 基因工程的操作与应用 ·· 7
  1.4 基因工程的安全性 ·· 9

第2章 基因工程的常用工具酶 ·· 10
  2.1 限制性核酸内切酶 ·· 10
  2.2 DNA 聚合酶 ·· 14
  2.3 DNA 连接酶 ·· 21
  2.4 DNA 修饰酶 ·· 24

第3章 基因工程载体 ·· 42
  3.1 质粒载体 ·· 42
  3.2 噬菌体载体 ·· 44
  3.3 人工染色体载体 ·· 50
  3.4 其他载体 ·· 52

第4章 目的基因的获得 ·· 63
  4.1 直接分离法 ·· 63
  4.2 化学合成法 ·· 64
  4.3 基于 PCR 的分离法 ··· 67
  4.4 文库构建法 ·· 80

第5章 DNA 的体外重组和转移 ··· 85

5.1 DNA 片段的体外连接 …… 85
5.2 DNA 重组分子导入受体细胞 …… 96

第 6 章 重组体克隆的筛选和鉴定 …… 106

6.1 根据插入基因的表型选择 …… 106
6.2 载体表型选择法 …… 107
6.3 核酸扩增检测法 …… 112
6.4 DNA 电泳检测法 …… 113
6.5 核酸杂交检测法 …… 114
6.6 免疫化学检测法 …… 116

第 7 章 基因工程技术与方法 …… 121

7.1 核酸的分离纯化 …… 121
7.2 凝胶电泳技术 …… 122
7.3 PCR 技术 …… 133
7.4 探针标记技术 …… 136
7.5 分子杂交技术 …… 139
7.6 DNA 测序技术 …… 143
7.7 DNA 定点突变与基因编辑技术 …… 149
7.8 抑制缩减杂交技术 …… 158
7.9 基因芯片技术 …… 159
7.10 分子标记技术 …… 161
7.11 外源基因表达技术 …… 162

第 8 章 基因工程技术的应用 …… 164

8.1 基因工程技术在农业生产中的应用 …… 164
8.2 基因工程技术在畜牧业、养殖业中的应用 …… 180
8.3 基因工程技术在工业领域中的应用 …… 191
8.4 基因工程技术在医药、卫生领域中的应用 …… 200
8.5 基因工程技术在环境保护领域中的应用 …… 207

参考文献 …… 216

第1章 绪 论

1.1 基因工程的基本概念

1.1.1 基因

人们对基因的认识经历了长时间的发展过程,而且随着生命科学的发展,基因的概念也在不断深化。

19世纪中叶,Gregor Mendel通过阐明分离和独立分配规律来解释生物性状的遗传现象,提出了遗传因子(hereditary factor)的概念。他将控制豌豆性状的遗传因素称为"遗传因子",形成了基因的雏形。

1909年,丹麦遗传学家W. Johannsen创造了"gene"一词。之后,随着T. H. Morgan、O. T. Avery、J. D. Watson和F. H. C. Crick等人更加深入地对基因进行探索和研究,基因的概念逐渐形成。基因(gene)是一段可以编码具有某种生物学功能物质的核苷酸序列。随着研究的进一步深入,科学家提出了移动基因(又称为"转位因子"transposable elements)、断裂基因(split gene)、假基因(pseudo gene)、重叠基因(overlapping gene)或嵌套基因(nested gene)等基因的现代概念。[1]

---

[1] 邹克琴.基因工程原理和技术[M].杭州:浙江大学出版社,2009.

1.1.2 基因工程

20世纪70年代初期,基因工程诞生。生物科学的发展将以几千万年为进化单位的自然变异缩短到以几十年为进化单位的常规育种,再精简到以几年为进化单位的基因工程。自然变异不会以人类的意志为转移,人们无法控制;而常规育种也存在一定程度的盲目性,人们难以驾驭,只有基因工程才是人类通过自己的实验和探索研发出来的,可以根据人类自己的意志操作实践。人们可以按照自己的愿望定向培育生物品种,甚至可以创造自然界从未有过的新生物。可以说,基因工程把生物学和自然科学推送到了分子生物学的新领域。

所谓基因工程(gene engineering),是以遗传学、生物化学和分子生物学等学科为基础,引入工程学的一些概念,通过周密的实验设计,进行精确的实验操作,在分子水平上,提取(或合成)不同生物的遗传物质DNA,将它们在体外通过限制性核酸内切酶进行切割,再通过DNA连接酶将它们和载体拼接重组,最后将重组之后的DNA分子引入细胞或生物体内,让这些外源基因在受体细胞内进行复制和表达,按照人们的需求复制繁殖基因,或是生产出不同的新产物,并且可以稳定地遗传给下一代。[①]

基因工程又可以称为遗传工程(genetic engineering)、DNA重组技术(recombinant DNA technique)、分子克隆(molecular cloning)或基因克隆(gene cloning)。基因工程的核心内容包括基因克隆和基因表达。因此,供体、受体和载体是基因工程的三大要素。

我们可以将基因工程分为狭义和广义两个层面来理解。狭义的基因工程主要是指基因的重组、复制和表达,也就是我们通常说的上游技术,它侧重于以基因本身的操作为研究目标;而广义的基因工程是指基因重组技术的产业化设计和应用,即所谓的下游技术,包括基因工程制药、转基因动植物以及基因治疗等。

基因工程有两大重要特征:首先是人类可以根据自己的需求通过一定的技术手段将来自供体的基因转移到受体细胞中,改造生物的遗传特性,从而创造出生物的新性状;其次是遗传物质DNA可以在受体细

---

① 张晶.生物工程导论[M].北京:中国石化出版社,2018.

第1章 绪 论

胞里进行复制,并且遗传给下一代。这为我们制取大量纯化的 DNA 片段奠定了基础,同时也为分子生物学的研究拓宽了道路。①

1.2 基因工程的发展历史

1.2.1 基因工程的诞生

1972 年,美国斯坦福大学的 P. Berg 博士的研究小组成功地进行了第一次 DNA 体外重组实验。他们对猿猴病毒 SV40 的 DNA 和 λ 噬菌体的 DNA 在体外进行了切分和重组。首先,他们用限制性核酸内切酶将两种 DNA 在体外分别进行切分,然后用 DNA 连接酶将两种被酶切的 DNA 消化片段缝接起来,最后获得了包括 SV40 和 λDNA 的重组杂交 DNA 分子。

在基因工程萌芽的这段时间里,除了上述实验外,还有一些重要的研究和发现为基因工程的诞生奠定了基础(表 1-1)。

表 1-1 基因工程萌芽阶段的重大事件[②]

年份	重大事件
1866	Gregor Mendel 提出了遗传因子(hereditary factor)的概念
1869	F. Miescher 首次从莱茵河鲑鱼精子中分离到 DNA
1909	W. Johannsen 创造了"基因"一词
1928	A. Fleming 发现青霉素及其抑菌现象
1943	青霉素大规模工业化生产
1944	O. T. Avery 等用实验证明遗传物质是 DNA
1952	A. D. Hershey 和 M. Chase 证明 T2 噬菌体的遗传物质是 DNA
1953	J. D. Watson 和 F. H. C. Crick 发现 DNA 双螺旋结构
1957	A. Kornberg 在 E. coli 中发现 DNA 聚合酶Ⅰ

---

① 冯玉杰.现代生物技术在环境工程中的应用[M].北京:化学工业出版社,2004.
② 王正朝.基因工程= GENETIC[M].成都:电子科技大学出版社,2019.

续表

年份	重大事件
1958	M. Meselson 和 F. W. Stahl 提出 DNA 的半保留复制模型，Crick 提出中心法则
1961—1966	美国 NIH 的 Nirenberg 和 Mathaei 等科学家开始破译遗传密码
1967	世界上五个实验室几乎同时发现了可将 DNA 连接起来的 DNA 连接酶
1970	Smith 和 Wilcon 分离出第一个 II 类限制性内切酶
1972	以 H. Boyer 为代表开始发展 DNA 体外重组技术

但是基因工程的发展并不是完全一帆风顺的，由于人们思想的保守和对这门新的科学缺乏深入的认识，大多数人对这项技术还是持保守意见。所以，在1974—1976年间，美国、日本和西欧的一些国家先后制定不同的安全条例，对基因工程实验进行严格的限制。

1.2.2 基因工程的发展

在基因工程研究发展中值得一提的是1985年由美国能源部和国立卫生研究院共同组织的人类基因组计划（Human Genome Project，HGP），这个计划试图用基因工程技术来揭示人类所有的遗传结构，包括所有的基因（特别是疾病相关基因）和非编码序列。

2006年5月，随着美国和英国科学家在《自然》杂志网络版上发表了人类最后一个染色体——1号染色体的基因测序，人类基因组序列就已经全部测序完成了。这也标志着生命科学已经正式进入后基因组时代，即功能基因组时代。同时，这门存在巨大潜在的商业价值的基因技术也引来了众多的投资者。美国通过向生物公司转移人类基因组计划中研究得出的专利技术和产品，为研究计划募集到了更多的研究资金，而且还推动了相关生物技术工程的蓬勃发展。所以说，基因工程不仅在生物学等学科的理论基础上发展，同时反过来它也能促进生物学等学科的研究和发展。在过去几十年的发展过程中，基因工程还出现了以下一些重大的事件（表1-2）。

第1章 绪 论

表1-2 基因工程发展过程中的重大事件[①]

年份	重大事件
1974	实现异源真核生物基因在E.coli中表达
1975	G. J. F. Kohler和C. Milstein建立杂交瘤技术
1975—1977	F. Sanger、A. Maxam以及W. Gilbert各自发明了快速的DNA测序技术
1978	利用大肠杆菌合成了人胰岛素,这也是第一次生产出基因工程胰岛素
1979	人生长激素(hGH)基因在大肠杆菌中表达成功
1980	人干扰素基因在大肠杆菌中表达成功;表达系统转向枯草杆菌与酵母菌的研究;美国最高法院裁定基因工程产品可获专利,第一家生物技术类公司在NASDAQ上市
1981	第一只转基因动物(老鼠)诞生
1982	DNA重组技术生产的家畜疫苗首次在欧洲上市;Sanger和同事完成λ噬菌体的基因组全序列的测定;美国Eli Lilly公司将人类第一个基因工程药物重组胰岛素(商品名为Humulin)投放市场
1983	人工染色体首次成功合成;美国人采用Ti质粒介导方法培育出世界上第一例转基因植物烟草
1984	美国斯坦福大学被授予关于重组DNA的专利
1985	基因指纹技术首次作为证据亮相法庭;第一批转基因的家畜(兔、猪和羊)诞生
1986	第一个转基因作物获批准田间试验;第一个DNA重组人体疫苗(乙肝疫苗)研制成功;人IL-2(hIL-2)克隆成功;Powell-Abel首次获得了抗TMV的植株
1988	Watson出任HGP首席科学家,协调并监督人类基因组计划的研究;PCR技术问世
1989	转基因抗虫棉花获批准田间试验
1990	人类基因组计划正式启动;美国批准第一个体细胞基因治疗试验;第一种转基因动物(鲑鱼)获批准养殖
1991	中国首例B型血友病的基因治疗临床试验获得成功
1992	欧洲共同体各国实验室首次发表第一个真核生物染色体的DNA全序列
1993	生物工程产业组织(BIO)成立

---

① 王正朝.基因工程=GENETIC[M].成都:电子科技大学出版社,2019.

续表

年份	重大事件
1994	中国科学家首次在世界上构建高分辨率的水稻基因组物理图谱；转基因保鲜番茄在美国上市
1995	第一个原核生物——流感嗜血杆菌（H. influenzae）全基因组测序完成
1996	第一个单细胞真核生物——酿酒酵母（S. cerevisiae）全基因组测序完成
1997	英国完成首个从体细胞克隆的动物——克隆羊"多莉"
1998	人体胚胎干细胞系建立；秀丽隐杆线虫（C. elegans）完整基因组序列的测定工作宣告完成
1999	中国加入人类基因组计划，负责测定人类基因组全部序列的1%；人类基因组计划联合研究小组宣布完整破译出人体第22对染色体的遗传密码
2000	人类基因组工作框架图完成；美国、英国等国科学家宣布人类首次破译出植物基因序列——拟南芥（A. thaliana）基因组的完整图谱
2001	中国、美国、日本、德国、法国、英国6国科学家和美国塞莱拉公司联合公布人类基因组图谱及初步分析结果；重要粮食作物——水稻基因图在中国完成
2003	人类基因组测序工作完成
2004	科学家宣布绘制完成首幅禽鸟类物种的基因组序列草图
2005	人类X染色体基因测序完成；科学家公布人类基因组"差异图"
2006	人类最后一个染色体——1号染色体测序完成
2008	由中国、英国和美国的科学家组成的"国际协作组"，正式启动国际"千人基因组计划"
2010	人造生命诞生
2011	首次完成一种真核生物的半人工合成染色体

从表1-2中我们可以看出，基因工程要有基因才能应用于研究和生产，而基因的分离和认识又需要基因工程的手段。但是当今社会还是缺乏对基因和基因工程的深刻认识，人们总认为这是一个远离我们生活的学术名词，这说明我们在基因及基因工程方面所做的努力还不够，我们应该加强对基因和基因工程的宣传教育力度，深化人们对于基因的认识。

第1章 绪　论

随着计算机技术的发展,基因工程和计算机结合是一种必然的趋势。通常说的基因工程是操作单个或数个完整的基因,其产品是由外源基因编码的具有天然属性的蛋白质,操作的层次并未深入基因内部。而蛋白质结构的研究及与计算机相结合使人们可以更加直接地参与到基因工程的操作过程中去,这样不仅可以加深人们对基因工程操作过程的理解,加强人们对基因和基因工程的认知,也可以让人们掌握基因工程研究的主动性,使基因工程的研究成果更能满足人们的不同需求。

1.3　基因工程的操作与应用

1.3.1　基因工程在疾病治疗领域的应用

遗传病的基因治疗是指应用基因工程技术将正常基因引入患者靶细胞内,以纠正或补偿致病基因的缺陷,从而达到治疗的目的。

目前,基因治疗大概有以下几种类型:(1)基因补偿,把正常基因导入体细胞,对缺陷基因进行补偿或增强原有基因的功能,但致病基因本身并未除去;(2)基因矫正或基因置换,通过纠正致病基因中异常碱基或整个基因来达到治疗的目的;(3)基因失活,将特定的反义核酸或核酶导入细胞,在转录和翻译水平阻断某些基因的异常表达,而达到治疗的目的;(4)耐药基因治疗,在肿瘤治疗时,为提高机体耐受化疗药物的能力,把产生抗药物毒性的基因导入人体细胞,以使机体耐受更大剂量的化疗,如向骨髓干细胞导入药物抗性基因 mdr-1;(5)免疫基因治疗,把产生抗病毒或肿瘤免疫力的抗原决定簇基因导入机体细胞,提高机体免疫力,以增强疗效,如细胞因子基因的导入和表达等;(6)应用"自杀基因",某些病毒或细菌中的基因可产生一种酶,它可将原来无细胞毒性或低毒药物前体转化为细胞毒物质,将细胞本身杀死。[1]

基因治疗为临床医学开辟了崭新的领域,目前利用常规方法尚无法治疗的一些遗传病,如血友病、先天性免疫缺陷综合征等,有望通过这

---

[1] 蒋继志,王金胜.分子生物学[M].北京:科学出版社,2011.

个途径获得治疗。[①]

1.3.2 基因工程在药物领域中的应用

自 20 世纪 70 年代初基因工程诞生以来,基因工程药物发展十分迅速。目前,已经投放市场及正在研制开发的基因工程药物几乎触及医药的各个领域,包括激素、酶及其激活剂和抑制剂、各种抗病毒剂、抗癌因子、新型抗生素、重组疫苗、免疫辅助剂、抗衰老保健品、心脑血管防护急救药、生长因子、反义核酸、干扰 RNA 及诊断试剂等。

1.3.3 基因工程在农业中的应用

基因工程技术在农、林、畜牧业中有着广泛应用,意义重大。病虫害给农业生产带来了很大威胁,严重时导致绝产。在棉花生产中每年因虫害的损失就可达到 50 亿~100 亿元人民币。利用基因工程技术在改良作物品质、生物固氮、增加作物抗逆性及利用植物细胞反应器生产药物方面也取得了重要进展。通过基因工程已经培育出了抗虫棉,抗虫玉米及其他抗虫植物。基因工程抗病、抗除草剂植物也在生产实践中得到了应用。这些转基因植物的大面积推广不仅带来了巨大的经济效益,同时也大大减少了化学农药的使用,由此带来了重大的社会效益。[②]

1.3.4 基因工程在环境保护中的应用

微生物对环境的净化已被用于污水处理和环境净化。通过 DNA 重组,可以提高某些微生物体内特异酶的活性,从而为构建降解水中、土壤中特殊的污染化合物的微生物提供新的途径。到目前为止,已经分离出的降解性质粒有 25 个之多。将这些质粒有目的地转入以降解有害有毒有机污染物为目的的微生物中,即基因工程菌的构建能大大提高降解污染有机物的效率,还有利于扩大可降解污染物的种类,从而促进环保工业的发展。

---

① 徐心诚,成娟丽,严峰.生物化学代谢与合成反应研究[M].北京:中国水利水电出版社,2014.
② 蒋继志,王金胜.分子生物学[M].北京:科学出版社,2011.

第1章 绪 论

1.4 基因工程的安全性

　　转基因技术给人类做出了巨大的贡献。在进行大规模生产之前必须对转基因动物进行严格的生物安全性检测,考虑到转基因对人体的安全性、对生态系统的影响等多方面的因素,要有防止转基因在环境中扩散的有效方法。目前全球范围内激烈的争论与普遍关注主要集中在食品安全性和环境安全性两方面。

第 2 章　基因工程的常用工具酶

2.1　限制性核酸内切酶

2.1.1　限制性核酸内切酶的发现

限制性内切酶是一类识别双链 DNA 内部特定核苷酸序列的。这些 DNA 水解酶以内切的方式水解 DNA，产生 5'-P 和 3'-OH 末端。我们可以注意到这个概念中有一个限定词"限制性"，那么这个"限制性"到底指的是什么？我们需要从限制性内切酶的研究开始入手，可追溯到 20 世纪中期。

在 1952—1953 年，Luria、Bertani 分别组织各自的研究团队进行噬菌体研究，在研究过程中他们发现了宿主控制性现象。瑞士人 Arber 的团队采用放射性同位素标记法对噬菌体进行研究，发现噬菌体在入侵时，自身的 DNA 会被降解掉，但宿主自身的 DNA 并不降解。因此，他们提出了限制—修饰（R-M）假说。[①]

限制—修饰系统（restriction modification system）是一种可以保护自身免受外部侵害的一个系统，存在于细菌等一些原核生物体中，从字面描述中我们可以看出，其功能主要包括限制和修饰两个方面。限制（restriction）是指细菌的限制性核酸酶对入侵 DNA 的降解作用，这限制了外源 DNA 侵入所造成的危害。修饰（modification）是指细菌的修饰酶对自身 DNA 碱基分子的甲基化等化学修饰作用，经修饰酶修饰后

---

① 刘志国. 基因工程原理与技术 [M]. 北京：化学工业出版社，2011.

第2章 基因工程的常用工具酶

的 DNA 分子可免遭细菌限制酶的降解作用。

我们可以形象地对"限制"和"修饰"进行描述,所谓的"限制"是对入侵 DNA 的防御,而"修饰"是对自身 DNA 分子的保护。Arber 发现了具有"限制"功能的切割酶,也就是限制性内切酶,这种酶后来被广泛地应用在基因工程的研究中,Arber 也因此获得了 1978 年度诺贝尔奖。

2.1.2 限制性内切酶的类型和命名

限制性内切酶主要有三种类型(表 2-1)。

表 2-1 三种限制性内切酶的特点比较

特征	Ⅰ型	Ⅱ型	Ⅲ型
限制修饰活性	单一多功能酶	限制和修饰活性分开	双功能酶
蛋白质结构	三种不同亚基	单一成分	两种不同亚基
限制作用的辅因子	ATP、Mg^{2+}、S-腺苷甲硫氨酸	Mg^{2+}	ATP、Mg^{2+}、S-腺苷甲硫氨酸
切割位点	距特异性位点 1000bp 外的位置随机切割	特异性位点或附近	距特异性位点 3-端 24~26bp 位置
甲基化作用位点	特异性位点	特异性位点	特异性位点
识别甲基化位点	能	能	能
核酸内切酶切割	否		是
序列特异性切割	否	是	否
在基因工程中应用广泛		是	

根据惯例,人们常使用限制性内切酶寄主菌的种属名称来命名限制性内切酶,从字面上来说就是用微生物属名第一个字母(大写)和种名前两字母(小写)写成斜体三字母,如大肠杆菌(*Escherichia coli*)用 *Eco* 表示,流感嗜血菌(*Haemophilus influenzae*)用 *Hin* 表示。菌株名不斜体,在此三字母后,若菌株有几种不同限制性内切酶,则以罗马字母区分,如 *Hind* Ⅰ、*Hind* Ⅱ、*Hind* Ⅲ 等。两种限制性内切酶的名称、来源和剪切方式如下:

表 2-2 两种限制酶的名称来源和剪切方式

限制酶	来源	剪切方式
*Eco*R Ⅰ	*Escherichia coli* RY 13	G ↓ AATTC
Hind Ⅲ	*Haemophilus influenzae*	RdA ↓ AGCTT

2.1.3 影响限制性核酸内切酶活性的因素

2.3.1.1 酶的纯度

高质量的限制性核酸内切酶应是经过全面提纯，是没有杂质的，并且不存在其他核酸内切酶或核酸外切酶的污染，并且在长时间酶解时不出现识别序列特异性的下降，如酶解的 DNA 片段连接后能重新被识别和切割等。如果存在核酸外切酶污染，就会消化掉黏性末端的突出部分，从而阻止和降低其后重组产物的形成。例如，若存在碱性磷酸酶污染，就会去除 DNA 片段末端的磷酸残基，阻止 DNA 分子的连接。

2.3.1.2 DNA 样品的纯度

用限制性核酸内切酶消化 DNA 的反应速率，与所用 DNA 样品的纯度有极为密切的关联。在采用不同的方法制备 DNA 样品过程中，会使样品含有残留氯仿、苯酚、乙醇、EDTA、SDS、盐离子等物质，或未去除干净的蛋白质或多糖的残留物，这些物质都可能会影响限制性核酸内切酶的酶切反应活性。因此，我们应知道，高纯度的 DNA 样品对酶解反应是必需的。当条件受到限制，且必须在 DNA 纯度不高的情况下进行切割时，可采取适当增加酶的用量、扩大反应体系体积、延长反应时间、添加阳离子亚精胺等。

2.1.3.3 DNA 的甲基化程度

原核生物细胞内存在限制修饰系统，其中甲基转移酶对 DNA 起修饰作用，从而使自身的 DNA 不受体内限制性核酸内切酶的切割。因此，

第2章 基因工程的常用工具酶

甲基化作用直接影响限制性核酸内切酶的活性。

大肠杆菌许多菌株的细胞内具有两种核苷酸专一的甲基转移酶,即 dam MTase 和 dcm MTase。dam MTase 催化 GATC 序列中的腺嘌呤 N_6 位置上的甲基化;dcm MTase 催化 CCAGG 或 CCTGG 序列中的胞嘧啶 C_5 位置上的甲基化。为了克服甲基转移酶的影响,在基因克隆中常使用甲基转移酶缺失的菌株来制备质粒 DNA。

在基因组研究中,常利用一些同裂酶对甲基化敏感性不同的特性研究细胞 DNA 位点专一性甲基化的程度和分布。例如,*Hpa* Ⅱ 和 *Msp* I 均可识别 CCGG,当该序列中的胞嘧啶残基被甲基化后,*Hpa* Ⅱ 不能识别和切割,但 *Msp* I 还能识别并切割甲基化后的该序列。

2.1.3.4 酶切反应的温度

消化 DNA 分子时,不同的限制性核酸内切酶具有不同的最适反应温度。大多数限制性核酸内切酶的最适反应温度为 37℃,但也有例外。例如,HpaI、ApaI、BclI、Mae Ⅲ 和 TaqI 的最适反应温度分别是 25℃、30℃、50℃、55 ℃ 和 65 ℃。酶切反应时低于或高于最适温度都会影响酶的活性,甚至使酶失活。

2.1.3.5 DNA 分子的构型

DNA 分子的构型也是影响内切酶活动的一个重要因素。有些限制性核酸内切酶对同一个 DNA 分子上不同位置的识别序列、切割效率具有位点偏爱性,如 *Eco*R I 对 λDNA 分子的 5 个靶位点的切割速率不一样,其中在 DNA 左侧的位点比中间位点的切割速率快 10 倍。此外,识别序列的侧翼序列也会影响到酶切效率。大多数限制性核酸内切酶对只含识别序列的寡核苷酸是不具催化活性的,如仅含 GAATTC 的寡核苷酸不会被 *Eco*R I 切割,只有在 GAATTC 寡核苷酸两侧各延长一个或几个核苷酸后,才能被 *Eco*R I 有效切割。

2.1.3.6 反应缓冲液

限制性核酸内切酶的反应缓冲液也是影响内切酶活动的一项重要

因素，缓冲液中包含有以下几种成分：氯化镁或醋酸镁、氯化钠或醋酸钾、二硫苏糖醇（DTT）或 β-巯基乙醇、Tris·HCl 或 Tris·HAc。多数酶切反应所需 pH 7.0～7.6。缓冲液中 β-巯基乙醇或 DTT 可防止酶的氧化。有些酶反应体系中需要牛血清白蛋白（BSA），以防止酶在低浓度蛋白质溶液中变性，使用浓度为 100ug/ml。市售酶中都配有 10 倍的浓缩缓冲液，使用时只需加反应体系的 1/10 即可。

2.1.3.7 酶的星号活性

限制性核酸内切酶识别和切割特异性位点都需要在特定的条件下才能进行测定。并且，如果条件一发生改变，许多酶的识别位点会发生变化，导致识别与切割序列的非特异性，这种现象称为星号活性。例如，EcoR I 在 pH2>8、盐离子浓度（％）50mmol/L 和甘油浓度 2>5％的情况下，其识别序列由 GAATTC 改变为 NAATTN（其中 N=A、T、G 或 C），使特异性明显降低，以 EcoR I* 表示这种活性。因此，在使用过程中，为达到限制性核酸内切酶的最佳反应速度和切割专一性，应尽量遵循生产商推荐的反应条件，避免在星号活性条件下进行反应。

2.2 DNA 聚合酶

DNA 聚合酶（DNA polymerase）的作用是在引物和模板的存在下，把脱氧核糖单核苷酸连续地加到双链 DNA 分子引物链的 3'-OH 末端，催化核苷酸的聚合作用。分子克隆中依赖于 DNA 的 DNA 聚合酶，主要包括大肠杆菌 DNA 聚合酶 I（全酶）、大肠杆菌 DNA 聚合酶 I 大片段（Klenow 片段）、T4 噬菌体和 T7 噬菌体编码的 DNA 聚合酶、经修饰的 T7 噬菌体 DNA 聚合酶（测序酶）和耐热 DNA 聚合酶等。

2.2.1 大肠杆菌 DNA 聚合酶 I

从大肠杆菌中分离纯化可以得到 3 种类型的 DNA 聚合酶——

第2章 基因工程的常用工具酶

DNA 聚合酶Ⅰ（DNA poly-merase Ⅰ, DNA*Pol* Ⅰ）、DNA 聚合酶Ⅱ（DNA*Pol* Ⅱ）、DNA 聚合酶Ⅲ（DNA*Pol* Ⅲ），其中 DNA 聚合酶Ⅰ在分子克隆中最为常用。

DNA 聚合酶Ⅰ是著名的基因工程学家 Kornberg 等人于 1956 年首次在大肠杆菌中发现的,因此也有一部分人称其为 Kornberg 酶。它是由大肠杆菌 *pol*A 基因编码的单一多肽,含 1000 个氨基酸残基,相对分子质量约为 109000。该酶具有 3 种活性。

（1）5'→3'DNA 聚合酶活性。
（2）3'→5' 外切酶活性。
（3）5'→3' 外切酶活性。

2.2.1.1 5'→3' 聚合酶活性

大肠杆菌 DNA 聚合酶Ⅰ的聚合酶活性是以 DNA 为模板,利用体系中的 4 种脱氧核糖核苷（dNTP）,催化单核苷酸分子添加到引物的 3'-OH 末端,沿 5'→3' 合成与模板互补的另一条 DNA 链. 聚合作用需要 Mg^{2+} 存在。模板 DNA 可以是单链或双链 DNA 分子。双链 DNA 只有在其一条链上有一个或数个断裂时才可以作为有效模板如图 2-1 所示。

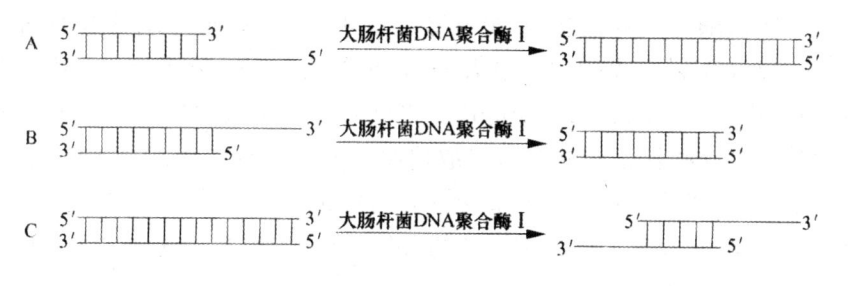

图 2-1 大肠杆菌 DNA 聚合酶Ⅰ活性图解

2.2.1.2 3'→5' 外切酶活性

大肠杆菌 DNA 聚合酶Ⅰ的 3'→5' 外切酶活性是沿 3'→5' 方向识别和切除不配对的 DNA 生长链末端的核苷酸,这种外切酶活性在体内 DNA 复制时主要起校对作用。当 DNA 复制中掺入的核苷酸与模板不互补而游离时,就会被其 3'→5' 外切酶切除,以便重新在这个位置上聚合对应的核苷酸。这种校对功能保证了 DNA 复制的真实性,从而降低了突变率。

2.2.1.3 5'→3' 外切酶活性

大肠杆菌 DNA 聚合酶 I 的 5'→3' 外切酶活性,是从 5' 端降解双链 DNA 分子。它也可以降解 DNA-RNA 杂合体中的 RNA 分子,即具有 RNA 酶 H 的活性。

这种酶外切活性特点如下。

(1)待切除的核酸分子必须具有 5' 端游离磷酸基团。

(2)核苷酸分子被切除前位于已配对的 DNA 双螺旋区段上。

(3)被切除的可以是脱氧核苷酸,也可以是非脱氧核苷酸。

在分子克隆中,大肠杆菌 DNA 聚合酶 I 的一个重要用途是用于切口平移法制备核酸杂交探针。在 Mg^{2+} 存在时,用低浓度的 DNA 酶 I(DNase I)处理双链 DNA,使之随机产生单链断裂。然后利用 DNA 聚合酶 I 的 5'→3' 外切酶活性从断裂处的 5' 端除去一个核苷酸,而其聚合酶活性则将一个单核苷酸添加到断裂处的 3' 端。由于大肠杆菌 DNA 聚合酶 I 不能使断裂处的 5'-P 和 3'-OH 形成磷酸二酯键重新连接,所以随着反应的进行,5' 端核苷酸不断去除,而 3' 端核苷酸同时掺入,导致断裂形成的切口沿着 DNA 链按合成的方向移动,这种现象称为切口平移(nick translation)。如果在反应体系中加入带标记的核苷酸,那么这些标记的核苷酸将取代原来的核苷酸残基,产生带标记的 DNA 分子,用作 DNA 分子杂交探针(图 2-2)。此外,大肠杆菌 DNA 聚合酶 I 还可用于 cDNA 第二链的置换,以合成 3' 突出末端的 DNA 分子的末端标记等。

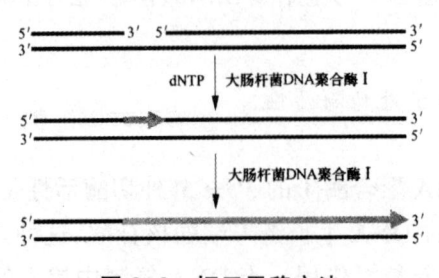

图 2-2 切口平移方法

第 2 章 基因工程的常用工具酶

2.2.2 Klenow 片段

大肠杆菌 DNA 聚合酶 I 的 3 个结构域分别行使 3 种不同的活性功能。羧基端结构域（543～928 位残基，相对分子质量约为 46000），具有 5'→3' 聚合酶活性；中间结构域（326～542 位残基，相对分子质量约为 22000），具 3'→5' 外切酶活性；氨基端结构域（1～325 位残基），具有 5'→3' 外切酶活性。大肠杆菌 DNA 聚合酶 I 的 5'→3' 外切酶活性在使用时常引起一些麻烦。比如，降解结合在 DNA 模板上的引物的 5' 端，而且可从作为连接底物的 DNA 片段末端除去 5'→P。DNA 聚合酶 I 用枯草芽孢杆菌蛋白酶处理后，该酶被降解成两个片段，较大的片段包括 326～928 残基，称为大肠杆菌 DNA 聚合酶 I 大片段或 Klenow 片段。Klenow 片段具有 DNA 聚合酶 I 的 5'→3' 聚合酶活性和 3'→5' 外切酶活性，而位于全酶较小氨基端结构域（1～325 位残基）的 5'→3' 外切酶活性已被除去。

分子克隆中 Klenow 片段的主要用途如下。

（1）补平经限制性核酸内切酶消化 DNA 所形成的 3' 凹陷末端，包括带裂口的双链 DNA 的修复。

（2）用 ^{32}P dNTP 对带 3' 凹陷末端补平，标记 DNA 分子 3' 末端。

（3）在 cDNA 克隆中，用于 cDNA 第二链的合成。

（4）用于 Sanger 双脱氧末端终止法进行 DNA 序列分析。

（5）在单链模板上延伸寡核苷酸引物，以合成杂交探针和进行体外突变。

2.2.3 T4 DNA 聚合酶

T4 DNA 聚合酶源于 T4 噬菌体感染的大肠杆菌，相对分子质量为 114000，由单一肽链组成。与 Klenow 片段相似，T4 噬菌体 DNA 聚合酶具有 5'→3' 聚合酶活性和 3'→5' 外切酶活性，缺少 5'→3' 外切酶活性。但其 3'→5' 外切酶活性比 Klenow 片段要高 200 倍。T4 DNA 聚合酶不能从单链 DNA 模板上替换引物，在体外诱变反应中，其诱变效率要比 Klenow 片段酶约高 1 倍。降解单链的速度比降解双链的速度快很多。利用 3'→5' 核酸外切酶活性，T4 DNA 聚合酶不仅可以对凹陷的 3' 端进行标记，还可对平末端进行标记。在没有脱氧核苷三磷酸存在的条件下，L DNA 聚合酶只能发挥外切酶活性。此时它作用于平末端 DNA，按 3'→5' 方向从 3l-OH 末端开始降解 DNA。如果反应混合物中存在某种 dNTP，那么降解作用进行到暴露出与该 dNTP 互补的核苷酸时就会停止。根据该特性，可以对 T₄ DNA 聚合酶的降解长度进行控制，从而产生具有一定长度的 3' 凹陷末端。再在反应体系中加入脱氧核苷三磷酸，则可进行如 Klenow 大片段酶一样的标记反应。L DNA 聚合酶对平末端 DNA 进行标记时，先删除原有的核苷酸，再在原来的位置重新合成，因此特称为取代合成。L DNA 聚合酶催化的取代合成法制备的高比活性的 DNA 杂交探针，比用缺口转移法制备的探针具有两个明显的优点：第一，不会出现人为的发夹结构（用缺口转移法制备的 DNA 探针则会出现这种结构）；第二，应用适宜的限制酶切割，它们便能很容易地转变成特定序列的探针（图 2-3）。

在分子克隆中，T₄ DNA 聚合酶的主要作用如下。

（1）用于补平或标记 DNA 分子经限制性核酸内切酶消化后产生的 3' 凹陷末端。

（2）对带有 3' 突出末端或平末端的 DNA 片段进行标记，制备特异性探针。

（3）利用 T4 噬菌体 DNA 聚合酶强的 3'→5' 外切酶活性，将双链 DNA 的末端转化为平末端。

2.2.4 T7 DNA 聚合酶

T7 DNA 聚合酶源于 T7 噬菌体感染的大肠杆菌，是由 T7 噬菌体基因 5 编码的蛋白和来自宿主大肠杆菌基因编码的硫氧和蛋白紧密结合构成的一个复合体。T7 DNA 聚合酶是所有已知 DNA 聚合酶中持续结合能力最强的，并且从应用效果来看，其所催化合成的 DNA 平均长度要比其他 DNA 聚合酶催化合成的 DNA 平均长度大得多，可达到上千个核苷酸。造成这一现象的原因为大肠杆菌的蛋白复合体与模板结合得十分紧密，可以有效地防止合成的链早期与模板解离，保证其稳定性。T7 DNA 聚合酶具有很强的 3'→5' 外切酶活性，其外切活性约为大肠杆菌 DNA 聚合酶 I Klenow 片段的 1000 倍。在分子克隆中，T7 DNA 聚合酶主要用于催化大分子模板（如 M13 噬菌体）的引物延伸反应，它可以在同一引物模板上有效地合成数千个核苷酸且不受二级结构的影响。T7 DNA 聚合酶也可用于 DNA 的末端标记和体外诱变中第二链的合成。

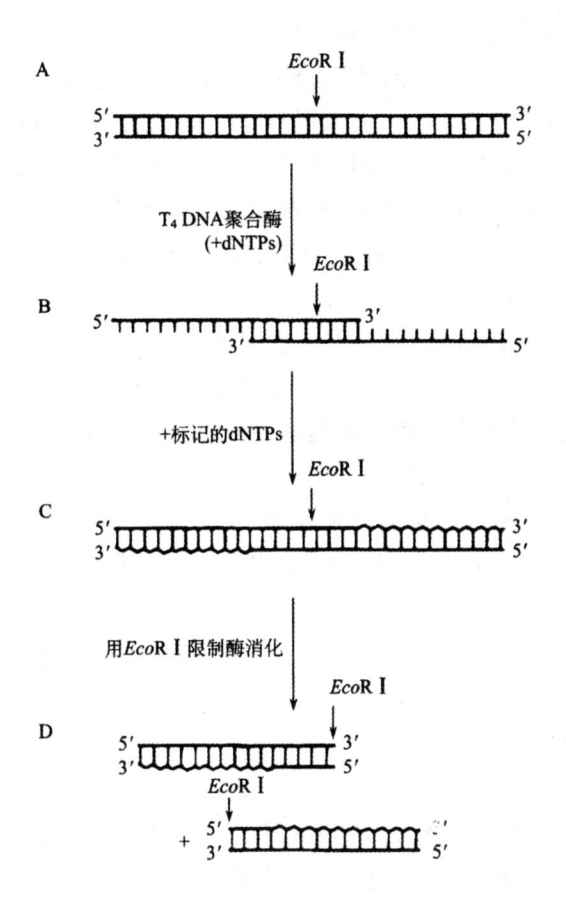

图 2-3　用 L DNA 聚合酶的取代合成法标记 DNA 片段末端及制备链特异的探针

通过化学修饰或基因工程方法对 T7 DNA 聚合酶进行改造,去除了该酶的 $3' \rightarrow 5'$ 外切酶活性,但保留其聚合酶活性。经修饰改造的 T7 DNA 聚合酶持续合成能力很强,因此是 Sanger 双脱氧链终止法对长片段 DNA 进行测序的理想用酶。

2.2.5 *Taq* DNA 聚合酶

Taq DNA 聚合酶是一种依赖 DNA 的 DNA 聚合酶,并且具有很强的耐热性,*Taq* DNA 是 1976 年从水生栖热菌(*Thermus aquaticus*)中

首次分离得到的。由于 *Taq* DNA 聚合酶具有耐高温的特性，Saiki 等人于 1988 年将该酶成功地用于 PCR（聚合酶链式反应），从而极大地促进了 DNA 离体扩增技术的飞速发展。

Taq 基因全长 2496bp，编码 832 个氨基酸，相对分子质量约为 94000。该基因已被克隆，并在大肠杆菌中高效表达。*Taq* DNA 聚合酶催化合成 DNA 的最适反应温度为 75℃~80℃，在此温度下，每个酶分子每秒钟可延伸约 150 个核苷酸，酶活性半衰期在 95℃时为 40min、在 92.5℃时为 130min。反应需要 Mg^{2+}，当 $MgCl_2$ 浓度为 2.0mmol/L 时，该酶的催化活性最高。

Taq DNA 聚合酶除具有 5'→3' 聚合酶活性外，还有 5'→3' 外切酶活性，但没有 3'→5' 外切活性，因而无 3'→5' 方向的校正功能。体外使用的 *Taq* DNA 聚合酶在典型的一次 PCR 反应中，核苷酸错误掺入的概率大约是 1/（2×104）。

另外，普通 *Taq* DNA 聚合酶在聚合链末端不依赖模板多聚合出一个腺苷酸，其机理不明。人们根据这种性质，设计出了一种线型克隆载体——T 载体，其 5' 末端有一个突出的 T，正好与 PCR 产物 3' 端突出的 A 互补，这样就可方便地将 PCR 产物直接连接到载体上。

2.2.6 DNA 反转录酶

反转录酶是依赖 RNA 的 DNA 聚合酶。迄今为止，已从多种 RNA 肿瘤病毒中分离得到这种酶。目前有两种反转录酶已经商品化，一种来自禽类成髓细胞瘤病毒（AMV）；另一种来自 Moloney 鼠白血病病毒（Mo-MLV）。普遍应用的是 AMV 反转录酶，它由 α 和 β 两条多肽链组成，α 链具有反转录酶及较强的 RNaseH 活性，其中 RNaseH 活性是一种核酸内切酶，它能特异地降解 RNA-DNA 杂交分子中的 RNA 链；β 链具有以 RNA-DNA 杂交分子为底物的 5'→3' 脱氧核酸外切酶活性，而无 3'→5' 核酸外切酶活性功能。它的 5'→3' 聚合酶活性取决于有一段引物和一条模板分子的存在。

反转录酶在分子克隆操作中主要用于以下方面。

（1）以 mRNA 为模板合成 eDNA。

（2）以单链 DNA 或 RNA 为模板合成核酸探针。

（3）利用 5'→3' 外切酶活性，标记带 5' 突出末端的 DNA 片段。

第 2 章 基因工程的常用工具酶

（4）当其他酶用于双脱氧链终止法测序效果不理想时,可以考虑使用反转录酶。

在使用反转录酶时应考虑以下几点。

（1）由于没有 3' → 5' 核酸外切酶活性,故其没有校正功能,与 *Taq* DNA 聚合酶一样具有错误掺入率。在高浓度 dNTP 和锰盐存在时,合成的 500 个碱基中就有一个碱基错配。

（2）在测试或者应用过程中,有时候需要在反应体系中加入高浓度 dNTP,这是因为该酶对 dNTP 的 Km 值较高,加入高浓度 dNTP 可以防止 DNA 的合成的提前终止,保证整个合成过程的顺利完成。

（3）为了提高合成单链 DNA 模板的效率,最好用外加的寡核苷酸为引物,避免因自身产物为引物而造成的合成效率低下。必要时,可在反应体系中加入总浓度为 50tμg/mL 的放线菌素 D,以抑制自身引物及外加引物合成第二条链的反应。

2.3 DNA 连接酶

2.3.1 常用的 DNA 连接酶

连接酶（ligase）是一类能将两个核酸片段连接起来的酶。经过多年的研究和观察,目前科学家已研究发现多种不同来源或作用于不同底物的连接酶类,这里主要介绍：*E.coli* DNA 连接酶、T4 DNA 连接酶和热稳定 DNA 连接酶。

DNA 连接酶（DNA ligase）借助 ATP（动物细胞和噬菌体）或 NAD^+（细菌）水解提供的能量催化 DNA 中相邻的 3'-OH 和 5'-P 之间形成磷酸二酯键,在基因工程中用来将不同来源 DNA 链进行连接,形成重组 DNA。在基因工程中常用到的 DNA 连接酶主要是 *E.coli* DNA 连接酶和 T4 DNA 连接酶。*E.coli* DNA 连接酶是由一条分子质量为 75kD 的多肽链构成的,并且可被胰蛋白酶水解。噬菌体 T4 DNA 连接酶分子是一条分子质量为 60kD 的多肽链,它的活性可被 0.2mol/L 的 KCl 和精胺抑制。T4 DNA 连接酶可催化 DNA-DNA、DNA-RNA、

RNA-RNA 和双链 DNA 黏性末端或平头末端之间的连接反应,最佳反应温度是 37℃。

T4 DNA 连接酶与大肠杆菌连接酶相比在基因工程中的应用更为广泛,我们可以从以下几个方面来理解。

(1)修复双链 DNA 上的单链缺口(与大肠杆菌 DNA 连接酶相同),这是两种 DNA 连接酶都具有的基本活性。

(2)连接 RNA-DNA 杂交双链上的 DNA 链缺口或 RNA 链缺口,前者反应速度要快于后者。

(3)连接两个平末端双链 DNA 分子,由于这个反应属于分子间连接,反应速度的提高依赖两个 DNA 分子与连接酶三者的随机碰撞,因此在一般连接反应条件下的反应速度会比较慢。但是,如果向反应系统中加入适量的一价阳离子(如 150mmol/L^{-1} 的 NaCl)和低浓度的聚乙二醇(PEG),或者适当提高酶量和底物浓度均可明显提高平末端 DNA 分子间的连接效率。

热稳定 DNA 连接酶(thermostable DNA ligase),是从嗜热高温放线菌(Thermoacti-nomyces thermophilus)中分离得到的,它能够在高温下催化两条寡核苷酸探针的连接反应。通常情况下,这种酶在 85℃ 高温仍然不会失去连接酶的活性,甚至在 94℃ 的高温下仍能保持较好的连接酶活性。

2.3.2 特殊用途的 SplintR DNA 连接酶

常用的 DNA 连接酶,如 T4 DNA 连接酶,主要是连接以 DNA 为模板的单链 DNA,当连接以 RNA 为夹板的单链 DNA 时,连接效率较差,难以满足相关需求。直到发现 SplintR DNA 连接酶对 RNA 夹板的单链 DNA 高效连接活性,其连接效率比 T4 DNA 连接酶在靶 RNA 的特异性检测中具有更高的灵敏度。基于连接酶反应的 RNA 检测方法有了进一步发展。

SplintR 连接酶共编码 298 个氨基酸,是一种 ATP 依赖的 DNA 连接酶。其反应原理包括三步,首先连接酶与 ATP 的 α-磷酸反应,导致焦磷酸释放并形成一个共价中间体,其中 AMP 与赖氨酸的 ε-氨基相连,再与供体寡核苷酸的 5' 形成 DNA-腺苷酸(AppN),最后受体链的 3'OH 攻击 DNA-腺苷酸,连接两个多核苷酸并释放 AMP。当两条

第 2 章 基因工程的常用工具酶

单链 DNA 与模板配对存在 1nt 的缺口时（缺口在 5'DNA 链的 3' 处），SplintR DNA 连接酶对其连接活性降低，连接效率是两条单链 DNA 与模板配对只存在缺口时的 1%。当两条单链 DNA 与模板配对存在 2nt 及以上的缺口时，SplintR DNA 连接酶不能连接两条单链 DNA。只有当 5' 单链 DNA 与模板正确定位，才能对 SplintR DNA 连接酶的正确连接具有重要作用。

2.3.3 基于连接酶的核酸检测

DNA 连接酶除了普遍运用于分子克隆外，连接酶介导的连接反应在分子检测方面也有巨大的应用前景，通过连接酶链反应或聚合酶链反应用于基因组中特定核苷酸序列的检测与分析。

基于连接酶的核酸检测技术最初是被用于 DNA 靶标的检测。连接酶链式反应/连接酶检测反应（LCR/LDR）已被证明是一种有前景的基因分型方法，具有高度的敏感性和特异性，多重连接依赖性探针扩增（MLPA）已被用于基因剂量定量、基因表达、DNA 拷贝数变异、染色体畸变和转基因分型、DNA 甲基化检测等研究。随着功能基因组学研究的深入，人们发现了各种形式的非经典 RNA，包括环状 RNA、异常段 RNA、修饰 RNA。尽管转录组水平方法可以从整体上检测它们的存在及其数量，但它们依赖于昂贵的试剂和仪器以及复杂的数据处理，不适合在实验室中对特定 RNA 进行常规检测。基于逆转录的检测方法在 RNA 检测中应用广泛，但在环状 RNA、miRNA 等 RNA 检测中仍存在较多局限性，而基于连接酶的方法在检测少数特定 RNA 靶标时有更高的灵敏度和特异性，目前已运用于 miRNA、环状 RNA、RNA 修饰和 RNA 选择性剪接等方向的检测。另外，探针连接代替逆转录也被用于一般病毒 RNA 检测，如在检测严重呼吸综合征冠状病毒-2（SARS-CoV-2）时，连接和重组酶聚合酶扩增联合检测显示出与 RT-qPCR 相当的灵敏度，同时操作更快、更容易。连接酶反应不仅适用于新鲜材料的核酸检测，也适用于福尔马林固定石蜡包埋（FFPE）材料中的核酸检测，其对 RNA 质量要求更低，可以有效运用于临床样本检测。

2.4 DNA 修饰酶

基因组完整性对于 DNA 复制和转录至关重要,但是它们不断受到内源性和外源性的损伤,如电离辐射、化疗药物和紫外线(ultraviolet,UV)辐射,这些损伤可以直接或间接地影响 DNA 结构。如果不加以修复,可能会诱发 DNA 序列和染色体畸变,从而损害基因组完整性并诱发癌症等多种疾病。为了应对这些威胁,细胞有一种 DNA 损伤反应(DNA damage response,DDR)可以检测和修复 DNA 损伤,DNA 损伤及其相关的变化可以作为癌症的标志之一,并且癌细胞也需要 DDR 来维持细胞基因组的稳定性。如图 2-4,DNA 损伤诱导的免疫刺激通过多种机制发生,包括 cGAS/STING 途径,STAT1 和 TRAIL 途径以及直接免疫细胞激活。DNA 损伤反应包括 DNA 损伤、细胞周期停滞、DNA 修复、细胞衰老和细胞凋亡。而损伤修复涉及多种途径,包括修复单链 DNA 断裂的碱基切除修复(base excision repair,BER)和核苷酸切除修复(nucleotide excision repair,NER),以及修复双链 DNA 断裂的同源重组(homologous recombination,HR)和非同源末端连接(non-homologous end joining,NHEJ),还包括错配修复(DNA mismatch repair,MMR)和链间交联修复(inter-strand cross-link,ICLs)。根据 DNA 损伤的程度,DNA 损伤反应的激活会导致细胞周期停滞及 DNA 修复、衰老或凋亡,所以 DNA 损伤修复对细胞保持正常的生命活动至关重要。

根据 DNA 损伤的类型,细胞使用不同的修复途径来启动修复过程。DNA 双链断裂(double-strand breaks,DSBs)是 DNA 损伤类型中最有害的,其有两种主要的修复途径:同源重组(HR)和非同源 DNA 末端连接(NHEJ)。HR 利用未损伤的 DNA 作为准确修复的模板,通常被认为是无错误的,而 NHEJ 是一个容易出错的过程,因为它不是将 DNA 断裂末端与同源链连接起来,HR 和 NHEJ 修复 DSBs 的途径取决于细胞周期和 DNA 末端切除的程度。碱基切除修复(BER)是指修复小而

第 2 章 基因工程的常用工具酶

无螺旋扭曲的损伤,在这一过程中,通过 DNA 糖基化酶和脱嘌呤/脱嘧啶核酸内切酶 1（AP-endonuclease 1, APE1）的协同作用除去受损的碱基,然后通过单核苷酸修复或长补丁修复进一步处理。DNA 修复的途径包括多个步骤,包括损伤识别、DNA 切除、修复合成和连接。核苷酸切除修复（NER）负责消除体积庞大的加合物和影响碱基配对而扭曲双螺旋结构的 DNA 损伤。错配修复（MMR）主要用于解决 DNA 复制和重组过程中出现的错误插入或错配核苷酸。最后,链间交联（ICL）用于抑制复制和转录的 DNA 损伤,对其进行修复以确保细胞存活。

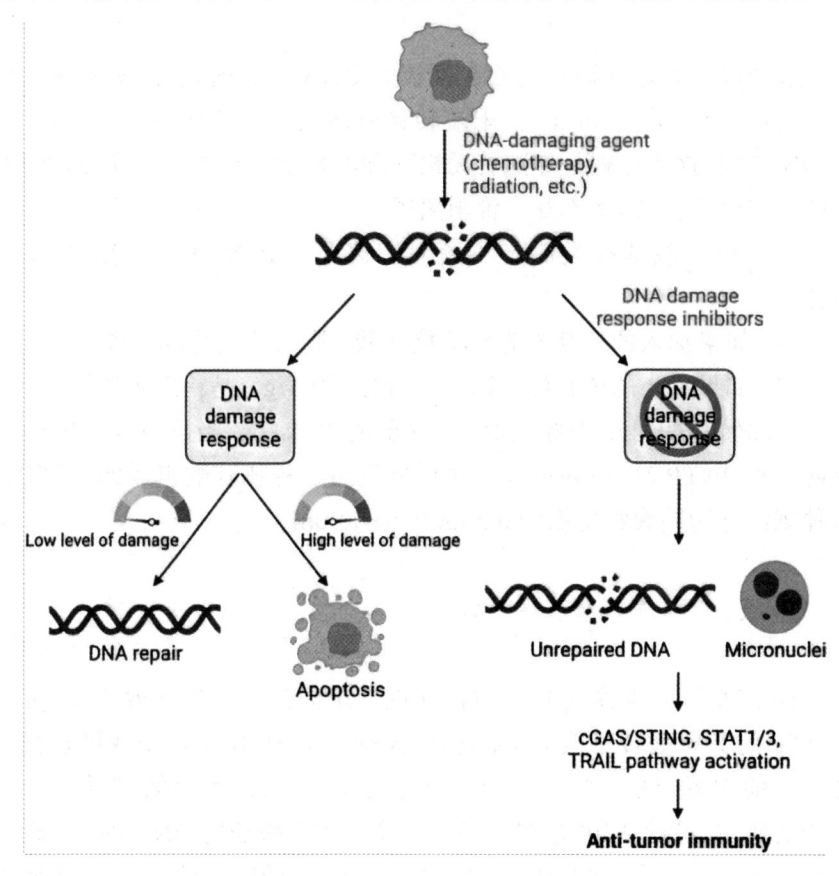

图 2-4　DNA 损伤反应示意图

2.4.1 DNA修饰酶的分类

基因工程中应用较多的DNA修饰性酶类有：末端脱氧核苷酸转移酶（deoxynucleotidyl transferase，以下简称"末端转移酶"）、T4多核苷酸激酶（T4 polynucleotide kinase，T4 PNK）和碱性磷酸酶（alkaline phosphatase）。

2.4.1.1 末端转移酶

末端转移酶是一种不依赖于模板的DNA聚合酶，它的来源通常是小牛胸腺，分子质量60kDa。末端转移酶催化脱氧核苷酸加入DNA的3'-OH末端，这个过程是伴随着无机磷酸的释放进行的。末端转移酶的活性不需要模板，却离不开二价阳离子。

加入核苷酸的种类决定了酶对阳离子的选择，总结起来主要有两种。

（1）如果加入的核苷酸为嘧啶核苷酸，则Co^{2+}是首选阳离子。

（2）如果加入的核苷酸是嘌呤核苷酸，则Mg^{2+}是首选阳离子。

末端转移酶可用于标记DNA分子的3'末端。当反应混合物中只有同一种dNTP时，该酶可以催化形成仅由一种核苷酸组成的3'尾巴，这种尾巴称为同聚物尾巴（homopolymeric tail）。

2.4.1.1 T4多聚核苷酸激酶

T4多聚核苷酸激酶具有两种活性。正向反应活性的效率高，可催化ATP的P磷酸转移至DNA或RNA的5'-OH，用来标记或磷酸化核酸分子的5'端（图2-5）。逆向反应是交换反应，活性很低，催化5'-磷酸的交换，在过量ADP存在下，T4多核苷酸激酶催化DNA的5'-磷酸转移给ADP，然后DNA从$\lambda-^{32}P$ ATP中获得放射性标记的γ-磷酸中被重新磷酸化。

T4多聚核苷酸激酶在基因工程中的作用如下。

（1）使DNA或RNA的5'-磷酸化，保证随后进行的连接反应正常进行。

（2）利用其催化ATP上的P磷酸转移至DNA或RNA的5'-OH

第 2 章 基因工程的常用工具酶

上用作 Southern、Northern、EMSA 等试验的探针、凝胶电泳的 marker、DNA 测序引物、PCR 引物等。

（3）催化 3' 磷酸化的单核苷酸进行 5'- 磷酸化,使该单核苷酸可以和 DNA 或 RNA 的 3' 末端连接。

我们应该明确一点,PEG 可提升磷酸化反应速率和效率,并且铵盐沉淀获得的 DNA 片段不适用于 T4 多聚核苷酸激酶的标记反应,这是因为铵盐强烈抑制该酶的活性。

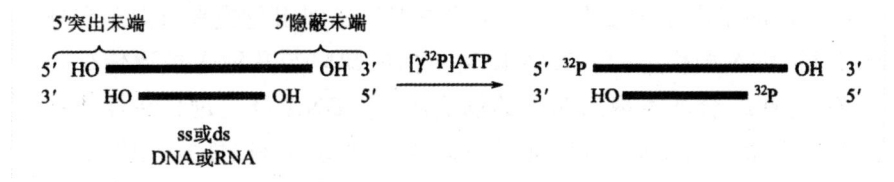

图 2-5 L 多核苷酸激酶的活性与 DNA 分子 5' 端的标记

2.4.1.3 碱性磷酸酶

碱性磷酸酶(Alkaline phosphatases,ALPs)能催化核酸分子脱掉 5' 磷酸基团,从而使 DNA 或 RNA 片段的 5'-P 末端转换成 5'-OH 末端,可以有效防止线性化的载体分子自我连接。基因工程体外操作中常用的碱性磷酸酶有两类:其一是细菌性碱性磷酸酶(Bacterial alkaline phosphatase,BAP),它从大肠杆菌中分离出来,具有抗热性;其二是小牛肠碱性磷酸酶(Calf intestinal alkaline phosphatase,CIAP),它从小牛肠中纯化出来,加热至 68 ℃可完全失活。

它不是单一的酶,而是一组同工酶,锌和镁是影响 ALP 生物活性的重要因素,尽管碱性磷酸酶存在于不同的人体组织中,具有不同的理化性质,但它们是真正的同工酶,因为它们催化相似的反应。

2.4.1.4 多聚核苷酸激酶

多核苷酸激酶(polynucleotide kinase,PNK),是从大肠杆菌细胞(T4 感染)中分离到的兼具 3'- 磷酸酶和 5'- 激酶活性的双功能酶(目前在多种哺乳动物细胞中也发现该种酶),它可以同时催化核酸的 5'-磷酸化和 3'- 磷酸化。因其能催化 ATP 的 γ - 磷酸转移到 DNA 或

RNA 的 5'- 磷酸末端生成 ADP 的反应,故可用 ^{32}P 标记的 ATP 特异地标记多核苷酸的 5' 末端。其广泛应用于多核苷酸的链长的测定和 5' 末端核苷酸排列的确定等核酸结构的研究。

2.4.2 DNA 修饰酶的研究意义

DNA 修饰酶作为细胞基因组的保护者,对保持基因组的完整性和细胞存活的稳态至关重要。DNA 修复保护基因组免受来自内源和外源的不同 DNA 损伤,并且 DNA 修复蛋白的缺陷与几种人类遗传综合征有关,这些综合征表现出明显的癌症倾向。DNA 修复过程在性质和复杂性上有很大的不同,有些途径只需要一种酶就可以恢复原始的 DNA 序列,而有些途径则需要 30 种或更多种蛋白质的协同作用。尽管 DNA 修复对于健康细胞是必不可少的,DNA 修饰酶可以对 DNA 中受损位点的特异性进行识别,但是 DNA 修饰酶也可以通过破坏 DNA 来抵消许多重要的抗肿瘤药物发挥细胞毒作用。选择性抑制 DNA 修复癌细胞,可以大大改善抗肿瘤治疗。因此,DNA 修饰酶可以作为多种疾病的重要标志物、癌症治疗的潜在靶点以及药物设计的目标。

2.4.3 DNA 修饰酶的检测方法

2.4.3.1 DNA 修饰酶的常规检测方法

DNA 修饰酶测定的常规方法包括凝胶电泳与放射性方法,酶联免疫吸附测定,高效液相色谱和质谱相结合。然而,这些方法存在一些局限性,如危险辐射、程序复杂、分析时间长、仪器价格昂贵以及灵敏度低,这些缺点也阻碍了它们的应用。

2.4.3.2 DNA 修饰酶的新型检测方法

相比之下,检测 DNA 修饰酶需要更多操作简单、高灵敏度、快速响应的方法,以及可以可视化 DNA 修饰酶的存在。对 DNA 修饰酶进行敏感检测的新方法可分为:比色检测法、电化学检测法、光电化学(photo-

第2章 基因工程的常用工具酶

electrochemical，PEC）检测法、电化学发光（electrochemiluminescence，ECL）检测法、化学发光检测法（Chemiluminescence，CL）和荧光检测法等，这些方法具有高灵敏度、简单性和易于操作的优点，为DNA修饰酶的检测提供了更加方便有效的方法。

尽管DNA修饰酶活性的新型测定方法已经取得了进展，但仍然存在两个未解决的问题。第一个问题是体内分析，它可以准确地反映酶在其中发挥作用的真实的生物环境，而体外分析设计的各种DNA探针在体内条件下不能工作，这是由于细胞中存在许多如核酸酶或DNA结合蛋白等干扰剂。因此，需要开发更多的荧光探针可直接在细胞内测定修饰酶，致力于直接监测体内环境（如细胞或患者样本）中的酶活性。第二个尚未充分探索的问题是涉及DNA修饰酶活性的多重分析，由于技术困难，这一问题尚未完全探索，而全面掌握DNA修饰酶的活性并获得其抑制剂的高通量筛选，对潜在治疗药物的开发具有重要意义。

1. 比色检测法

比色法主要包括传统比色法、比色传感器、比色传感器阵列等，由于比色反应很容易用肉眼检测，结果直观，不需要任何复杂的和昂贵的仪器，因此更适用于现场检测。比色测定有两个影响选择性、灵敏度、响应时间和信噪比性能的关键：一个是对分析物提供特异性响应的识别部分，它涉及广泛的有机或生物配体反应；另一个是转换器，它将检测结果转化为眼睛对颜色变化敏感的390～750nm的范围内。其中，3,3',5,5'-四甲基联苯胺（3,3',5,5'-Tetramethylbenzidine，TMB）可作为过氧化物酶的底物已经广泛用于检测分析物和酶活性测定，而许多纳米颗粒具有高度过氧化物酶活性，如Au簇、碳纳米点、Fe_3O_4纳米粒子、金纳米粒子、氧化石墨烯、氧化铈纳米粒子等，可以催化过氧化酶底物-TMB由无色变为蓝色。如今，比色传感器已经成为各种分析物监测的有效工具，包括离子、复杂混合物、生物分子、金属纳米颗粒以及各种有机化合物。

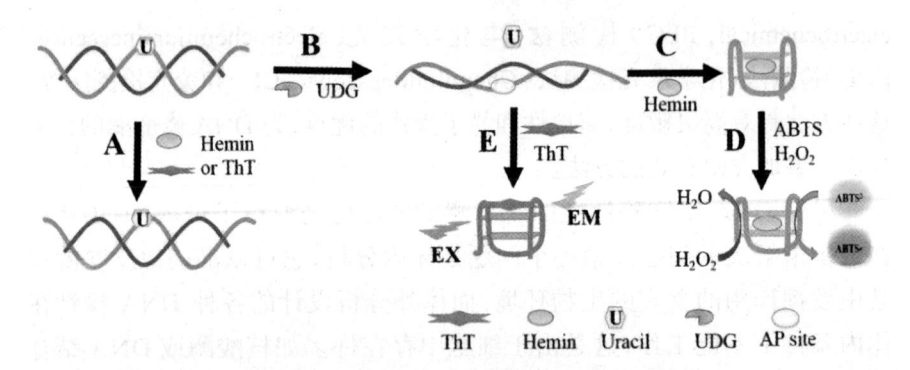

图2-6 比色法测定UDG活性原理示意图

Yao课题组[①]利用G-四链体开发了一种无标记的比色方法检测UDG活性，G-四链体与血红素结合形成DNA酶复合物，可以催化ABTS^{2-}二钠盐被H$_2$O$_2$氧化生成有色的ABTS$^-$，同时G-四链体也可以与一些水溶性荧光染料如硫黄素T（thioflavin T，ThT）相互作用，在可见光区域具有强发射的性能。如图2-6，绿色链是富含鸟嘌呤和尿嘧啶的DNA链，A路径中，UDG不存在的情况下，绿色链与蓝色互补链杂交，形成双链底物。B路径中，UDG存在下，从富含鸟嘌呤的绿色链中切除尿嘧啶，从而在绿色链上产生AP位点，所产生的AP位点将显著降低双链基底的稳定性，并使杂化的双链松动。然后，在辅因子诱导下，富含鸟嘌呤的DNA链从杂交链上解开并折叠成G-四链体构象，这样就形成了信号发生器。路径C和D中，富含鸟嘌呤的DNA片段与氯化血红素偶联，在H$_2$O$_2$介导下氧化ABTS^{2-}，产生有色自由基离子ABTS$^-$。因此，利用此方法，可以肉眼监测UDG活性，且在没有任何酶的辅助下，也可以达到高灵敏度，获得低检测限。此外，这一策略也可以用作UDG抑制剂的筛选，这一简单可视化的策略也可以扩展到其他生物分子检测和蛋白酶抑制剂的筛选。

2. 电化学检测法

电化学生物传感器结合了分析物识别机制和电化学传感器，其中靶向分析物和传感器之间的相互作用以电流、电位、电阻或阻抗的形式产

---

① Nie H., Wang W., Li W., Nie Z., Yao S. A colorimetric and smartphone readable method for uracil-DNA glycosylase detection based on the target-triggered formation of G-quadruplex [J]. Analyst, 2015, 140（8）: 2771-2777.

第 2 章 基因工程的常用工具酶

生电化学信号。电化学生物传感器有多种不同的信号机制,如微分脉冲伏安法、循环伏安法、极谱法、方波伏安法、溶出伏安法、交流电伏安法和线性扫描伏安法。此外,电化学生物传感器可以使用不同类型和形式的纳米材料、纳米颗粒和纳米复合材料,以提高检测机制的灵敏度,并通过不同的策略达到更低的检测限。

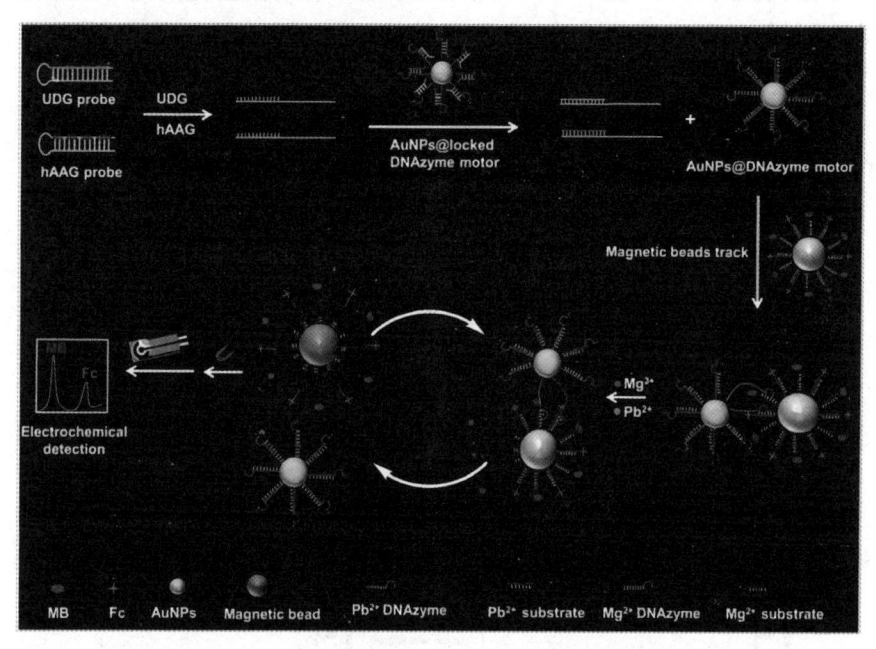

图 2-7 基于靶标触发的 DNA 酶马达用于多种 DNA 糖基化酶电化学测量的示意图

Zhang 课题组[①]构建了一种靶标触发的 DNA 酶马达,用于多种 DNA 糖基化酶的电化学检测。如图 2-7,设计了两个发夹 DNA 探针和两个 DNA 功能化颗粒(即 AuNPs@lockedDNA 酶马达和磁珠轨道),用于 hAAG 和 UDG 测定。AuNPs@lockedDNA 酶马达包括两个具有锁定链的双链 DNA(double-stranded DNAs,dsDNA),磁珠轨道的底物序列分别用 MB 和 Fc 标记,UDG 存在时,Mg^{2+} 作为辅因子形成 DNA 酶,诱导循环裂解底物链并释放越来越多 MB 标记的单链 DNA(single-stranded DNA,ssDNA)。hAAG 的存在可以诱导 Pb^{2+} DNA 酶

---

① Zhao M. H., Shi H. H., Li C. C., Luo X. L., Cui L., Zhang C. Y. Construction of a target-triggered DNAzyme motor for electrochemical detection of multiple DNA glycosylases [J]. Sensors and Actuators B-Chemical, 2022, 361: 131726.

的循环裂解底物链和大量 Fc 标记的 ssDNA 的释放,通过的电化学检测 MB 和 Fc 标记的电化学信号,可以准确测量 UDG 和 hAAG。因此,UDG 和 hAAG 的电化学同时检测可以通过 DNA 酶驱动的不同电化学分子来实现。这种靶标触发的 DNA 酶马达表现出高灵敏度和良好的特异性,能够同时测量 HeLa 细胞中的多种 DNA 糖基化酶并筛选潜在的抑制剂。

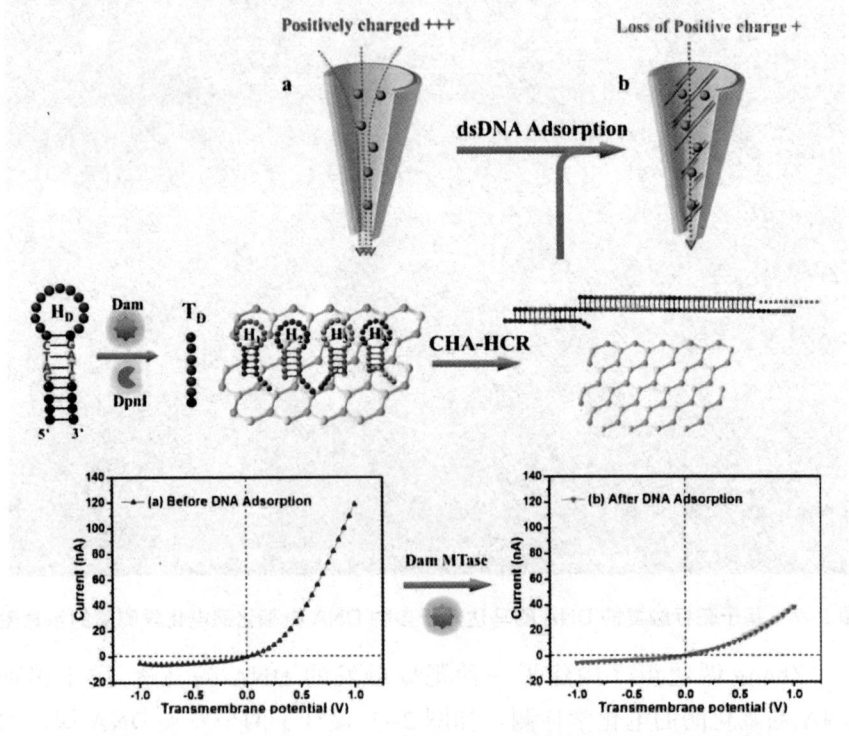

图 2-8　基于 DNA 级联信号扩增反应检测多种甲基转移酶的纳米孔传感器示意图

Xu 课题组[①]采用纳米孔技术结合 DNA 级联信号扩增反应,开发了一种超灵敏、无标记的 DNA 腺嘌呤甲基转移酶(DNA adenine methyltransferase, Dam)和 CpG 甲基转移酶(CpG methyltransferase, M. SssI)检测方法。如图 2-8,本方法巧妙地设计了包含甲基化反应序列的发夹 DNA(hairpin DNA, HD),在 Dam 甲基转移酶存在下,发夹 HD 的相应识别位点被甲基化并被 DpnI 核酸内切酶特异性切割,从而

---

① Zhang S., Shi W., Li K. B., Han D. M., Xu J. J. Ultrasensitive and label-free detection of multiple DNA methyltransferases by asymmetric nanopore biosensor [J]. Analytical Chemistry, 2022, 94 (10): 4407-4416.

第 2 章 基因工程的常用工具酶

生成 DNA 片段,诱导催化发酵组装和杂交链式反应(catalytic hairpin assembly and hybridization chain reaction,CHA-HCR)。生成的产物可以被吸附到 Zr^{4+} 包覆的纳米孔上,导致离子电流信号变化。由于纳米孔的高灵敏度和对甲基转移酶/核酸内切酶识别的特异性,此方法可以在同一传感平台中同时检测 Dam 和 M. SssI 甲基转移酶,这种超灵敏的甲基转移酶测定在癌症诊断领域具有巨大的前景。

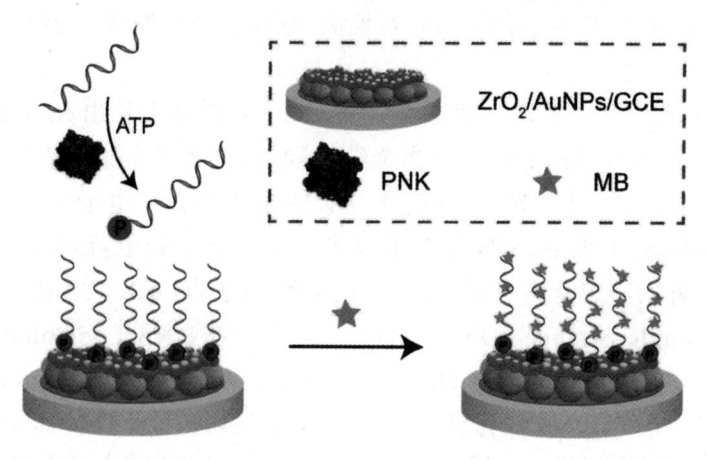

图 2-9 无酶辅助和无标记检测 PNK 活性的新型电化学生物传感器的示意图

Wang 课题组[①] 基于金纳米颗粒(AuNPs)和氧化锆(ZrO)修饰的玻璃碳电极(glassycarbon electrode,GCE)开发了一种用于检测 PNK 活性的无酶和无标记电化学传感器(图 2-9)。在 PNK 存在下,DNA 转化为磷酸化的 DNA(phosphorylated DNA,pDNA),优先与 ZrO 结合。一旦磷酸化的 DNA 被 ZrO/AuNPs/GCE 捕获,电活性指示剂亚甲基蓝(methylene blue,MB)被捕获并产生特征性的阴极峰值电流。阴极峰值电流与 PNK 浓度在 0.01~10U/mL 范围内的对数呈线性关系。该方法可用于筛选 PNK 抑制剂,在实际样品分析中也表现出优异的性能,在生物学研究和临床诊断中具有巨大的应用潜力。

---

① Meng F. N., Jiang Z. X., Li Y. J., Zhang P. N., Liu H. S., Sun Y. L., Wang X. L. An enzyme-free and label-free electrochemical biosensor for kinase [J]. Talanta, 2023, 253: 124004.

3. 光电化学检测法

光电化学(photoelectrochemical, PEC)生物传感是一种基于光电转换的新型传感技术,它将电化学生物传感与光电化学过程有机结合,保留了传统电化学生物传感的优点,如成本低、设备简单、易于小型化。由于采用了完全不同的信号输入和输出方式,可以保证激发信号和检测信号相互独立,减少了背景信号对检测造成的干扰,提高了PEC生物传感器的灵敏度。

Xie课题组[①]采用水热法在花状$ZnIn_2S_4$微球上长出SnS_2纳米颗粒,然后在$SnS_2/ZnIn_2S_4$上修饰金纳米颗粒,制备了金纳米颗粒/SnS_2/$ZnIn_2S_4$光活性材料。在$ZnIn_2S_4$上生长的SnS_2促进了电子-空穴分离。$SnS_2/ZnIn_2S_4$上的AuNPs修饰不仅进一步改善了光电流响应,而且使DNA探针的固定变得容易,将一个由CdS量子点(qDs)标记的短单链DNA(single-stranded DNA, ssDNA)及其互补DNA(complementary DNA, cDNA)组成的双链DNA探针固定在AuNPs/SnS_2/$ZnIn_2S_4$(如图2-10)上。在T4 PNK催化磷酸化和λ-核酸外切酶催化降解ssDNA后,cDNA变为发夹结构。结果表明,CdS量子点与光电极上的金纳米粒子非常接近,可以诱导CdS量子点与金纳米粒子之间的激子-等离子体相互作用,从而提高光电极的光电响应。此外,随着T4 PNK浓度的增加,由于激子-等离子体相互作用,光电流相应增加,从而实现了对T4 PNK的"信号开启"电化学检测。

4. 电化学发光检测法

电化学发光(electrochemiluminescence, ECL)是一种发光过程,其中电生物质将电子转移到电极表面上以形成发光的激发态。ECL作为电化学和光化学相结合的技术,既具有电化学法的可控性,又具有化学发光法的高灵敏度。

高强度聚焦超声(High-intensity focused ultrasound, HIFU)是一种从溶解的氧气中产生活性氧的方法,TiO_2能有效地催化H_2O_2和

[①] Yang J., He G., Wu W., Deng W., Tan Y., Xie Q. Sensitive photoelectrochemical determination of T4 polynucleotide kinase using AuNPs/SnS_2 /$ZnIn_2S_4$ photoactive material and enzymatic reaction-induced DNA structure switch strategy [J]. Talanta, 2022, 249: 123660.

HIFU 产生的溶解氧转化为活性氧。原位生成的 Ti$_3$C$_2$–TiO$_2$ 可以防止 TiO$_2$ 的自聚集，解决 TiO$_2$ 导电性差的问题。

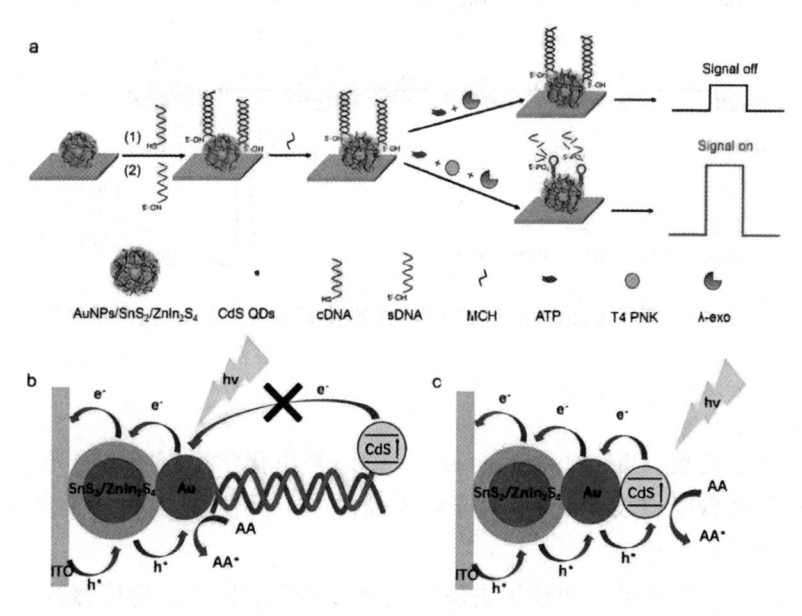

图 2-10　基于光电化学方法测定 T4 PNK 的示意图

Wang 课题组[①]采用 HIFU 预处理结合原位生成的 Ti$_3$C$_2$–TiO$_2$，设计了一种高灵敏度、高选择性的 ECL 生物传感器，用于 PNK 检测（如图 2-11）。Ti$_3$C$_2$–TiO$_2$ 作为探针，DNA 5' 端磷酸基经过 PNK 磷酸化后与 Ti 螯合，将 TiO$_2$ 固定在电极上。HIFU 的空化效应和 TiO$_2$ 对 H$_2$O$_2$ 的催化作用，共同提高了鲁米诺–O$_2$ 体系的 ECL 强度。在 HIFU 的协助下，这种 ECL 生物传感器可显著提高 PNK 的检测限，即使在检测细胞裂解物中的 PNK 活性方面也显示出很高的灵敏度和选择性。这项工作将为 HIFU 辅助 ECL 生物传感器在临床诊断领域的应用提供依据。

---

① Wei Z., Zhang H., Wang Z. High-intensity focused ultrasound combined with Ti$_3$C$_2$ –TiO$_2$ to enhance electrochemiluminescence of luminol for the sensitive detection of polynucleotide kinase [J]. ACS Applied Materials & Interfaces, 2023, 15（3）: 3804-3811.

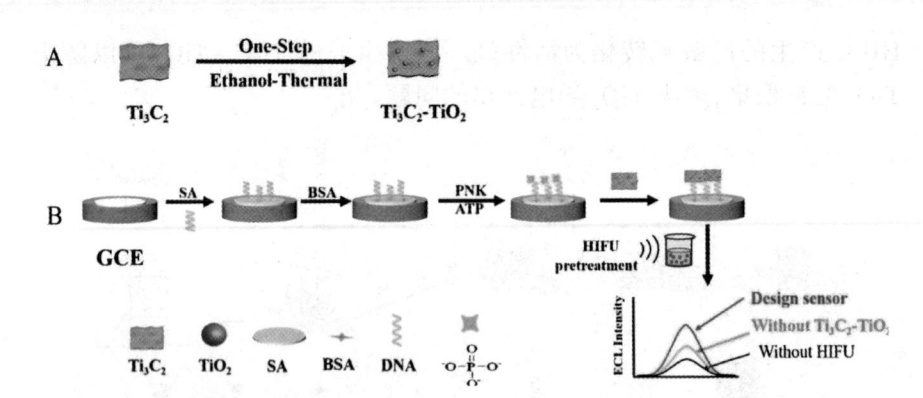

图2-11 基于Luminol-O的ECL生物传感器用于PNK检测示意图

5. 化学发光检测法

化学发光（Chemiluminescence，CL）是由化学反应产生的光信号，其信号读数受自发荧光、散射光和光漂白的干扰较小，有助于实现高灵敏度和高信噪比。

Zhang课题组[①]构建了去磷酸化介导的化学发光生物传感器，用于在癌细胞中检测人烷基腺嘌呤DNA糖基化酶（hAAG）和尿嘧啶DNA糖基化酶（UDG）。在这个生物传感器中，化学发光信号的产生依赖于碱性磷酸酶催化的2-（2'-螺旋金刚烷)-4-甲氧基-4-（3'-磷酰氧基苯基）-1,2-二氧杂环乙烷（2-（2'-spiroadamantyl）-4-methoxy-4-（3'-phosphoryloxyphenyl）-1,2-dioxetane，AMPPD）的去磷酸化，设计了一个双功能双链DNA（dsDNA）底物，一个生物素标记的聚（T）探针和两个用于hAAG和UDG测定的捕获探针。首先，由DNA糖基化酶诱导的双功能dsDNA底物的切割，当hAAG和UDG存在时，它们可以分别识别双功能dsDNA底物中的I∶T和U∶A碱基对，并切割受损碱基和糖之间的N-糖苷键，留下两个无嘌呤/嘧啶（AP）位点，如图2-12。随后，脱嘌呤脱嘧啶核酸内切酶（APE1）切割AP位点，产生具有3'-OH末端的hAAG引物和UDG引物，通过TdT识别引物的3'-OH末端进行TdT介导的聚合反应，生物素化的聚（T）探针杂

---

① Liu M. H., Wang C. R., Liu W. J., Tian X. R., Xu Q., Zhang C. Y. Construction of a dephosphorylation-mediated chemiluminescent biosensor for multiplexed detection of DNA glycosylases in cancer cells [J]. Journal of Materials Chemistry B., 2022, 10 (17): 3277-3284.

第2章 基因工程的常用工具酶

交所得到的 dsDNA 可以通过 S-Au 共价键组装到 AuNP 表面上构建 AuNPs-dsDNA-ALP 纳米结构。在加入 AMPPD 后，链霉亲和素碱性磷酸酶（streptavidin-alkaline phosphatase，SA-ALP）启动的 AMPPD 去磷酸化将产生化学发光信号。通过利用 TdT 介导的聚合特性和基于 ALP-AMPPD 的化学发光系统的优势，这个生物传感器表现出良好的特异性和高灵敏度，hAAG 的检测限为 $1.53 \times 10^{-6} U/mL^{-1}$，UDG 的检测限为 $1.77 \times 10^{-6} U/mL^{-1}$，甚至可以在单细胞水平定量多种 DNA 糖基化酶。此外，本生物传感器可用于测量动力学参数和筛选 DNA 糖基化酶抑制剂，在 DNA 损伤相关生物医学研究和疾病诊断方面具有巨大潜力。

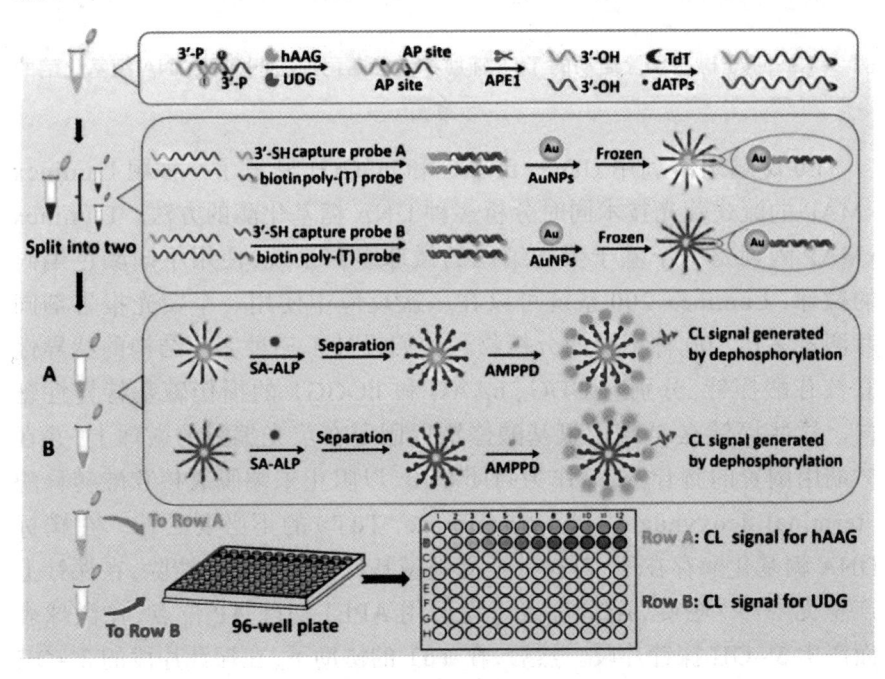

图 2-12 去磷酸化介导的化学发光生物传感器用于多重检测癌细胞中 DNA 糖基化酶的示意图

6. 荧光检测法

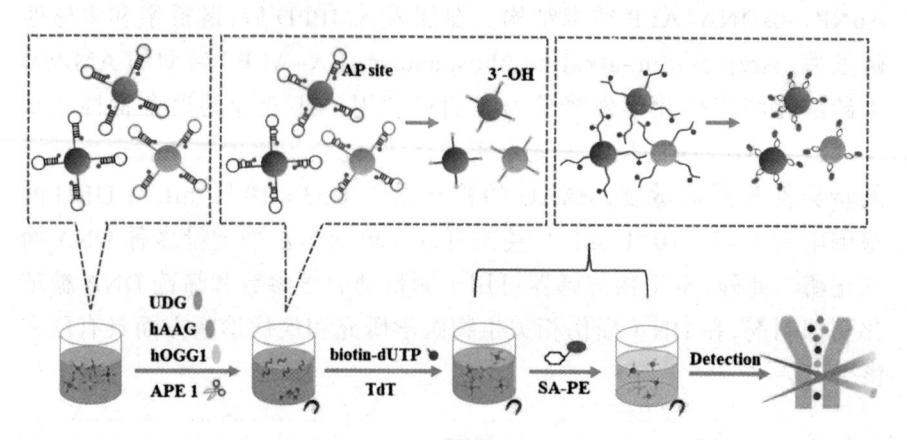

图 2-13 基于碱基切除启动的 TdT 辅助扩增策略同时检测多种 DNA 糖基化酶的示意图

Lu 课题组[①]利用 UDG、hAAG 和 hOGG1 开发了一种用 Luminex xMAP 的流式荧光技术同时分析多种 DNA 糖基化酶的方法。Luminex xMAP 阵列是一个基于荧光编码的微球多路系统,使用不同颜色编码的微球,Luminex 200 系统可以在一次反应中使用一个荧光报告剂同时测量多达 100 种不同的分析物。他们设计了三种茎环结构的特异性寡核苷酸探针,分别对 UDG、hAAG 和 hOGG1 的损伤碱基特异性靶向。这些探针在 5' 端用氨基酸修饰以固定在荧光编码的微球上,并在 3' 端用倒置的胸苷(dT)作为封闭基团,以阻止末端脱氧核苷酸转移酶(terminal deoxynucleotidyl transferase,TdT)的不必要延伸。在靶标 DNA 糖基化酶存在下,对探针上受损碱基特异性识别和清除,在探针上产生无嘌呤/嘧啶(AP)位点。随后用 APE1 切除 AP 位点,在微球表面产生 3'-OH 探针片段。然后,在 TdT 的协助下,在探针片段的 3'-OH 端连续标记多个生物素标记的 dUTPs,用于信号扩增。这种多重测定法可以提供一个多重平台,用于超灵敏地检测 DNA 糖基化酶活性和相关的生物医学研究。

---

① Sun Y., Zang L., Lu J. Base excision-initiated terminal deoxynucleotide transferase-assisted amplification for simultaneous detection of multiple DNA glycosylases [J]. Analytical and Bioanalytical Chemistry, 2022, 414 (11): 3319-3327.

第2章 基因工程的常用工具酶

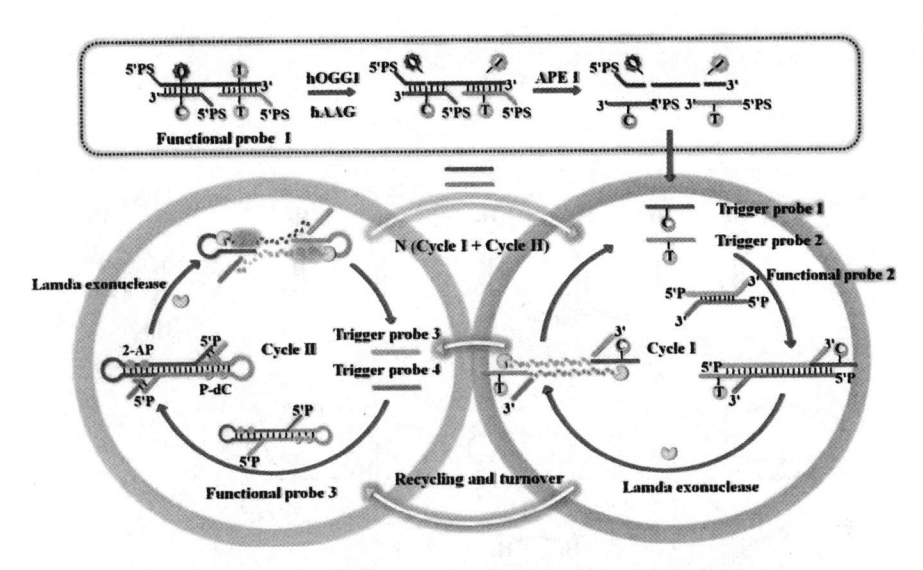

图2-14 沃森-克里克结构与荧光核苷酸的可激活自解离示意图

Zhang课题组[①]证明了沃森-克里克结构与荧光核苷酸的可激活自解离性,并且用于单细胞水平上检测多种人类糖基化酶。如图2-14,hOGG1和hAAG需要将催化功能探针1中的8-oxoG和脱氧次黄嘌呤去除,以释放两个触发探针,触发探针与功能探针2杂交以激活功能探针2和3的自催化降解,产生丰富的触发探针(1~4),并释放两个荧光团。新的触发探针(1,2)和(3,4)依次与游离功能探针2和3杂交,重复循环Ⅰ和Ⅱ,通过沃森-克里克结构的多循环自解离,同时定量检测hOGG1和hAAG。该纳米传感器具有高灵敏度,hOOG1的检测限为2.9×10^{-3}U/mL,hAAG的检测限为1.5×10^{-3}U/mL,并且可以测量酶动力学,鉴定潜在的抑制剂,区分癌症和正常细胞系之间的糖基化酶,甚至定量单个HeLa细胞中的糖基化酶活性。此外,该实验可以用一种工具酶以无猝灭剂的方式快速等温进行,为多种人类糖基化酶检测提供了一个简单而强大的平台。

---

① Wang L. J., Pan L. P., Zou X., Qiu J. G., Zhang C. Y. Activatable self-dissociation of watson-crick structures with fluorescent nucleotides for sensing multiple human glycosylases at single-cell level [J]. Analytical Chemistry, 2022, 94 (50): 17700-17708.

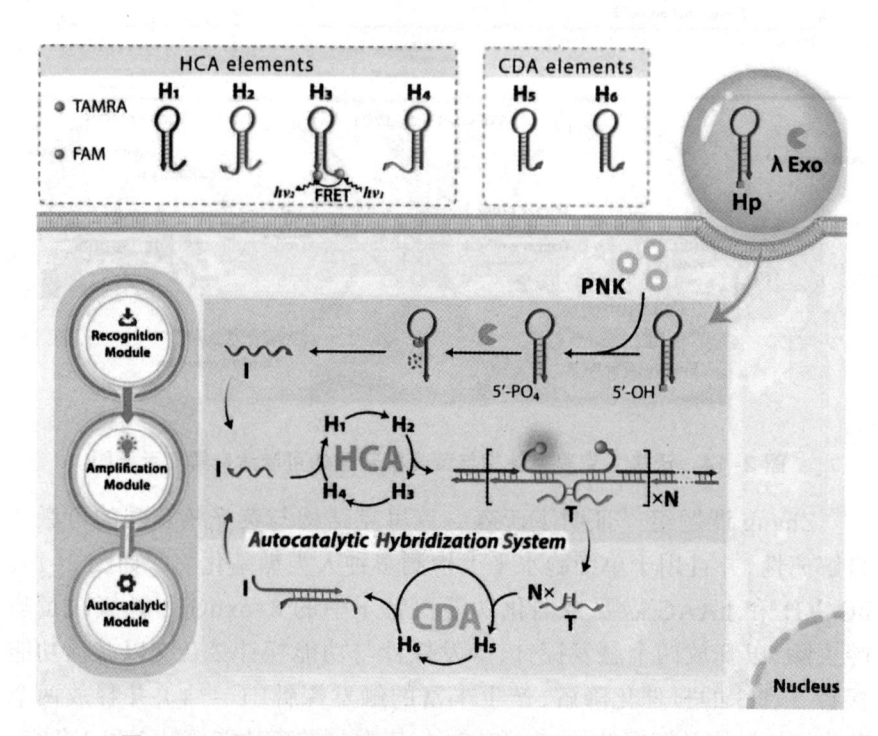

图 2-15　用于 PNK 检测和成像的自催化杂交系统的示意图

Wang 课题组[1]提出了一种自催化杂交系统(autocatalytic hybridization system，AHS)，通过杂交链组装(hybridization chain assembly，HCA)和催化 DNA 组装(catalytic DNAassembly，CDA)的精心设计，可实现高效的扩增效率。PNK 靶向 AHS 生物传感器由三个模块组成：识别模块、HCA 扩增模块和 CDA 自催化模块。在存在 PNK 时，识别模块可以将 PNK 输入转换为核酸引发剂(Ⅰ)，然后引发链 Ⅰ 可以在扩增模块中触发 HCA 过程，所得 HCA 产物可以重新组装形成 CDA 触发链 T，随后诱导自催化模块中的 CDA 过程形成丰富的 DNA 双链产物。因此，嵌入式启动链 Ⅰ 从 CDA 中解放出来，自主触发新一轮的

---

[1] Wang Y., Chen Y., Wan Y., Hong C., Shang J., Li F., Liu X., Wang F. An autocatalytic DNA circuit based on hybridization chain assembly for intracellular imaging of polynucleotide kinase [J]. ACS Applied Materials & Interfaces, 2022, 14 (28): 31727-31736.

第 2 章 基因工程的常用工具酶

HCA 电路。HCA 与 CDA 模块之间的协同活化可以显著加速反应,并通过引发剂再生实现指数扩增。因此,AHS 放大器可以实现 PNK 体外检测和生物样品的灵敏检测,进而实现对细胞内 PNK 活性的准确检测和 PNK 抑制剂的有效筛选。

第 3 章　基因工程载体

在基因工程操作中,携带目的基因进入宿主细胞进行扩增和表达的工具即为基因工程载体,简称为载体(vector)。从 20 世纪 70 年代中期开始,许多载体应运而生,它们承担着为外源基因的扩增或表达提供必要的条件的使命。

对于理想的基因工程载体一般至少有以下几点要求。

(1)能在宿主细胞中复制繁殖,而且要有较高的自主复制能力。

(2)容易进入宿主细胞,而且进入效率越高越好。

(3)容易插入外来核酸片段,插入后不影响其进入宿主细胞和在细胞中的复制。这就要求载体 DNA 上要有合适的限制性核酸内切酶位点。每种酶的切位点只有一个。

(4)容易从宿主细胞中分离纯化出来,这才便于重组操作。

(5)有容易被识别筛选的标志,当其进入宿主细胞,或携带着外来的核酸序列进入宿主细胞都能容易被辨认和分离出来。这才便于克隆操作。

常用的载体有质粒、噬菌体、病毒及人工染色体等,本章将分别对其进行阐述。

3.1　质粒载体

3.1.1 质粒载体

在各种生命形态中,质粒是一类引人注目的亚细胞有机体。它的结

第3章 基因工程载体

构比病毒简单,既没有蛋白质外壳,也没有细胞外生命周期,但是它能够在宿主细胞内独立增殖,并随着宿主细胞的分裂被遗传下去。作为一种广泛存在的、裸露的、能自主复制的简单 DNA,质粒非常适合于在基因克隆中作为外源 DNA 的载体,在相应的宿主细胞内复制并传递和表达遗传信息,于是它就成为基因克隆操作中不可缺少的重要工具。

典型的质粒载体结构(图 3-1)包括:复制原点 ori、选择标记基因(Amp^r 和 Tc^r)、多克隆位点(multiple cloning site,MCS)。

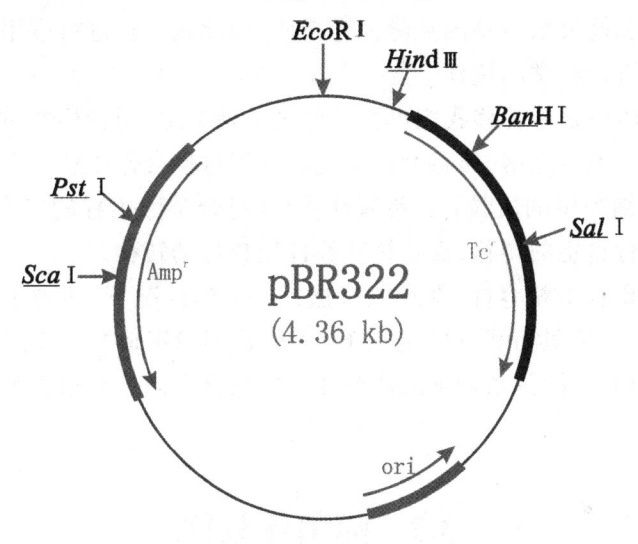

图 3-1 质粒载体(pBR322)结构简图

3.1.2 与构建克隆载体相关的质粒的性质

质粒是细菌细胞中独立于核区之外的一种环状 DNA 分子。从构成来说,质粒都带有一个或几个基因(并不是所有的质粒都有该特点),而且这些基因的表达常常赋予宿主细胞一些有用的性状。比如,能够存活在含有致死浓度的氯霉素和氨苄西林这样的含抗生素培养基中的细胞,是因为这些细胞内的质粒携带有相应的抗生素抗性基因的缘故。研究者在实验中发现,抗生素抗性可以作为一种选择性标记来应用,用来确定培养物中的细菌是否含有特定的质粒。[①]

所有的质粒都至少有一段可作为复制起点的 DNA 序列,这也是质

---
① 布朗.基因克隆和 DNA 分析 第 5 版 中文版[M].北京:高等教育出版社,2007.

粒能够在细胞内独立于宿主细胞本身的复制周期而实现扩增的根本原因。一些小的质粒可以利用宿主细胞本身的 DNA 聚合酶来对自身进行复制,而一些较大的质粒本身携带有自身复制所需的转移性酶等的相关基因。

根据复制类型,我们可以将质粒可分为两种类型,即严紧型质粒和松弛型质粒。一般来说,一个有用的克隆载体需要大量地拷贝存在于细胞中(松弛型质粒),这样才能获得大量的重组 DNA。我们应该注意质粒的大小和拷贝数对基因克隆尤为重要,因此我们在进行应用时应根据实际情况进行科学的选择。[1]

根据质粒是否转移我们可将其分为两种类型,即转移性质粒和非转移性质粒。不难理解,转移性质粒能就是通过接合作用从一个细胞转移到另一个细胞中的质粒;非转移性质粒(符合基因工程的安全要求)就是不能进行自主的转移,需要被转移性质粒带动转移。

质粒具有不相容性,即在没有选择压力的情况下,两种亲缘关系密切的质粒(一般具有相同的复制子)不能长期稳定地共存于同一个宿主细胞中,只有亲缘关系较远的质粒才可以共存于同一个宿主细胞中。

3.2 噬菌体载体

3.2.1 噬菌体的发现

噬菌体最早源于 1915 年 Frederick W. Twort 在担任伦敦布朗研究所所长时发现透明转化的现象,与此同时 Felix d'Herelle 正在巴黎的巴斯德研究所工作,他在治疗痢疾的时候,发现不受细菌浸染的圆点,将之命名为乳样斑,他们还首先提出噬菌体这一概念。[2] 在噬菌体刚被发现的时候,很受科研工作者的关注,在 1921 年,Bruynoghe 等率先使用

---

[1] 彭银祥,李勃,陈红星.基因工程[M].武汉:华中科技大学出版社,2007.
[2] Summers W. C. Bacteriophage therapy[J]. British Medical Journal, 1934, 2(3858): 1110.

第 3 章 基因工程载体

噬菌体制剂治疗皮肤葡萄球菌化脓性感染获得成功。[1]但是,在1928年,随着青霉素问世,在抗感染方面,青霉素具有比噬菌体更加有效的治疗效果,使抗生素在相当一段时间内受到研究者的青睐,而且当时对噬菌体治疗还有许许多多研究人员未发现的问题以及对噬菌体的特性不了解,导致噬菌体研究一度被搁置。[2]施莱辛格证实了由核蛋白组成的噬菌体的生化性质,使现有的理论结合在一起:噬菌体是由核蛋白组成的病毒颗粒。20世纪后期,随着抗生素的长期滥用以及不合理的使用,耐药菌株甚至是"超级耐药菌株"的出现使得抗生素的效果大大降低,甚至无效果,这使得噬菌体开始重新出现在人们的视野中,并在该研究领域中有突破性的进展。

3.2.2 噬菌体的生物学特性

3.2.2.1 噬菌体的结构和类型

不同种类的噬菌体颗粒在结构上差别很大,大多数的噬菌体多呈带尾部的20面体型,如λ噬菌体,还有相当部分为线状体型(图3-2)。

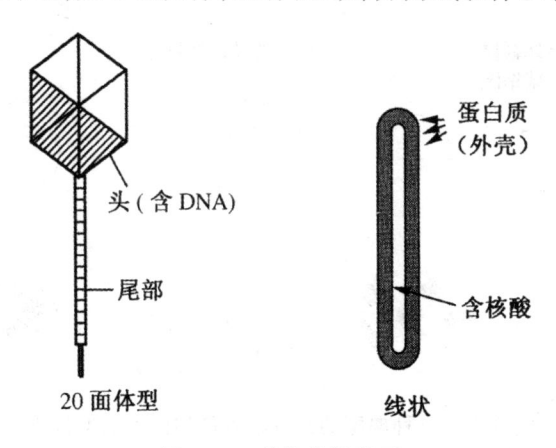

图 3-2 噬菌体的类型

---

[1] Wittebole X., De Roock S., Opal S. M. A historical overview of bacteriophage therapy as an alternative to antibiotics for the treatment of bacterial pathogens [J]. Virulence, 2014, 5 (01):226-235.
[2] 张彤阳.噬菌体诊断技术的创新者——何晓青[J].微生物学报,2019,59(4):771-772.

噬菌体中的核酸多数种类为 DNA，少量为 RNA，如烟草花叶病毒（TMV）、SARS 病毒等。含 DNA 的病毒中，最常见的是双链线性 DNA，也有双链环形 DNA、单链环形 DNA、单链线形 DNA 等多种形式。核酸的相对分子质量在不同种类中相差很大，有的达上百倍。

3.2.2.2 噬菌体的感染性

噬菌体的感染效率很高。一个噬菌体的颗粒感染了一个细菌细胞之后，便可迅速地形成数百个子代噬菌体颗粒，每一个子代颗粒又各自能够感染一个新的细菌细胞，再产生数百个子代颗粒，如此只要重复 4 次感染周期，一个噬菌体颗粒便能使数亿个细菌细胞致死。

如果是在琼脂平板上感染了细菌，则是以最初被感染的细胞所在位置为中心，慢慢地向四周均匀扩展，最后在琼脂平板上形成明显的噬菌斑，即受感染的细菌被噬菌体裂解后留下的空斑。

3.2.2.3 噬菌体的生命周期

图 3-3 是一种典型的烈性噬菌体的生命周期过程。

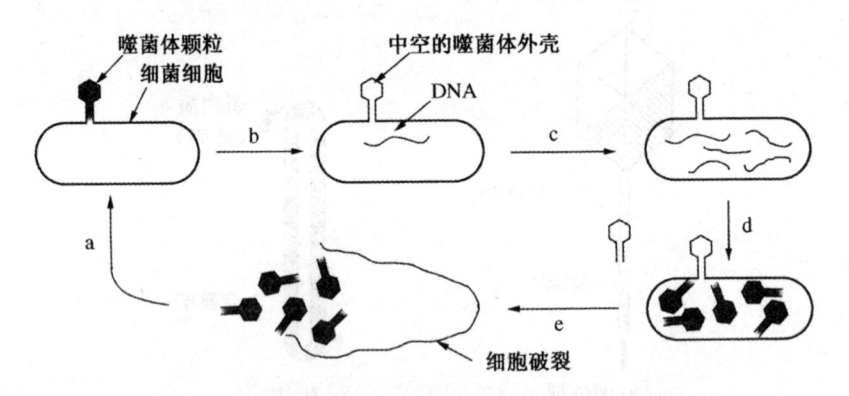

图 3-3 一种典型的烈性噬菌体的生命周期过程

（a.噬菌体颗粒吸附到细胞的表面；b.噬菌体 DNA 注入寄主细胞；c.噬菌体 DNA 复制及头部蛋白合成；d.子代噬菌体颗粒的组装；e.寄主细胞溶菌释放出子代噬菌体颗粒噬菌体的生活周期有溶菌周期和溶源周期两种不同类型。）

在溶菌周期中，噬菌体 DNA 注入细菌细胞后，噬菌体 DNA 大量复

第 3 章 基因工程载体

制,并合成出新的头部和尾部蛋白质,头部蛋白质组装成头部,并把噬菌体的 DNA 包裹在内,然后再同尾部蛋白质连接起来,形成子代噬菌体颗粒,最后噬菌体产生出一种特异性的酶,破坏细菌细胞壁,子代噬菌体颗粒释放出来,细菌裂解死亡。这种具有溶菌周期的噬菌体被称为烈性噬菌体。

在溶源周期中,噬菌体的 DNA 进入细菌细胞后,并不马上进行复制,而是在特定的位点整合到宿主染色体中,成为染色体的一个组成部分,随细菌染色体的复制而复制,并分配到子细胞中而不会出现子代噬菌体颗粒。但是,这种潜伏的噬菌体 DNA 在某种营养条件或环境条件的胁迫下,可从宿主染色体 DNA 上切割下来,并进入溶菌周期,细菌同样也会因裂解而致死,释放出许多子代噬菌体颗粒。把这种既能进入溶菌周期又能进入溶源周期的噬菌体称为温和噬菌体。

温和噬菌体溶源生命周期和溶菌生命周期间的转化过程如图 3-4 所示。

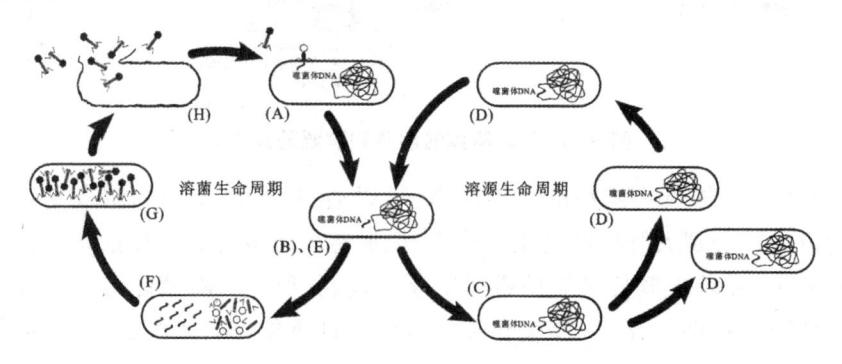

图 3-4 λ 噬菌体溶源生命周期和溶菌生命周期之间的转化

从(A)到(H)的转化过程分别是:

(A)噬菌体感染宿主细胞,将 DNA 注入宿主细胞。

(B)噬菌体 DNA 转录合成 DNA 整合及溶源生长所需要的酶类。

(C)噬菌体 DNA 和宿主基因组整合。

(D)噬菌体 DNA 伴随宿主细胞的分裂而进行复制和分离。

(E)环境条件导致细胞内噬菌体进入溶菌生命周期,噬菌体 DNA 从宿主基因组卸载下来,噬菌体进入溶菌生命周期。

(F)噬菌体利用宿主细胞内的资源合成子代噬菌体 DNA、头部和尾部。

（G）子代噬菌体各种结构在宿主细胞内组装为成熟噬菌体。
（H）宿主细胞被裂解,大量子代噬菌体被释放出来,感染邻近的宿主细胞温和型噬菌体感染细胞后,也可能直接进入溶菌生命周期,但有时会进入溶源生命周期。

3.2.3 λ噬菌体载体

λ噬菌体的宿主菌为大肠杆菌,通常有溶菌和溶源两种不同的生长途径(图3-5)。

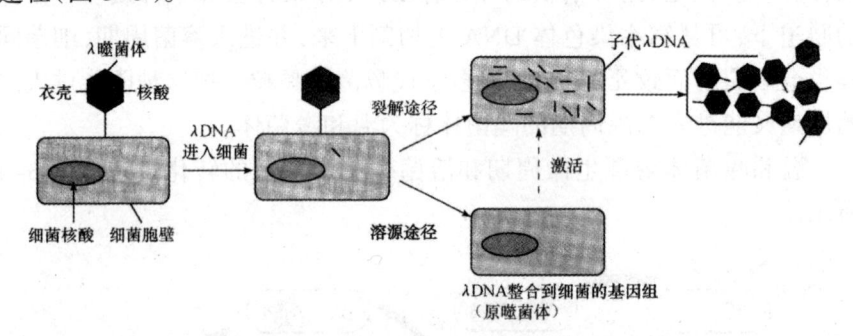

图3-5 λ噬菌体的溶菌和溶源繁殖方式

λ噬菌体具有极高的感染能力,可以通过 *POP'* 基因的位点专一性地重组整合到大肠杆菌的染色体上,以原噬菌体的形式长期潜伏在大肠杆菌中,随着大肠杆菌繁殖进行不断的复制,所以λ噬菌体可以在低温的情况下长期保存。λ噬菌体在一定的条件下能够转入溶菌状态,进行大量增殖。

野生型的λ噬菌体是一种全长大约为48kb的DNA分子,在其两侧具有2个由12个核苷酸组成互补的黏性末端,称为cos位点。黏性末端在噬菌体进入大肠杆菌以后能够通过碱基配对而结合形成环状的DNA分子。功能相关的基因成簇排列在基因组上,如图3-6所示,包括以下几个部分。

（1）噬菌体头部合成基因、噬菌体的尾部合成基因、与λ噬菌体的整合重组等功能有关的基因。

（2）与λ噬菌体的表达调控有关的基因。

（3）其他与λ噬菌体的合成有关的基因。

第3章 基因工程载体

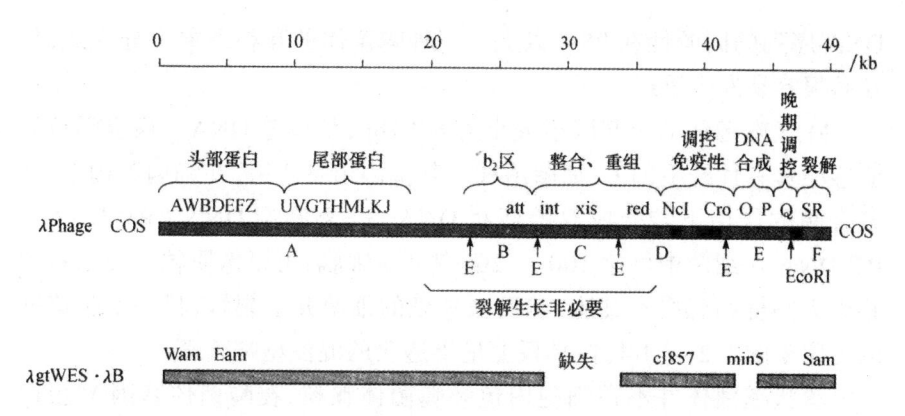

图 3-6　野生型 λ 噬菌体 DNA 及相应的 λ 噬菌体 DNA 图谱

在以上这些基因中，有部分基因缺失不会影响噬菌体的基本功能。因此，野生型的 λ 噬菌体在改造成为噬菌体载体时，为了装载更多外源片段，要剔除掉大量非必需区段。剔除后使 λ 噬菌体载体的可装载外源基因片段的总长度达到 λDNA 分子大小的 75%~105%，实际插入的外源片段的总长度可以高达 20kb 左右。

野生型的 λ 噬菌体 DNA 对大多数目前在基因克隆中常用的限制性核酸内切酶来说，都具有过多的限制位点，因而其本身不适合作为基因克隆的载体。

据目前所知，野生型的 λ 噬菌体染色体上有 50 多个限制性核酸内切酶位点。因此，构建 λ 噬菌体载体时，应考虑尽可能消去一些多余的限制位点，同时切除非必要的区段，这样才有可能将其改造成适用的克隆载体。其改造方面还包括引入可供筛选的标记基因，在有些情况下还可以通过其他方式来确定是否为重组噬菌体、载体片段的连接等。

λ 噬菌体载体主要用于构建 cDNA 文库。某种生物体的某个组织的 cDNA 分子与 λ 噬菌体载体相连接，通过体外包装，直接转导受体细胞。通过体外转导作用，1 μg 的 cDNA 分子可以获得 10^6 以上个噬菌斑。这些不同的噬菌体中都携带有一条外源 cDNA 分子。此噬菌体 cDNA 文库就可以用于基因的克隆。

3.2.4 丝状噬菌体载体

大肠杆菌单链丝状噬菌体包括 M13、f1 和 fd 等。这几种噬菌体基因组的组织形式相同，病毒颗粒的大小与形状相近，复制起点相似，

DNA 序列的同源性在 98% 以上。三种噬菌体的互补现象十分活跃,相互间很容易发生重组。

M13 噬菌体的全基因组大小为 6407bp,是单链 DNA。病毒颗粒只能感染具有性纤毛的 F$^+$ 细菌菌株。其基因组是正链,在细菌胞内 DNA 聚合酶的作用下转变成双链环状 DNA——复制型 DNA(RF DNA)。RF DNA 在细菌中可达 100~200 拷贝/细胞,可以像质粒一样制备和感染大肠杆菌感受态细胞,然而被感染的细菌并不裂解,只是生长速度减为原来的 1/2~3/4,在平板上呈半透明的混浊型噬菌斑。

丝状噬菌体并不在细胞内包装噬菌体颗粒,在噬菌体基因 V 蛋白和噬菌体 DNA 所形成的复合物移动至细菌细胞膜的同时,基因 V 产物从 DNA 上脱落,而病毒基因组从感染细胞的细胞膜上溢出时被衣壳蛋白包被,因此对包装的单链 DNA 的大小无严格限制,可获得比天然病毒基因组长 6 倍以上的外源 DNA 插入片段和克隆。

3.3 人工染色体载体

3.3.1 细菌人工染色体(BAC)

BAC 是以大肠杆菌 F 因子为基础、高容量、低拷贝数的质粒载体,能插入携带 150~300kb 之间的基因组片段。BAC 质粒常用于基因组文库的构建,其与早期构建文库使用的 λ 噬菌体和质粒载体有很大的不同,BAC 能使插入的转基因大片段保持稳定性和低嵌合性。此外,插入片段通常包括增强子和其他调控元件,能最大限度地降低位置效应带来的不良后果,如表观遗传沉默等。

1992 年,ShizuyaH 等[1]在小型 F 质粒 pMBO131 的基础上构建了第一代 BAC 载体 pBAC108L。此载体携带来源于大肠杆菌 F 因子的复制子(oriS)、解旋酶(repE)和三个基因座(parA、parB 和 parC)。

---

[1] Adachi S., Hori K., Hiraga S. Subcellular positioning of F plasmid mediated by dynamic localization of SopA and SopB[J]. J. Mol Biol, 2006, 356(4): 850-863.

新型的 BAC 载体在 pBAC108L 基础上进行修饰,包括 pBelo BAC11 和 pBACe3.6 等。其中除了包含与第一代 BAC 载体 pBAC108L 的基本功能序列相同的组成部分外,还添加了 LacZ 基因,可用于蓝白斑筛选。BAC 质粒能装载较大的人源基因组序列,因此常被用于构建基因人源化动物模型,转入的人类基因的表达取代并补偿了小鼠基因表达的缺失。基于 BAC 质粒构建转基因动物的优势在于,转入的基因常包括基因正确表达所必需的调控元件的基因,以及抑制表观遗传沉默的绝缘元件,将位置效应的不良后果降到最低。目前,BAC 转基因动物模型常被用于免疫系统的人源化,虽然免疫缺陷动物缺乏关键的淋巴细胞组分,但仍不能有效地调节人源细胞或组织的植入。hSIRPα 蛋白与 hCD47 蛋白的结合能增强免疫缺陷动物对人源移植物的耐受性,利用 BAC 质粒已将 hSIRPα 基因成功转入小鼠、大鼠等动物模型中。BAC 质粒的出现和发展有利于识别人类致病基因和用于生物医学研究中的疾病动物模型的构建。

3.3.2 酵母人工染色体

酵母人工染色体(yesat artificial chromosome,YAC)是在酵母细胞中用于克隆外源 DNA 大片段的克隆载体。YAC 是用人工方法由酵母染色体中不可缺少的主要片段组建而成的。这些片段包括染色体末端的端粒(Telomeres,TEL)、中间的着丝粒(centromeres,CEN)、酵母 ARS 序列和酵母选择标记。这些选择标记包括氨苄西林标记、色氨酸和尿嘧啶核苷营养表性筛选标记等。YAC 载体本身的体积和容量并不大,大约只有 10kb,却可以接受高达 2Mb 的外源 DNA 的插入,这也正是人类基因组计划中物理图谱绘制采用的主要载体。[①]

图 3-7 所示为 pYAC4,它与 pYAC3 的差别体现在 SUP4 基因上的克隆位点不同,pYAC3 是 *Sna*B I,pYAC4 是 *Eco*R I。

[①] 彭银祥,李勃,陈红星.基因工程[M].武汉:华中科技大学出版社,2007.

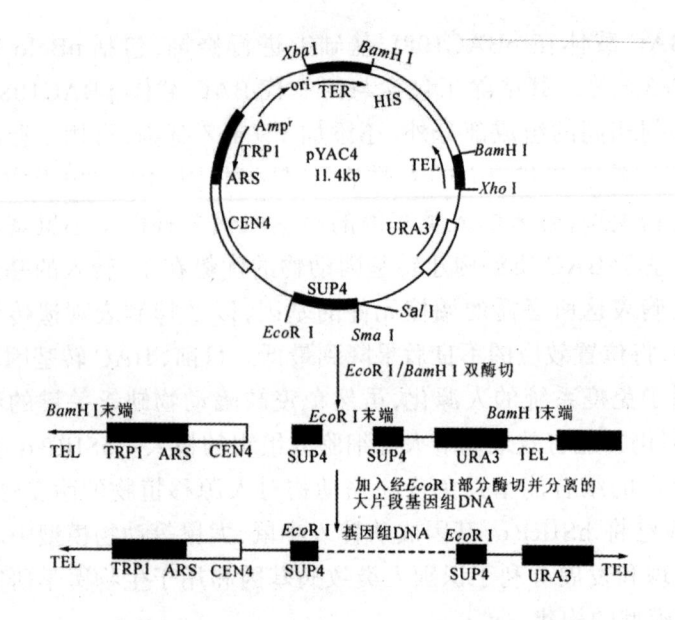

图 3-7　pYAC4 人工染色载体构建示意图

3.4　其他载体

3.4.1　CaMV 克隆载体

　　花椰菜花叶病毒组（Caulimoviruses）是唯一的一群以双链 DNA 作为遗传物质的植物病毒，该组共有 12 种病毒，每一种病毒都有比较窄的寄主范围。花椰菜花叶病毒（CaMV）是花椰菜花叶病毒组中研究最为详细和深入的典型代表。目前，很多实验室和研究机构对 CaMV40 DNA 分子进行了全序列测定，并在此基础上绘制了限制性核酸内切酶的物理图谱（图 3-8）。

第 3 章 基因工程载体

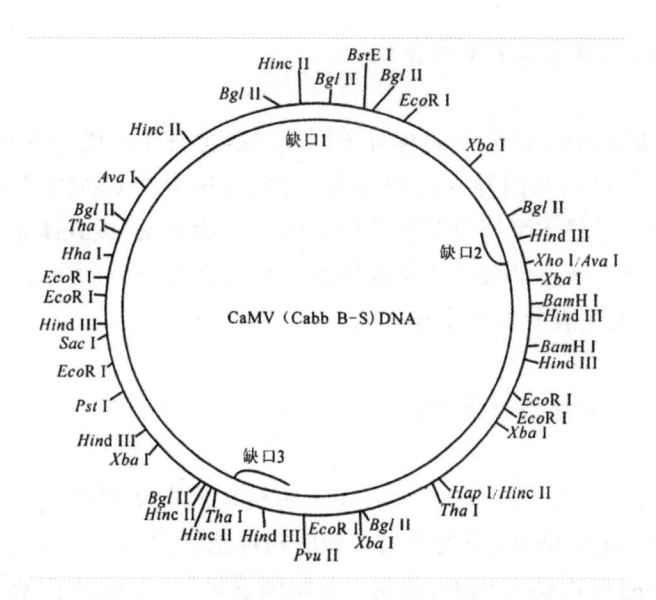

图 3-8 CaMV（CabbB-S）DNA 的限制性核酸内切酶物理图谱

根据图 3-8 我们可以看出，如果去掉一些 CaMV 的必要基因，我们可以实现更长的 DNA 片段的插入，并且植物不会受到直接感染。这是因为当植物受到感染时，载体 DNA 需要一个正常的花椰菜花叶病毒基因组辅助。这个正常的病毒基因组为克隆载体提供了包装病毒外壳的基因，并使它感染整个菌株。由于在它的大多数限制性酶切点中插入外源 DNA 都会导致病毒失去感染性，而且它不能包装具有大于原基因组 300bp 的重组体基因组。与此同时，按外源 DNA 插入或取代的方法发展 CaMV 克隆载体，存在着难以克服的技术上和理论上的困难。

多年来有关 CaMV 克隆载体的设计思想，主要集中在以下三个方面。

（1）有缺陷性的 CaMV 病毒分子同辅助病毒分子组成互补的载体系统。

（2）将 CaMV DNA 整合在 Ti 质粒 DNA 分子上，组成混合的载体系统。

（3）构成带有 CaMV 35S 启动子的融合基因，在植物细胞中表达外源 DNA。

用 CaMV40 DNA 构建克隆载体的主要途径如下。

3.4.1.1 构建互补载体系统

用有缺陷型的CaMV病毒分子同辅助病毒分子组成一种互补体系,可以将外源目的基因导入植物细胞,我们称这类的CaMV克隆载体系统为辅助病毒载体系统或互补载体系统。一般来说,该载体系统的两种分子均不能单独感染敏感的植物细胞,只有彼此依赖对方基因组提供的产物,才能发生有效的感染作用。

3.4.1.2 构建混合载体系统

实验证明,克隆在Ti质粒载体上的植物病毒基因能够通过根瘤土壤杆菌导入植物细胞,并表现出典型的病毒感染症状。这种由根瘤土壤杆菌介导的病毒感染现象,称为"根瘤菌感染"。根瘤菌感染体系已成为分析T-DNA转入单子叶植物的灵敏方法,也是发展CaMV克隆载体的有效途径,这种途径有以下优点。

(1)扩大了CaMV的正常寄主范围,使人们有可能在其他的植物中研究该病毒的行为。

(2)克隆在Ti质粒上的CaMV DNA可以整合到植物基因组上,避免不同的CaMV突变体之间的重组。

3.4.1.3 CaMV 35S启动子融合基因载体系统

由于CaMV 35S启动子能够在被感染的植物组织中产生高水平的35SmRNA,所以它是一种理想的调节因子。目前已有许多分子生物学家都热衷于使用CaMV 35S启动子在植物细胞中表达外源目的基因。具体方法是,将CaMV 35S启动子同目的基因重组,构成35S启动子目的基因融合体。再通过像Ti质粒等其他DNA载体转化到植物受体细胞,由35S启动子直接指导目的基因进行有效的表达。这种方法既克服了重新出现野生型病毒的麻烦,又没有严格的组织特异性,并且能够高水平地表达。

第3章 基因工程载体

3.4.2 烟草花叶病毒(TMV)克隆载体

TMV 病毒的基因组是一种单链的 RNA 分子。它至少编码四种多肽，其中 130kD 和 180kD 这两种蛋白质是从基因组 RNA 的同一个起始密码子直接翻译而成的；另外两种蛋白质，即 30kD 蛋白质和外壳蛋白则是由加工的亚基因组 RNA 转译产生的。130kD 和 180kD 这两种病毒蛋白质的功能是参与病毒的复制，而 30kD 蛋白质则与病毒从一个细胞转移到另一个细胞的运动有关。由此可见，这三种蛋白质是 TMV 能够在被感染的植株中传播繁殖的基本条件。但是，尽管外壳蛋白对病毒增殖并不是必需的，但它对病毒在植株中的远距离传播则是不可或缺的。鉴于外壳蛋白能够大量合成，又不是病毒繁殖的必要成分，即使外源基因插入导致外壳蛋白失活，对于病毒的繁殖也不会有影响。因此，外壳蛋白基因被认为是表达外源基因的理想位点。

N. Takamatsu 等人在 1987 年发展出一种经过修饰改造且可以在体外转录的具有感染性的 TMV RNA 的全长 TMV cDNA 克隆。他把细菌氯霉素乙酰转移酶基因(*Cat*)，插入该克隆紧挨外源蛋白基因起始密码子的下游，构成了 TMV cDNA-*Cat* 重组体分子。然后把此重组体分子体外转录形成的转录物接种烟草植株。结果在被接种的烟草叶片中观察到了 *Cat* 活性。虽然说这种感染并不能够系统地传播到整个植株，但它至少说明 TMV RNA 是可以作为植物基因克隆的载体。

多年来，人们一直企图用它作为植物表达克隆载体，建立植物细胞的外源基因表达体系，并提出了利用 TMV 表达外源基因的多种策略，如图 3-9 所示。

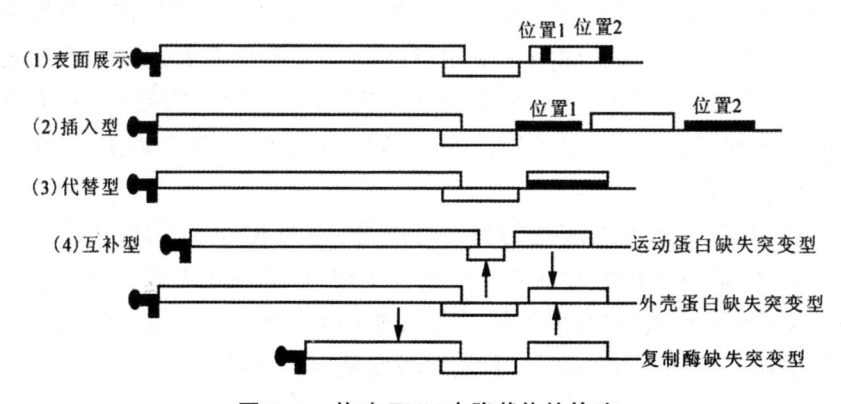

图 3-9 构建 TMV 克隆载体的策略

(注：黑圆点代表帽子结构，黑框代表前导序列，影框代表外源基因或抗原决定簇)

3.4.3 Sv40 克隆载体

3.4.3.1 SV40 克隆载体的基本生物学特性

猿猴空泡病毒(simian vacuolating virus, SV40)是迄今为止研究得最为详尽的空泡病毒之一。SV40 的基因组是一种环形双链 DNA,其大小仅有 5234 bp,从大小上来说,它适用于基因操作。SV40 也是第一个完成基因组 DNA 全序列分析的动物病毒,而且人们对其复制及转录方面的特性也有了相当多的了解。

1.SV40 病毒的生命周期

根据 SV40 病毒感染作用的不同效应,可将其寄主细胞分成三种类型。SV40 病毒在感染 CV-1 和 AGMK 猿猴细胞之后,便产生感染性的病毒颗粒,并使寄主细胞裂解,这种效应称为裂解感染,而该猿猴细胞称为受体细胞。但如果感染的是啮齿动物的细胞,就不会产生感染性的病毒颗粒,此时的病毒基因组整合到寄主细胞的染色体上,于是细胞便被转化,此时的啮齿动物的细胞成为 SV40 病毒的非受体细胞。而人体细胞是 SV40 病毒的半受体细胞。

2.SV40 病毒的分子生物学特性

SV40 病毒外壳是一种小型的 20 面体的蛋白质颗粒,由三种病毒外壳蛋白质 VP1、VP2 和 VP3 构成,中间包裹着一条环形病毒基因组 DNA(图 3-10)。感染之后的 SV40 基因组,输送到细胞核内进行转录和复制。SV40 病毒基因组按表达时间顺序分为早期表达区和晚期表达区:早期表达产物是大 T 抗原和小 t 抗原,T 抗原的功能与 SV40 基因的复制相关;晚期表达产物是 VP1、VP2 和 VP3 三种病毒蛋白,作用是装配病毒颗粒。

SV40 病毒基因组表达的另一特点是,它的 RNA 剪切模式非常复杂。SV40 病毒基因组存在着一个增强子序列,它的主要功能是促进病毒 DNA 发生有效的早期转录。因此,SV40 增强子在哺乳动物的基因操作中相当有利,同时还可以有效地激发基因的转录活性。

第3章 基因工程载体

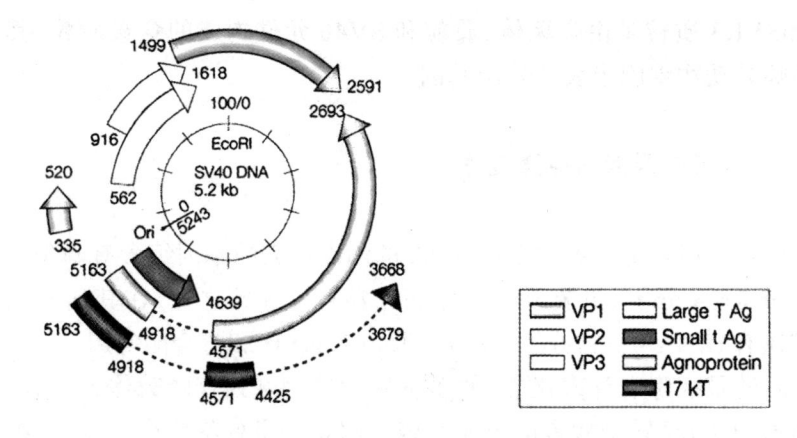

图 3-10 SV40病毒基因组结构图谱

3.4.3.2 SV40 载体的类型

1. 取代型载体

野生型 SV40 的取代型载体有晚期区和早期区两种取代类型。外源 DNA 取代 SV40 的晚期区 DNA，重组子在宿主细胞内复制，但不能形成病毒颗粒。这类载体只有在辅助病毒与它一起感染的情况下，才能包装成病毒颗粒，其辅助病毒为早期区缺乏和只有晚期区表达的 SV40 突变种。早期区取代型载体使外源 DNA 取代 SV40 的早期区，该重组子可以复制，但也要辅助病毒同时感染才能形成重组的病毒颗粒。它的辅助病毒为晚期缺乏、能表达早期区的大 T 抗原，或早期区取代型 SV40 重组子感染 cos 细胞。cos 细胞依靠整合与染色体的 SV40 DNA，可以表达大 T 抗原。

2. 穿梭质粒载体

利用 SV40 元件构建穿梭质粒可以克服容量小的缺陷。所谓穿梭载体（shuttle vectors），是指含有不止一个 *Ori*、能携带插入序列在不同种类宿主细胞中繁殖的载体。例如，SV40 元件的 pEUK-C1，它由 pBR322 的复制起始点、筛选标记 Amp^r、SV40 的复制起始信号、晚期启动子、SV40 VP1 的内含子、SV40 晚期区 mRNA poly（A）加尾信号和多克隆位点构成，适于在哺乳动物细胞中瞬时表达克隆的外源基因。再如，pSVK3质粒是由噬菌体、质粒和SV40元件构成的穿梭质粒，其可以在哺乳动物细胞中表达外源基因。

3.4.4 反转录病毒克隆载体

反转录病毒是一类含单链RNA的病毒。它的基因组含有两条相同的正链RNA分子，包装成二倍体病毒颗粒。除此之外，在其病毒颗粒内部还有tRNA-引物分子、反转录酶、RNase H和整合酶等组分。

反转录病毒有许多优点，便于发展为动物基因克隆载体，总结起来主要有：（1）反转录病毒的导瘤基因能够在正常的细胞中转录，根据这种情况可以把它改造成有用的动物基因的转移载体；（2）反转录病毒的寄主范围相当广泛，可以在无脊椎和脊椎动物以及人类细胞中表达；（3）反转录病毒有强启动子，克隆此类载体上的外源基因有可能得到高效的表达；（4）反转录酶不但感染效率高，而且通常还不会导致寄主细胞死亡，被它感染或转化的动物细胞能够持续许多世代，保持正常生长和形成感染性病毒颗粒的能力。

通过对反转录病毒克隆载体优点的介绍我们可以看出，利用反转录病毒载体可以较为简便和快捷地改变动物细胞的基因型，并传到子代细胞。

3.4.4.1 反转录病毒的生命周期

反转录病毒的生命周期由两部分组成。第一部分主要包括感染、复制和整合。反转录病毒感染细胞后，释放出RNA，在其自身的反转录酶的作用下合成DNA，形成RNA-DNA双链分子，随后反转录酶加工染色体DNA，称为前病毒，随宿主的染色体DNA一起复制。反转录病毒生命周期的第二部分是前病毒DNA开始转录，产生病毒RNA，以翻译产生酶和病毒包装所需要的蛋白，最后在细胞质中包装成病毒颗粒，而成熟的病毒颗粒以出芽方式从宿主细胞中游离出去。

第3章 基因工程载体

3.4.4.2 反转录病毒载体

反转录病毒载体基因组为两条相同的RNA,长8~10kb,二者通过四个氢键结合,5'端是甲基化帽子结构,3'端为Poly(A)尾巴。该基因组主要结构如下。

(1) *gag* 基因,编码核心蛋白,该蛋白位于病毒颗粒中心与RNA连接。

(2) *pol* 基因,编码反转录酶、整合酶等。

(3) *env* 基因,编码病毒的外壳蛋白。

除此之外,许多反转录病毒还有一个 *onc* 基因,由它编码的转化蛋白在病毒转化细胞中起作用。在反转录病毒基因组两端还各有一个跃末端重复序列(long terminal repeat, LTR), LTR 中有一个强启动子。

3.4.4.3 反转录病毒载体的主要类型

目前已发展出来的以反转录病毒为基础的动物基因转移载体主要有以下几种。

(1) 辅助病毒互补的反转录病毒质粒载体

构建辅助病毒互补的反转录病毒质粒载体关键的步骤是利用DNA体外重组技术,将克隆在大肠杆菌pBR322质粒载体上的原病毒DNA移去 *gag*、*pol* 和 *env* 三个基因的大部分或全部序列,保留下 5'-LTR 序列以及 PBS+ve 和包装位点 *psi*。经过这样体外操作建成的重组的原病毒DNA,因为是克隆在pBR322质粒载体上,所以可以在大肠杆菌细胞中增殖。

(2) 不需要辅助病毒互补的反转录病毒质粒载体

应用辅助病毒互补的反转录病毒质粒载体转移基因确实也存在一些有待改进的不足之处。由于使用的感染性辅助病毒在感染过程中会与重组病毒竞争细胞表面接受器,因此会相对地降低被重组病毒感染的细胞数量。为了避免这样的麻烦,人们发展出了不需要辅助病毒互补的重组反转录病毒质粒载体系统,这种系统需建立一种特殊的包装细胞株(packaging cell line)。

包装细胞株的基本特征:在它的染色体DNA的某个位点上整合着一个缺失了 *psi* 序列的反转录病毒的原病毒DNA,即 5'-LTR-*gag*-

pol-env-LTR-33' 区段；或是在其染色体 DNA 的两个位点分别整合着缺失了 psi 序列的 5'-LTR-gag-LTR-5' 区段和 5'-LTR-gag-env-LTR-3' 区段。

3.4.5 痘苗病毒克隆载体

痘苗病毒（Vaccinia virus）具有双链 DNA 基因组，同天花的病原体天花病毒（Variola virus）的亲缘关系密切。在重组技术发展不久，将外源 DNA 片段插入痘苗病毒的基因组中，得到了具有生物活性的重组病毒。

痘苗病毒基因组 DNA 分子量很大，达 180 kb，编码有 200 种的蛋白质多肽分子。由于其分子量很大，操作不方便，不适合直接用于基因克隆的载体，但它拥有很大的寄主范围，并长期作为预防天花的疫苗。除此之外，痘苗病毒是在细胞质中繁殖的，其基因组能够容纳 25 kb 大小的外源 DNA 片段的插入，具有相当大的克隆能力。

在痘苗病毒早期基因的表达产物中，胸苷激酶（TK）是一种易于鉴定的标记。应用转译分析法已经鉴定出，胸苷激酶的编码基因是位于痘苗病毒基因组 DNA 的 Hind Ⅲ-J 片段上。痘苗病毒正常功能的表达并不需要这个片段，当其被外源 DNA 取代之后不会影响病毒基因组的复制能力。由于痘苗病毒基因组 DNA 是非感染性的，因此不能直接用于感染寄主细胞。因此，首先用 TK 痘苗病毒感染寄主细胞，然后通过与磷酸钙共沉淀的办法导入带有腑基因的 DNA 限制片段，以便在体内发生重组。重组反转录病毒或重组腺病毒的构建是以质粒型病毒 DNA 的形式进行的，而构建重组痘苗病毒的形式与它们有所不同。由于痘苗病毒的基因组结构复杂，目前尚无质粒型病毒 DNA 形式存在的痘苗病毒克隆载体，因此重组痘苗病毒的构建必须采用同源重组的方法，即需要在重组痘苗病毒表达的外源目的基因两端组装上腑基因 DNA 片段或 HA（血凝素）基因 DNA 片段，通过腑基因 DNA 片段或 HA 基因 DNA 片段与痘苗病毒基因的同源重组，将外源目的基因整合在痘苗病毒基因组上。按此原理已构建了多种痘苗病毒克隆载体。

现在以 pGS20 为例，说明痘苗病毒载体的构建过程及其主要的结构成分。首先将编码着腑基因的痘苗病毒基因组 DNA 的 Hind Ⅲ-J 片段，克隆到大肠杆菌质粒载体 pBR322 分子上；然后把含有另一种痘苗病毒基因缀的启动子和转录起点的 275bp DNA 片段,插入腑基因序列中,于是便构成了痘苗病毒质粒载体 pGS20。应用 pGS20 痘苗病毒载体,已成功地在猿猴细胞中表达乙型肝炎病毒表面抗原 HbsAg 和血细胞凝集素等多种蛋白质。

3.4.6 基因打靶载体

一个典型的基因打靶载体(gene targeting vector)一般由三部分组成,即含有要插入受体细胞基因组中去的用于打靶的基因(targeted gene)或外源基因,处于外源基因两侧的、与细胞内靶基因座同源的 DNA 序列以及用于筛选的标记。通常用新霉素磷酸转移酶基因(neo)作为正(+)选择标记,表达了新霉素磷酸转移酶基因的受体细胞可通过在含 G418 的培养基上进行培养而筛选。单纯疱疹病毒的胸苷激酶基因 HSV-tk 常作为负(-)选择标记,当受体细胞中含有 HSV-tk 基因时,HSV-tk 基因的表达产物 HSV-tk 酶可将丙氧鸟苷(ganciclovir)转化成毒物使受体细胞致死;而不表达 HSV-tk 基因的细胞(HSV-tk),在含丙氧鸟苷的培养基中可以成活。此外,次黄嘌呤磷酸核糖转移酶 HPRT 基因也是常用的标记基因,表达 HPRT 的受体细胞可在含次黄嘌呤(H)/氨甲蝶呤(A)/胸腺嘧啶(T)(即 HAT)培养基上生长,而 *HPRT* 的细胞则对 6-硫代鸟嘌呤(6-TG)产生抗性,可用含 6-TG 的培养基进行筛选。由于用 *HPRT* 标记可以进行双重筛选,所以 HPRT 基因作为筛选标记得到越来越多的应用。目前有两种类型的载体可用于基因打靶,分别称为基因插入载体(gene-insertion vector)和基因置换载体(gene-replacement vector)。图 3-11 给出了利用插入型载体(a)和置换型载体(b)进行基因打靶的机制。

通过插入载体进行基因打靶时,在基因组序列区(以暗影表示)和打靶载体两臂(以空白表示)同源序列向产生单交换而引起基因的重复,*neo* 作为(+)的筛选标记引入到靶位。当用置换型载体进行基因打靶时,基因组序列和载体上的同源序列间通过双交换产生同源重组,使基因组靶位上的原有基因的完整性被打断。在打靶载体上的两个筛选标记 *neo* 和 HSV-tk 在重组过程中命运不同,*neo* 作为(+)的筛选标记被引入靶位;而 HSV-tk 由于处在载体的末端的同源区序列之外,因此在同源重组过程中不能整合到受体细胞基因靶位,而往往丢失。如前所述,因为 HSV-tk 基因的表达产物 HSV-tk 酶可使丙氧鸟营转变成为使受体细胞中毒死亡的毒性核苷酸,因而可用含丙氧鸟苷的培养基排除随机整合的细胞株(即此细胞含有因随机整合导入的 HSV-tk 基因),从而使成活的受体细胞中含所有的同源重组的序列的比例提高,也即提高了由打靶载体所产生的有效重组的效率。从图 3-11 中可以清楚地看到,基因插入载体是通过单交换而实现同源重组,其结果是使遗传物质重复。置换载体是通过双交换实现同源重组,这样载体上的 DNA 序列置换了靶位上的 DNA 序列,使靶位上的基因失活并在靶位插入选择性基因(*neo*)。打靶载体在组建时常为环形,为了提高打靶效率,进行打靶时要使其线性化。

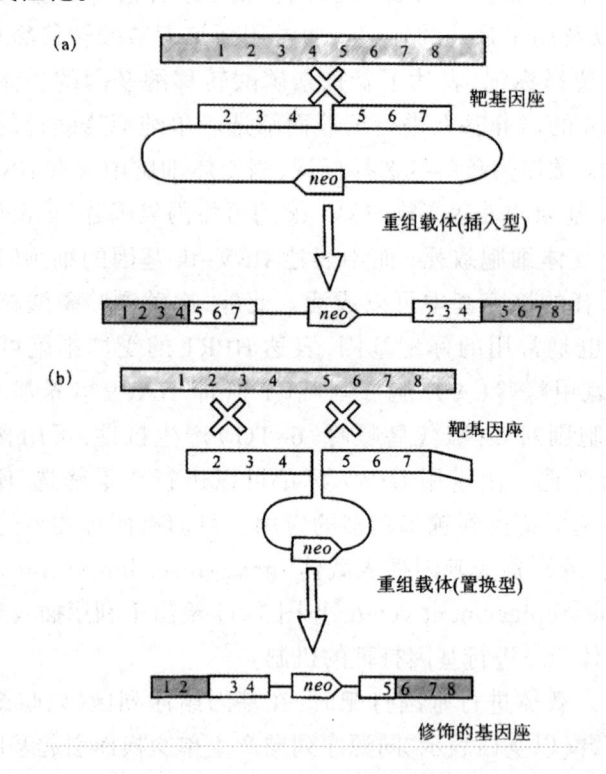

图 3-11 利用插入型载体(a)和置换型载体(b)进行基因打靶

第 4 章 目的基因的获得

在基因工程设计和操作中被用于基因重组、改变受体细胞性状和获得预期表达产物的基因(一段 DNA 序列)被称为目的基因。其多数情况下是指能够编码蛋白质的、具有正常功能的结构基因。

4.1 直接分离法

对于已测定了核苷酸序列的 DNA 分子或者已克隆在载体中的目的基因,根据已知的限制性核酸内切酶识别序列只需要用相应的限制性核酸内切酶进行一次或几次酶切,就可以分离出含目的基因的 DNA 片段。如图 4-1 所示,用 *Bam*H Ⅰ 和 *Sal* Ⅰ 酶切此质粒,就可获得目的基因。[①]

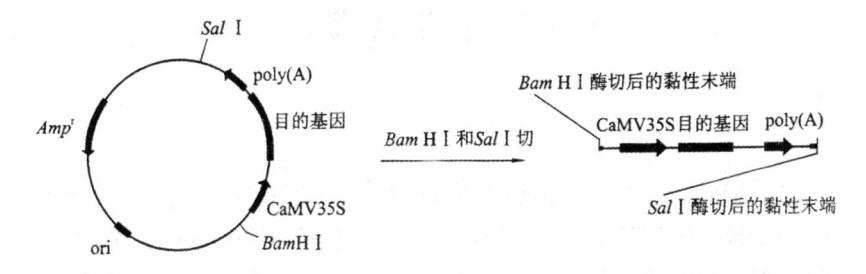

图 4-1 用限制性核酸内切酶 *Bam*H Ⅰ 和 *Sal* Ⅰ 双酶切得到目的基因 ICE1 示意图

---

① 杨玉珍,刘开华. 现代生物技术概论 [M]. 武汉:华中科技大学出版社,2012.

4.1.1 从原核基因组中制备

原核基因组相对较小,用几种限制性内切酶分别消化原核基因组,或用某种限制性内切酶对所要研究的基因组进行部分消化,可以得到大小不等的各种片段,其中有些片段就会含有目的基因,将这些片段插入载体中进行克隆,经过筛选,可以得到所需的目的基因。

4.1.2 从真核基因组中制备

真核基因组比较大,直接用限制性内切酶消化后需要筛选的克隆数太多,不易操作。可以用一种限制性内切酶先消化基因组 DNA,产生连续的 DNA 片段,然后电泳分离这些 DNA 片段,再用一段特异探针与这些 DNA 片段进行杂交,在含有特异性模板的区域就会出现杂交带,可以初步鉴定基因组中是否含有目的基因。我们也可以将酶切后的基因组 DNA 片段全部克隆到适当的载体中,制成基因组文库,再用特异性探针与基因组文库中的不同克隆进行杂交,阳性克隆即表示克隆到的 DNA 片段含有特异基因序列。将阳性克隆测序,用第一个克隆片段的末端分离下一个克隆片段,然后利用 DNA 片段间的重叠顺序来鉴定其他克隆。这样一步步走下去,最终可得到全部基因序列,这种技术就叫作染色体步移(chromosome walking)。[①]

4.2 化学合成法

化学法合成 DNA 是指按人们的意愿,通过化学方法人工合成一定长度的 DNA 序列的方法。早在 1976 年 H. G. Khorana 提出化学合成法的设想,1979 年发表论文:率先成功地合成大肠杆菌酪氨酸 tRNA 基因。目前,随着 DNA 合成技术的发展,由计算机控制的全自动核酸合

---

① 刘芳娥,刘利兵,张海峰,张璟,张克斌. 实验基础医学 [M]. 西安:第四军医大学出版社,2014.

第 4 章 目的基因的获得

成仪可以按设计好的序列合成较长的 DNA 片段。在基因的化学合成中，首先要合成出一定长度的寡核苷酸片段，再通过 DNA 连接酶连接起来。

4.2.1 寡核苷酸化学合成

寡核苷酸（oligonucleotide, ODN）是一类含有 50 个以下碱基、以不同核苷酸基序为核心的短链核苷酸的总称，存在于自然界某些低等生物基因组的脱氧核糖核酸（deoxyribonucleic acid, DNA）中。

寡核苷酸片段的常见化学合成方法有磷酸二酯法、磷酸三酯法、亚磷酸三酯法。其中磷酸二酯法操作过程烦琐、耗时，合成的核苷酸片段一般不超过 15bp，因此在实际应用中并不适用；磷酸三酯法原理与磷酸二酯法相同，只是参加反应的单核苷酸都是在 3' 端磷酸和 5'–OH 上都先连接了一个保护基团。目前多数核酸合成仪选用亚磷酸三酯法与固相技术相结合。

固相亚磷酸三酯法是在固相载体上完成 DNA 的合成，由引物的 3' 末端向 5' 末端合成。所要合成的寡核苷酸链 3' 末端核苷（N1）的 3'-OH 通过长的烷基臂与固相载体多孔玻璃珠（controlled pore glass, CPG）共价连接，N1 的 5'-OH 以 4,4'- 二甲氧基三苯甲基（DMT）保护，然后依次从 3'→5' 的方向将核苷酸单体加上去，所使用的核苷酸单体的活性官能团都是经过保护的，核苷的 5'-OH 被 DMT 保护，3' 末端的二丙基亚磷酸酰上磷酸的 OH，用 β-氰乙基保护。每延伸一个核苷酸需四步化学反应，寡核苷酸链的合成过程如图 4-2 所示。

可见，合成的每个循环周期包括四个步骤：去保护、偶联反应、加帽反应、氧化反应。

4.2.2 基因的半合成（酶促合成）

全基因特别是较大的基因的全部化学合成成本昂贵，使用半合成的方法可以降低成本，且易被采用，只需要合成基因的部分寡核苷酸片段（3' 末端具有 10~14 个互补碱基），在适当条件下退火得到模板——引物复合体，在 dNTP 存在的条件下，通过 DNA 聚合酶 I 大片段（klenow 酶）或反转录酶的作用，合成出相应的互补链，获得两条完整的互补双链（图4-3）。所形成的双链DNA片段，可经处理插入适当的载体上。

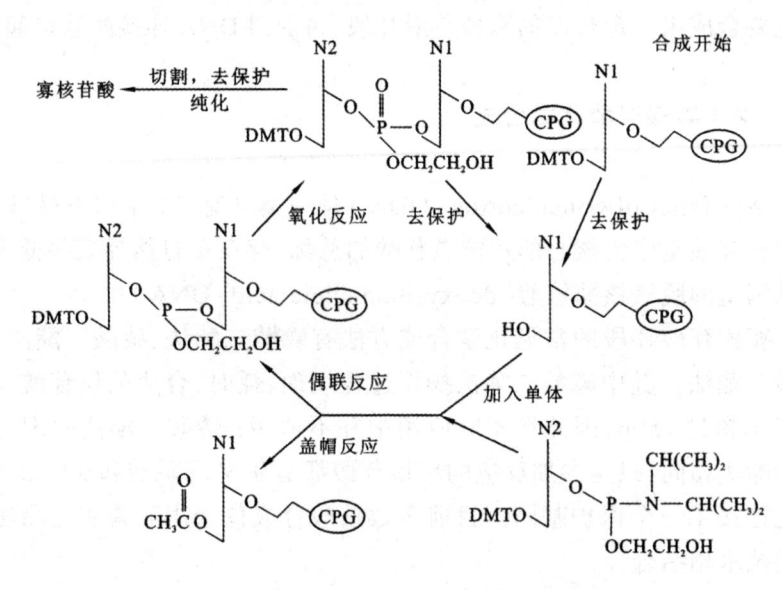

图4-2 固相亚磷酸三酯法合成寡核苷酸片段

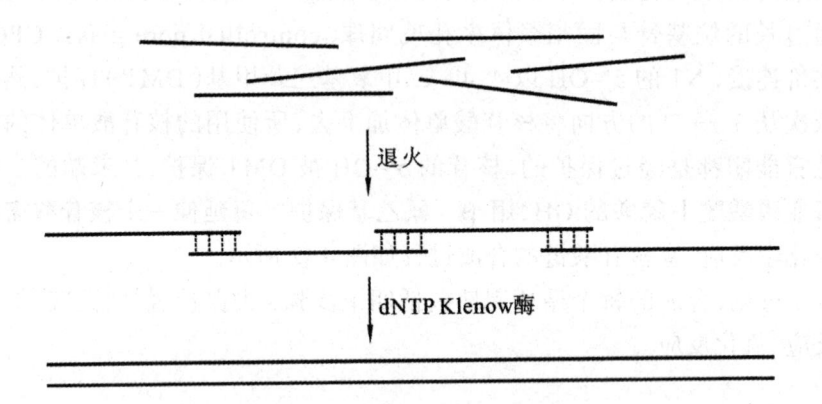

图4-3 基因的酶促合成方式

采用分步连接、亚克隆的方法时，为便于亚克隆中回收基因片段，应在片段两侧设计合适的酶切位点，每个亚克隆都可以被分别鉴定，从而可减少顺序错误的可能性。

第 4 章 目的基因的获得

4.3 基于 PCR 的分离法

多聚酶链式反应（polymerase chain reaction，PCR）技术的出现使基因的分离和改造变得简便许多，特别是对原核基因的分离，只要知道基因的核苷酸序列，就可以十分有效地扩增出含目的基因的 DNA 片段（图 4-4）。

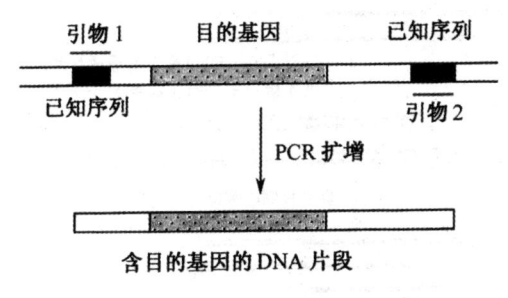

图 4-4　PCR 扩增目的基因示意图

PCR 技术就是在体外通过酶促反应成百万倍地扩增一段目的基因。它要求反应体系具有以下条件：要有与被分离的目的基因两条链的每一端序列互补的 DNA 引物（约 20 个碱基），具有热稳定性的酶（如 TaqDNA 聚合酶），dNTP，作为模板的目的 DNA 序列。一般 PCR 反应可扩增出 100～500 bp 的目的基因。PCR 反应过程包括以下三个方面的内容，如图 4-5 所示。

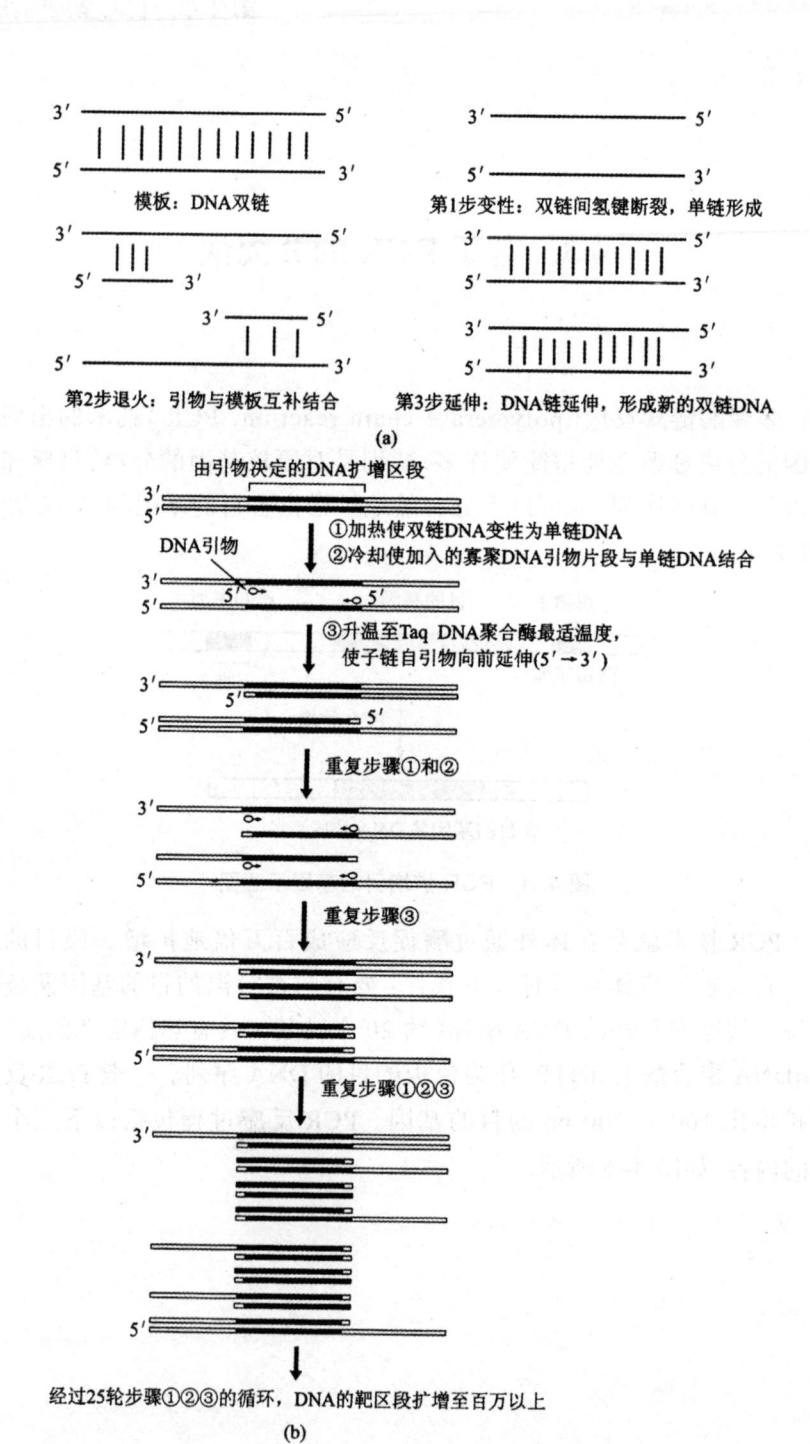

图 4-5　聚合酶链式反应示意图

第 4 章　目的基因的获得

基于 PCR 的染色体步移技术一般被分为两类。一类是依赖连接介导的 PCR，顾名思义，该类 PCR 反应依赖对基因组的酶切和连接，操作完成后再进行后续 PCR 反应。反向 PCR（Invers PCR，IPCR）是最早被提出并进行实践的，虽然在实际操作中仍旧存在问题，但反向 PCR 的成功证明了利用 PCR 方法获取基因组序列信息的可行性。后续出现了一系列的依赖连接——介导 PCR，如锅柄 PCR（Panhandle PCR，P-PCR）、抑制 PCR（Suppression PCR，S-PCR）、步降 PCR（Stepdown PCR，SD-PCR）等都能够使用特异性引物对目的片段进行特异性扩增。但是，酶切位点分布的随机性限制了此类方法的扩增效率。除此之外，该方法还受到模板基因组 DNA 质量的影响，高质量的基因组有利于酶切的顺利进行。另一类为不依赖酶切连接介导的 PCR，如热不对称交错 PCR（TAIL-PCR）、快速通用 PCR（UFW-PCR）等，需要设计随机引物用于扩增目标产物。此类 PCR 不用酶切连接步骤，且模板用量少，对基因组质量没有严格的要求。同时，也不会受到酶切位点影响。但是，由于此方法中所使用的步移引物结合位点随机分布，往往会扩增出非目的产物。[1]

4.3.1 依赖酶切连接的 PCR

依赖酶切连接的 PCR 方法需要对基因组进行酶切，随后在酶切产物末端添加相应接头，或者使酶切产物自成环，利用特异性引物与接头引物对已知片段上下游未知区域进行扩增。

4.3.1.1 载体 PCR

载体 PCR 原理如图 4-6 所示，先对基因组进行酶切，再将其连接到载体质粒上，以已知序列为模板设计特异性引物，特异性引物能够与载体上的通用步移引物在载体 PCR 反应中扩增特异性产物。

姜华等人[2]在载体 PCR 的基础上进行改进，创建长距离小载体

---

[1] 杨玉珍，刘开华. 现代生物技术概论 [M]. 武汉：华中科技大学出版社，2012.
[2] 郭垞，侯健，姜华. 长距离小载体 PCR 检测多发性骨髓瘤 IgH 基因转换区易位 [J]. 中国实验血液学杂志，2005，13（3）：460-463.

PCR,同时利用其对骨髓瘤细胞株U266进行检测；Shimada等人[①]对载体PCR改进后成功扩增出矮牵牛P450基因序列。Akyildiz等人利用载体PCR克隆得到黄顶菊启动子序列。载体PCR方法的原理简单,虽然非目标片段也能够与质粒载体结合,但因其特异性引物结合位点的缺失,并不能有效扩增。由于载体需要含有插入片段使构建质粒载体操作繁杂,因此当实验人员构建低拷贝数目的序列时,载体PCR方法扩增所得到产物需要进行测序。

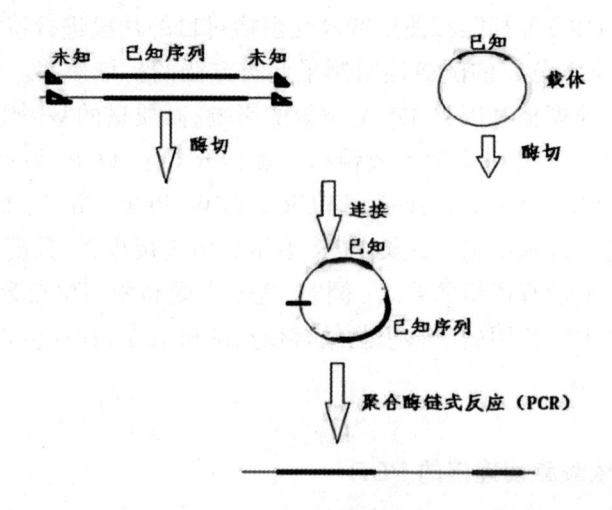

图 4-6 载体 PCR 原理

4.3.1.2 接头 PCR

接头 PCR 在酶切基因组后,添加相应接头引物于未知片段酶切末端上,通过已知序列的特异性引物和接头引物共同作用,以对目的产物进行扩增。原理如图 4-7,接头 PCR 操作一般分为以下三个步骤。

（1）对基因组 DNA 进行酶切。
（2）添加相应接头引物于酶切末端。

---

① Shimada Y., Ohbayashi M., Nakano-Shimada R., et al. A novel method to clone P450s with modified single-specific-primer PCR[J]. Plant Molecular Biology Reporter, 1999, 17: 355-361.

第 4 章 目的基因的获得

（3）接头引物和特异性引物共同作用，以进行特异性扩增。

值得一提的是，酶切时使用的是限制性内切酶，而目的片段与接头的连接依赖于 DNA 连接酶。为了防止接头出现自连，对接头 DNA 的 5' 端进行去磷酸化处理，在酶切产物结合处制造一个缺刻，能够有效抑制接头引物对非目的产物扩增。

在 PCR 反应的退火步骤中，特异性引物优先结合在模板上生成新的 DNA 链，而位于酶切产物 3' 末端接头在退火后脱落；随后以新生的 DNA 链作为模板进行下一轮扩增。但是由于物种的基因多样性，接头 PCR 在反应过程中会产生大量非目标片段，因此研究者在接头 PCR 基础上进行优化改进，开发出更优的接头 PCR 方法。

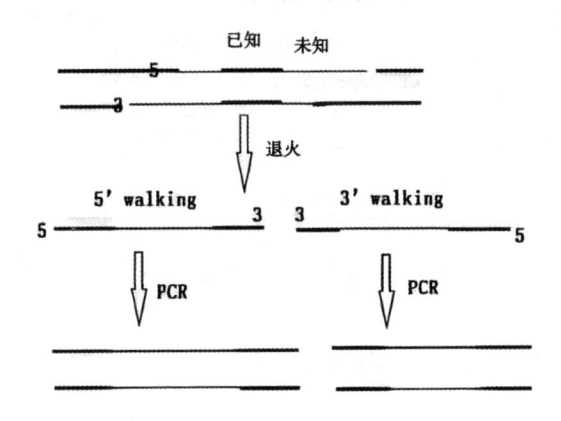

图 4-7 接头 PCR 原理

4.3.1.3 锅柄 PCR

锅柄 PCR 是其在 PCR 反应过程中发生链内退火后会形成类似锅柄结构。这个概念由 Jones[1] 在 1995 年首次提出。Ren 等人[2] 利用改进的 P-PCR 技术成功从灵芝中扩增得到羊毛固醇合酶基因启动子序列。

---

[1] Jones D. H. Panhandle PCR[J]. Genome Research, 1995, 4 (5): 195-201.
[2] Shang C. H, Shi L. Ren A. et al. Molecular cloning, characterization, and differential expression of a lanosterol synthase gene from Ganoderma lucidum[J]. Bioscience biotechnology biochemistry, 2010, 74 (5): 974-978.

段斯亮等人[①]利用 P-PCR 克隆出了贵阳腐霉 Pr1 基因上游的调控序列。其原理如下图 4-8 中所示，P-PCR 分为以下四个步骤。

（1）基因组酶切后在 5' 端产生黏性末端。
（2）接头 5' 末端与黏性末端结合，回收扩增产物。
（3）位于单链模板上的特异性引物和接头引物结合形成锅柄结构。
（4）接头引物和特异性引物共同作用于扩增特异性产物。

P-PCR 能否有效扩增取决于锅柄结构的形成，所以酶切产生的黏性末端要与接头 5' 末端结合，而接头 3' 端碱基要和已知序列部分反向互补。

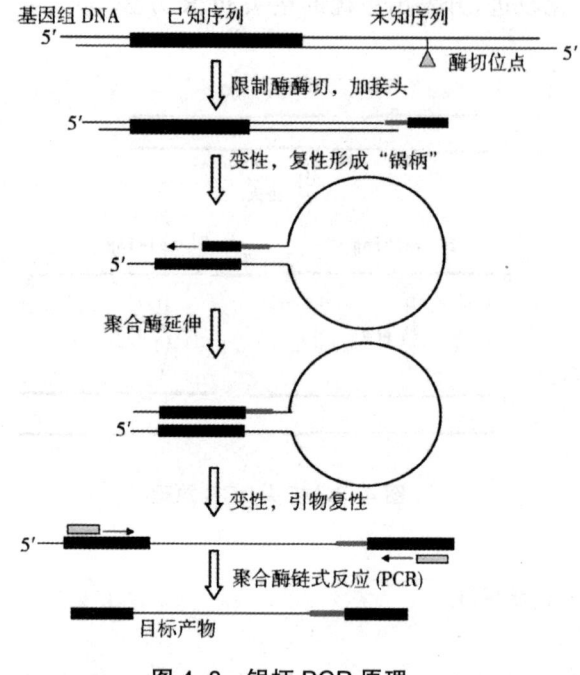

图 4-8 锅柄 PCR 原理

---

① 段斯亮,于声,苏晓庆.贵阳腐霉 Pr1 基因上游调控序列的克隆及分析[J].生物技术,2012（4）：5-8.

第 4 章 目的基因的获得

4.3.1.4 球拍 PCR

球拍 PCR（Differential annealing-mediated racket PCR，DAR-PCR）由 Sun[①] 等人在锅柄 PCR 基础上改进而来。原理图如 4-9 所示,此方法利用链内退火使引物发生回环延伸,进一步把目的片段包含在新生成的类似球拍状的 DNA 分子中。DAR-PCR 的关键在于设计一条能够发生链内退火的步移引物（ISA 引物）,此步移引物 5' 端由特异性序列组成,3' 端则是 2～3 个随机碱基。在最初 PCR 循环过程低温退火步骤中,ISA 随机退火到未知区域的某位点上并向特异性引物方向延伸,进而产生由特异性引物和 ISA 包围的新链,其中 5' 端为特异性引物与 3' 端是 ISA 互补序列的单链 DNA 被优先扩增,部分单链上的 ISA 互补序列发生链内退火,形成以突出的 5' 部分为模板的球拍形 DNA。所以,特异性引物与 ISA 二者之间已知片段被合并到未知区域的两端,下一级 PCR 将以球拍状 DNA 为模板,扩增目标产物。通过测定短乳杆菌和水稻中未知区域的侧翼序列,证明了 DAR-PCR 是一种有效的步行方法。

4.3.1.5 步降 PCR

步降 PCR 是在接头 PCR 基础上的改进的,由 Zhang 等人[②] 开发而来,改变了使用接头引物的两条链长度,使二者拥有不同长度,在两条链配对结合之后产生黏性末端,能够结合酶切后的 DNA 片段。同时,在更短的接头 5' 末端添加一个磷酸基团（ $-PO_4$ ）,并添加一个氨基（ $-NH_2$ ）于 3' 末端。由于氨基的存在,DNA 酶切后的 3' 末端与短链 5' 末端相连接时,短接头不能被补平,不易形成平末端,因此消除了接头间的自连现象,减少非目的片段扩增。步降 PCR 的特点是在 PCR 进行中,退火温度从 72℃ 逐步下降至 68℃,同时,在初级 PCR 反应过程中,仅有特异性引物能够退火到模板上,扩增出的产物能够作为下一轮 PCR 的模板用于扩增目标产物。步降 PCR 原理如图 4-11 所示。

---

① Sun T., Jia M., Wang L., et al. DAR-PCR: a new tool for efficient retrieval of unknown flanking genomic DNA[J]. AMB Express, 2022, 12 (1): 131.
② Zhang Z., Gurr S. J. Walking into the unknown: a "step down" PCR-based technique leading to the direct sequence analysis of flanking genomic DNA[J]. Gene, 2000, 253 (2): 145-150.

Kameya 等人[1]利用此原理扩增出百合 LRDEF 基因启动子序列；Evgen 等人[2]为简化实验过程，同时提高反应的特异性，结合优化后的 P-PCR 和 SD-PCR 方法，成功在野生果蝇基因启动子区域中扩增出长度多态性基因。

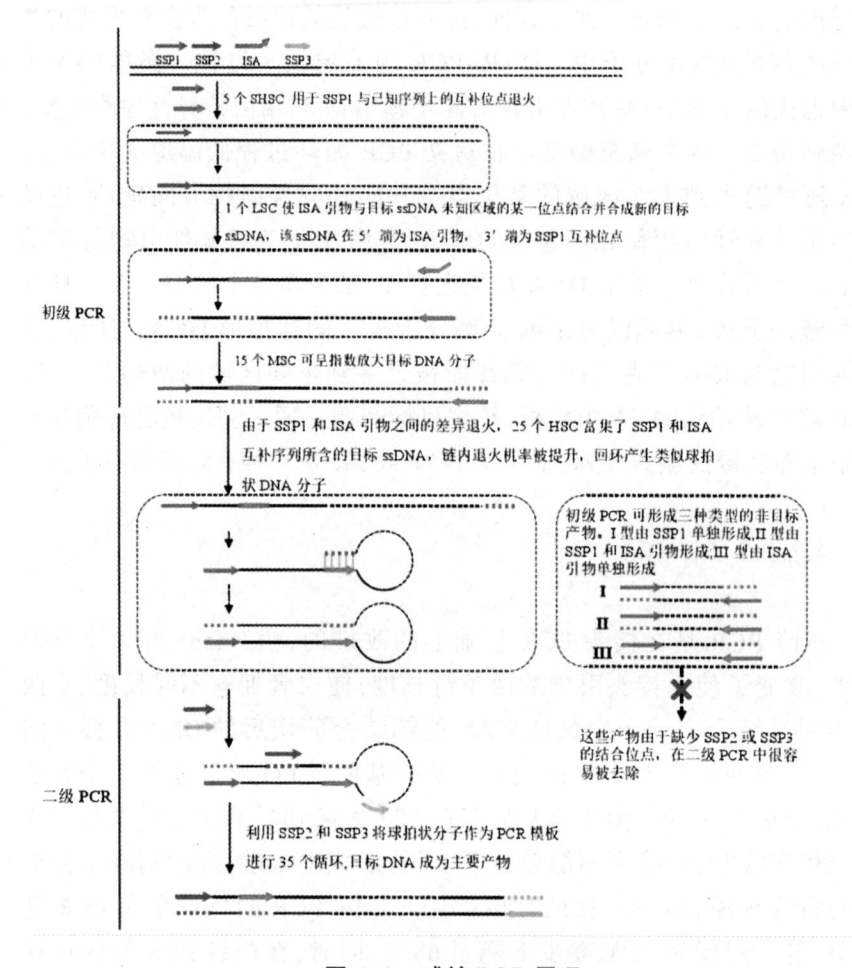

图 4-9 球拍 PCR 原理

---

[1] Tsuchiya T., Kameya N., Nakamura I. Straight walk: a modified method of ligation-mediated genome walking for plant species with large genomes[J]. Analytical biochemistry, 2009, 388（1）: 158-160.
[2] Walser J. C., Evgen'ev M. B., Feder M. E. Agenomic walking method for screening sequence length polymorphism[J]. Molecular ecology notes, 2006, 6（2）: 563-567.

第 4 章 目的基因的获得

图 4-10 步降 PCR 原理

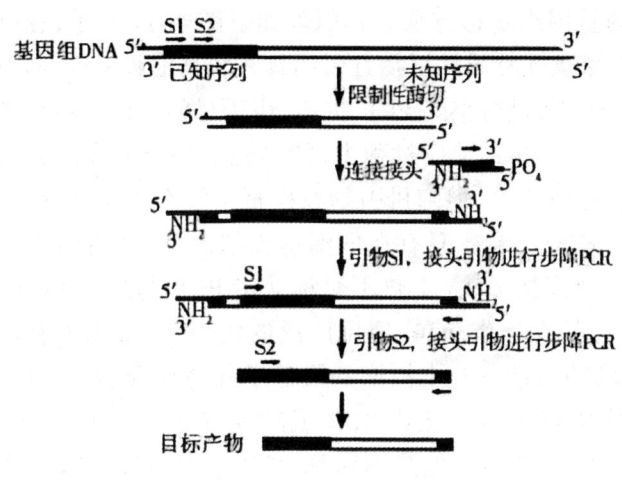

4.3.2 随机引发 PCR

依赖酶切连接的 PCR 受到酶切位点数量的限制,并且在酶切和连接过程中易被污染,操作复杂且费时。因此,科学家为了解决此类问题,开发出不需要依赖酶切连接的 PCR 方法,也被称为"随机引发 PCR"。

Kelemen 等人[①] 于 1995 年规范了随机引物与特异性引物结合使用以扩增目的产物的操作步骤。经过特异性引物和随机引物扩增后,再通过半巢式 PCR 特异性扩增。为了降低 PCR 反应非特异性,随机引物相较于特异性引物应该更短,而退火温度相对更低。

4.3.2.1 热不对称交错 PCR

热不对称交错 PCR 作为不依赖酶切 PCR 的典型代表,是 Liu 等人[②]根据随机引物和PCR反应过程进行改进,提高非特异性产物抑制性

---

① Lin X., Kelemen D. W., Miller E. S., et al. Nucleotide sequence and expression of kerA, the gene encoding a keratinolytic protease of Bacillus licheniformis PWD-1[J]. Applied Environmental Microbiology, 1995, 61（4）: 1469-1474.
② Liu Y. G. Whittier R. F. Thermal asymmetric interlaced PCR: automatable amplification and sequencing of insert end fragments from P1 and YAC clones for chromosome walking[J]. Genomics, 1995, 25（3）: 674-681.

而开发出的基因组步移方法。其原理如下图 4-11 所示,在已知模板上同时设计三条巢式特异性引物且引物具有较高退火温度,将其与随机简并引物配对使用,进行巢式 PCR 扩增,用于目的片段的特异性扩增。

在热不对称 PCR 反应过程中,特异性引物能够在高退火条件下结合到模板互补位点上,但随机引物在模板上没有完全互补位点,所以不能很好地与模板结合。只有在低温退火情况下,随机引物才能与特异性引物结合到模板 DNA 上热不对称交错 PCR 与反向 PCR、接头 PCR 等方法比较,具有操作简单、应用广泛的优势。Liu 等人利用热不对称交错 PCR 成功从沙冬青中扩增到肌醇半乳糖苷合酶基因启动子序列,杜海梅[①]使用热不对称交错 PCR 成功克隆了黑麦 Kustro 基因组,杨清华等人利用改进的高效热不对称 PCR 对大豆转基因株系序列进行分析。

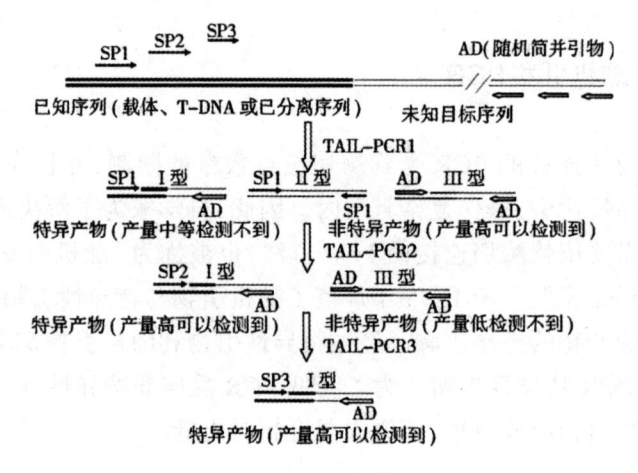

图 4-11 热不对称交错 PCR 原理

4.3.2.2 快速通用 PCR

快速通用的 PCR 在参考 P-PCR 原理后,经过改进实验避免锅柄 PCR 缺点提高克隆效率。快速 PCR 整个过程仅在一个 PCR 管中进行,不需要额外酶切和连接。原理图如下(图 4-12),特异性引物结合到模板上生成的新单链作为下一轮模板,使用核酸外切酶 I 降解多余引物;

---

① 杜海梅.黑麦着丝粒序列克隆及小麦黑麦易位染色体着丝粒结构分析[D].四川农业大学,2019.

第4章 目的基因的获得

在下一轮 PCR 反应使用的特异性引物 3' 末端添加 10 个随机碱基,使其能够随机结合到单链模板的 3' 端。同时,未能与模板成功配对的 3' 末端将会被核酸外切酶降解,通过后续 PCR 反应后最终形成稳定锅柄结构,再利用特异性引物对目的产物进行扩增。Chen 等人[1]通过快速通用 PCR 克隆出苎麻基因组全长序列,Guo 等人[2]利用此方法成功从拟南芥中分离两种新型启动子序列。

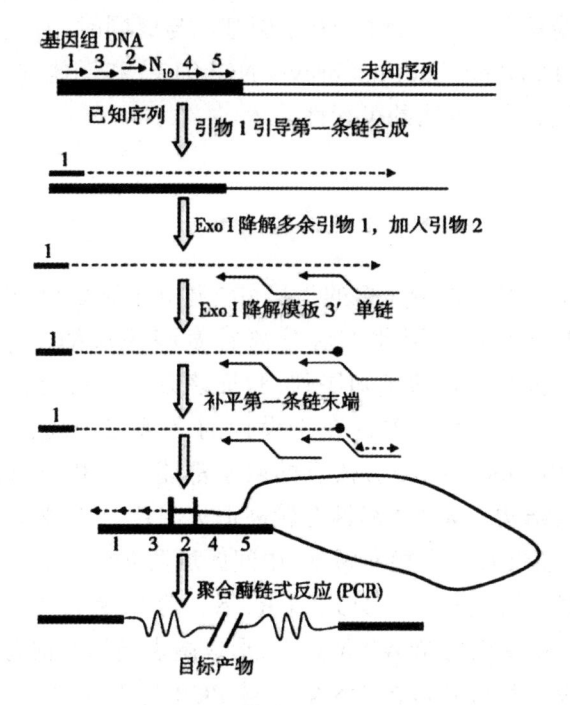

图 4-12 快速通用 PCR 原理

---

[1] Chen J., Dai L., Wang B., et al. Cloning of expansin genes in ramie (Boehmeria nivea L.) based on universal fast walking[J]. Gene, 2015, 569 (1): 27-33.
[2] Guo P., Zheng Y., Chen J., et al. Isolation of two novel promoters from ramie (Boehmeria nivea L. Gaudich) and its functional characterization in Arabidopsis thaliana[J]. Plant Cell, Tissue Organ Culture, 2019, 136: 467-478.

4.3.2.3 引物阶梯式部分重叠PCR

引物阶梯式部分重叠PCR是Chang[①]等人基于引物部分重叠PCR上改进而来的,原理如图4-13,同时设计出四组阶梯式部分重叠引物(SWPO Pprimer),每组中的三条随机引物都能够与特异性引物搭配使用,值得注意的是,后一轮PCR中随机引物3'端与上一轮中使用的随机引物的5'端具有完全一致的10个碱基。与此同时,通过扩增短乳杆菌NCL912(Levilactobacillus brevis NCL912)和潮霉素基因未知区域侧翼序列验证了该方法的可行性。

4.3.2.4 腕表PCR

Wang等人[②]基于部分重叠的步移引物建立了腕表PCR(Wristwatch PCR,WW-PCR),并利用此方法分离谷氨酸脱羧酶基因(*gad*A)和潮霉素(*hyg*)基因侧翼的未知序列,验证该方法的可行性。其原理如图4-14所示,WW-PCR关键在于设计的三条完全随机的腕表引物(Wristwatch Primer,WWP),任意的两条都能够在相对低的退火温度下形成腕表状结构。WWP都具有较高退火温度且5'端有完全一致的12个碱基,3'端仅有3个相同碱基,中间区域两两错配。腕表引物与特异性引物配对组合进行三轮巢式PCR,下一轮PCR过程中的WWP将会退火到上一轮使用的WWP位点上,形成腕表结构并向特异性引物位点延伸形成包含目标片段的DNA,后续PCR将以此DNA为模板对目标产物特异性扩增。

[①] Cai S., Gao F., Zhang X., et al. Evaluation of γ-aminobutyric acid, phytate and antioxidant activity of tempeh-like fermented oats (Avena sativa L.) prepared with different filamentous fungi[J]. Journal of food science technology, 2014, 51: 2544-2551.

[②] Wang L., Jia M., Li Z., et al. Wristwatch PCR: a versatile and efficient genome walking strategy[J]. Frontiers in Bioengineering Biotechnology Progress, 2022(6): 458.

第 4 章　目的基因的获得

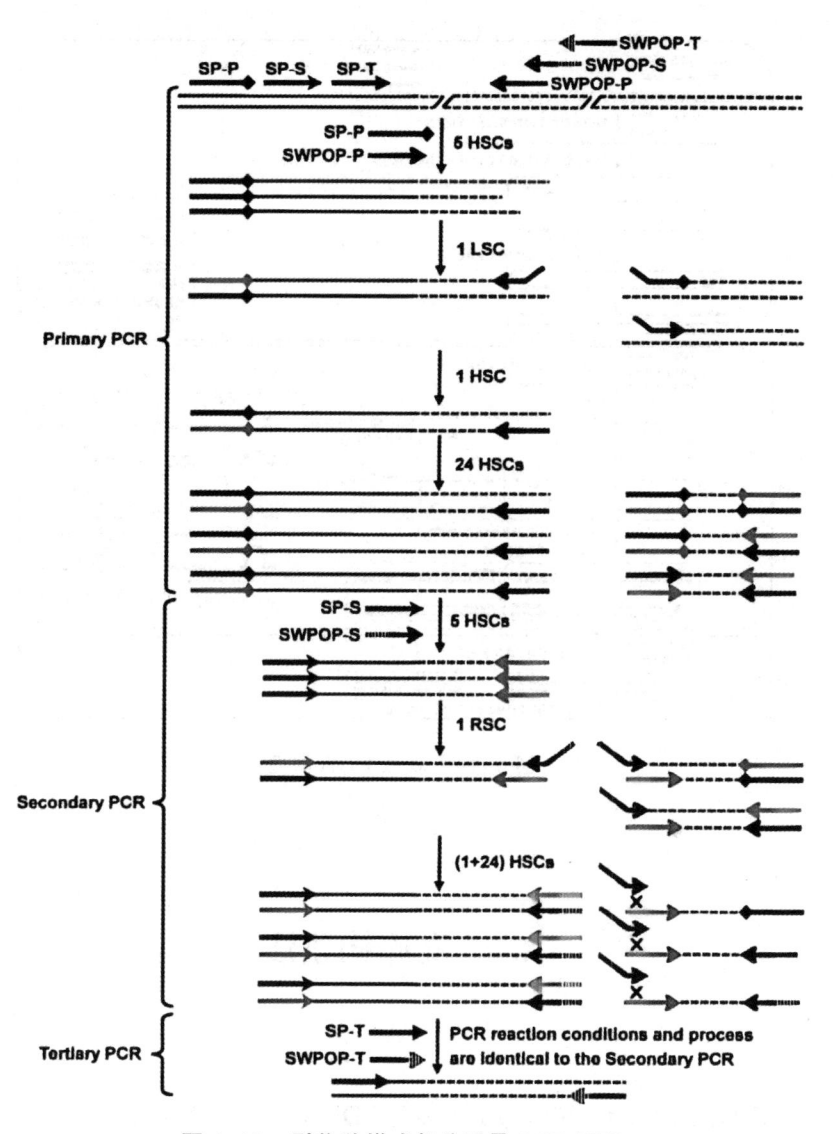

图 4-13　引物阶梯式部分重叠 PCR 原理

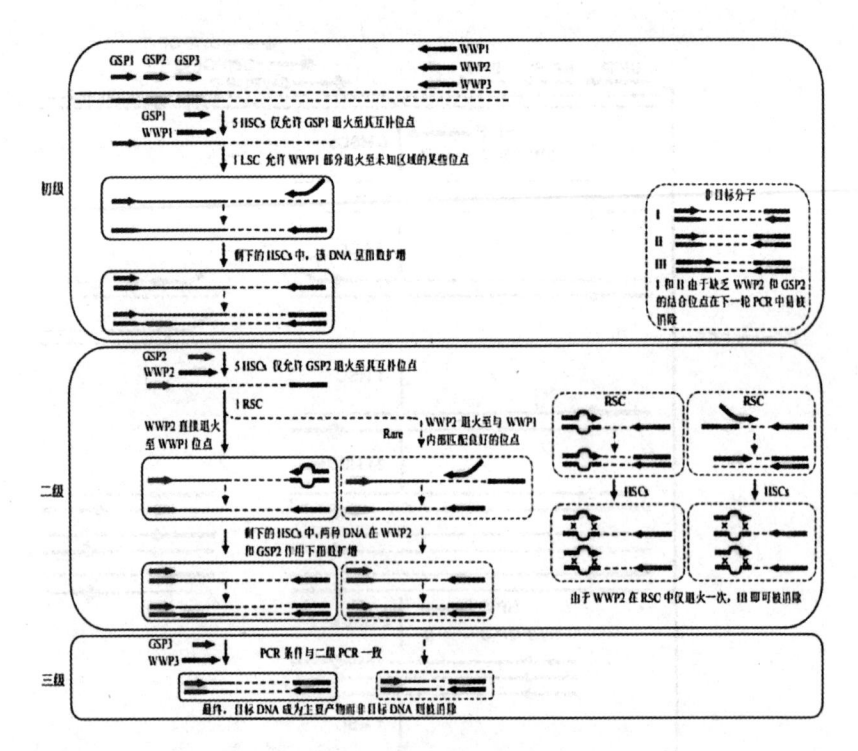

图 4-14 腕表 PCR 原理

4.4 文库构建法

基因文库（gene library）又称为"DNA 文库"，是将含有某种生物不同基因的许多 DNA 片段导入受体菌的群体中储存，各个受体菌分别含有这种生物的不同基因，这些受体菌的集合体即为基因文库。如果这个文库包含了某种生物的所有基因，那么这种基因文库叫作基因组文库（genomic library）。如果这个文库只包含了某种生物的一部分基因，这种基因文库叫作部分基因文库（如 cDNA 文库）。

第4章 目的基因的获得

4.4.1 基因组文库

基因组文库是通过重组、克隆保存在宿主细胞中的各种DNA分子的集合体。文库保存了该种生物的全部遗传信息,需要时可从中分离获得。

基因组DNA文库的构建方法是:构建基因组文库的程序是从供体生物制备基因组DNA,并用限制性核酸内切酶酶切产生出适用于克隆的DNA片段,然后在体外将这些DNA片段同适当的载体连接成重组体分子,并转入大肠杆菌的受体细胞中去,如图4-15所示。

基因组DNA片段连接上载体DNA后,重组DNA分子要在体外导入宿主细胞用来扩增。这一步要求转入的宿主细胞能够接受载体,而且对抗生素敏感,同时一个细胞只能接受一个重组DNA分子(对于大多数细胞)。如果使用大肠杆菌,必须事先用化学物质或者电击处理使其能够透过DNA,然后让细胞在选择性环境中生长,筛选出带有选择性标记的转化细胞。[1]

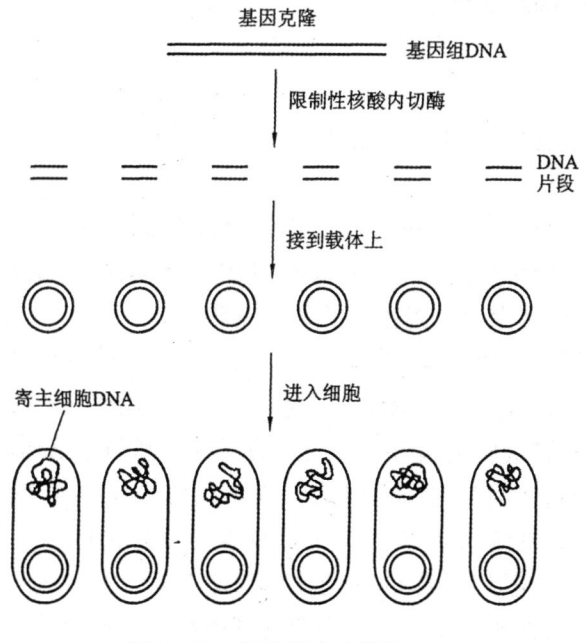

图4-15 基因组文库的构建

---

[1] 张虎成,郭进,郑毅.现代生物技术理论及应用研究[M].北京:中国水利水电出版社,2016.

一个成功的基因组 DNA 文库必须包括目标基因组的全部 DNA 序列。对于一些大的基因组,完整的文库由数十万个重组克隆组成。

由于真核生物基因组很大,并且真核基因含有内含子,所以人们希望构建大插入片段的基因组文库,以保证所克隆基因的完整性。另外,作为一个好的基因组文库,人们希望所有的染色体 DNA 片段被克隆,也就是说,能够从文库中调出任一个目的基因克隆。为了减轻筛选工作的压力,重组子克隆数不宜过大,原则上重组子越少越好,这样插入片段就应该比较大。

构建基因组文库常用的载体是 λ 噬菌体和黏粒载体,λ 噬菌体载体能接受的插入片段约为 20～24kb,黏粒载体能接受的插入片段约为 35～45kb。由于有的真核基因比较大,如人凝血因子Ⅶ基因长达 180kb,不能作为单一片段克隆于这些载体之中,所以要用容量更大的载体系统,如酵母人工染色体克隆系统,可以克隆 200～500kb 的 DNA 片段,对于分离和鉴定哺乳动物基因组大片段,它是一个重要的手段。

4.4.2 cDNA 文库

4.4.2.1 cDNA 文库的特征及发展

自 20 世纪 70 年代初首例 cDNA 克隆问世以来,构建 cDNA 文库成为研究基因的主要手段之一。在基因工程操作中,也常以 cDNA 为探针从基因组文库中分离相应的基因克隆。

与基因组文库的构建相比,cDNA 文库主要具有以下优越性。

(1)cDNA 克隆以 mRNA 为材料,特别适用于某些 RNA 病毒,如流感病毒、脊髓灰质炎病毒和呼肠孤病毒等的基因组结构研究及有关基因的克隆分离。因为这些病毒的增殖并不经过 DNA 中间体,所以研究这样的生物有机体,cDNA 克隆是一种唯一可行的方法。

(2)cDNA 基因文库的筛选比较简单易行。一个完全的 cDNA 基因文库所含的克隆数要比一个完全的基因组文库所含的克隆数少得多,前者约为后者的十分之一,甚至更少。如果恰当地选择 mRNA 的来源,就有可能使所构建的 cDNA 基因文库中某一特定序列的克隆达到很高

第 4 章 目的基因的获得

的比例。因此,从一些特殊的组织,如贫血的兔子骨髓或产蛋鸡的输卵管所制备的 cDNA 基因文库,分别在含珠蛋白基因序列的克隆和卵清蛋白基因序列的克隆方面,占有明显的优势。cDNA 克隆可以极大地简化筛选特定序列克隆的工作量。这是基因组克隆所不具备的一种很有用的优点。

(3)每一个 cDNA 克隆对应一种 mRNA 序列,这样在目的基因的选择中出现假阳性的概率就会比较低,因此阳性的杂交信号一般都是有意义的,由此选择出来的阳性克隆将会含有目的基因的序列。相比之下,基因组 DNA 克隆的选择较为复杂,假阳性的概率较高。

(4)cDNA 克隆可进行原核表达。与酵母、昆虫、动物等表达系统相比,原核表达系统具有简便易行、成本低的优点。高等真核生物基因与原核生物基因在结构组成上的最大差别之一就是前者含有内含子间隔序列,而后者缺少内含子序列。因此,cDNA 克隆可以在原核生物中进行表达,获得有生物活性的蛋白质产物。

4.4.2.2 构建 cDNA 文库应满足的条件

cDNA 文库的构建过程是:分离生物组织的 mRNA 利用反转录酶将其转录成 cDNA,形成的 cDNA 群体有相近的机会插入适当的载体上,然后再进行高效的分子扩增,形成包含着所有基因编码序列的 cDNA 的分子克隆群体,从中可以有足够的置信度分离出任一确定的分子对象。

对 cDNA 文库质量的评价主要有两个方面:文库的代表性和重组 cDNA 的序列完整性。

第一方面为文库的代表性。cDNA 文库的代表性是指文库中包含的重组 cDNA 分子反映来源细胞中表达信息(即 mRNA 种类)的完整性,它是体现文库质量的最重要指标。文库的代表性好坏可用文库的库容量来衡量,它是指构建的原始 cDNA 文库中所包含的独立的重组子克隆数。库容量取决于来源细胞中表达出的 mRNA 种类和每种 mRNA 序列的拷贝数,1 个正常真核细胞含 10000 ~ 30000 种不同的 mRNA,按丰度可分为低丰度、中丰度和高丰度三种,其中低丰度 mRNA 是指某一种在细胞总计数群中所占比例小于 0.5% 的 mRNA。满足最低要求的 cDNA 文库的库容量可以用 ClackeCarbor 公式计算:

$$N=\frac{Ln(1-P)}{Ln(1-n/T)}$$

　　P 为文库中筛选出某一确定克隆的置信度,一般情况下,置信度选择 0.99;N 为文库中以 P 概率出现细胞中任何一种 mRNA 序列理论上应具有的最少重组子克隆数;n 为细胞中最低丰度的 mRNA 序列的拷贝数;T 为细胞中表达出的所有 mRNA 的总拷贝数。

　　由于基因表达水平的差异,低丰度 mRNA 对应的 cDNA 克隆的分离需要构建含有更多重组子的 cDNA 文库。而高丰度的 mRNA 对应的 cDNA 克隆的分离只需从较少重组子的群体按此经验公式计算,从 mRNA 分子总数为 106 分子的组织,获得拷贝数为 3500 和 14 的 mRNA 的基因,应构建的 cDNA 基因文库中最小重组子克隆数分别是 650 和 160000 个。

　　第二方面是重组 cDNA 片段的序列完整性。在细胞中表达出的各种 mRNA 尽管具体序列不同,但基本上都是由三部分组成,即 5' 端非翻译区、中间的编码区和 3' 端非翻译区。非翻译区的序列特征对基因的表达具有重要的调控作用,编码序列则是合成基因产物—蛋白质的模板。因此,要从文库中分离获得目的基因完整的序列和功能信息,要求文库中的重组 cDNA 具有分子的完整性。由于 RNA 容易降解,反转录反应一般是以 mRNA 的 3' 端起始,cDNA 克隆 3' 端的完整性往往较好,而 5' 更容易发生丢失。

第 5 章 DNA 的体外重组和转移

5.1 DNA 片段的体外连接

5.1.1 黏性末端连接

具有黏性末端的 DNA 片段连接效率一般都比较高。比较常用的一般程序是：采用一种在载体 DNA 上只具有唯一识别位点的限制性内切酶，对载体进行特异性切割（图 5-1）。在实际工作中所采用的载体上，一般都具有一个包含多个不同酶切位点区域，称为多克隆位点。

可以根据载体图谱上的酶切位点选择所需要的限制性内切酶，然后将外源 DNA 也用限制性内切酶消化，形成同样的黏性末端。把这经过酶切消化的载体 DNA 和外源 DNA 按一定比例混合起来，并加入 DNA 连接酶。由于它们具有相同的黏性末端，因此末端间的碱基可互补配对。这种碱基间的识别配对可在较低的温度下完成，以此便能够退火形成双链结合。单链缺口经 DNA 连接酶封闭后，就能够产生出稳定的重组 DNA 分子。

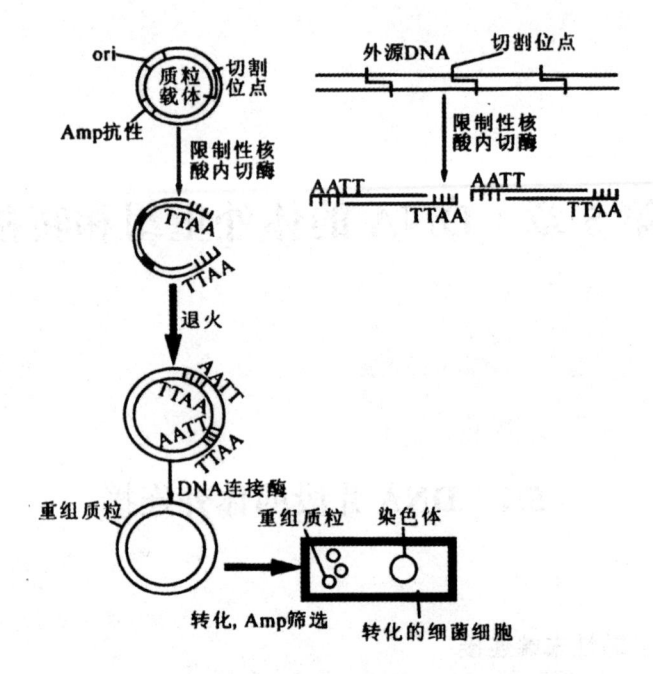

图 5-1 黏性末端介导的 DNA 重组与转化过程

5.1.2 平末端连接

5.1.2.1 直接连接

在某些时候所需连接的 DNA 片段的末端可能是平齐末端,譬如某些限制性内切酶切割后会产生具有平齐末端的 DNA 片段。由 mRNA 为模板反转录合成的 DNA 片段具有平齐末端,某些聚合酶所进行的 PCR 扩增也能产生平齐末端的 DNA 片段,由机械断裂法也可能产生平齐末端。不管是用何种方式所产生的平齐末端 DNA 片段,都可以在彼此之间进行连接,但是 DNA 连接酶只能采用 T4 噬菌体 DNA 连接酶。

虽然 T4 DNA 连接酶具有催化平齐末端 DNA 片段相互连接的能力,但是平齐末端的连接效率,相比于黏性末端要低很多。因为平齐末端相互间没有可以自然配对的碱基,即使碰到一起也会很快地分开,不像具有黏性末端的 DNA 分子那样可以由碱基配对形成一种暂时的结

第5章　DNA 的体外重组和转移

合。而且,平齐末端的外源 DNA 片段与载体片段之间的连接反应,对条件也有较高的要求。具体要求主要有以下几条。

（1）平齐末端的连接反应要求 DNA 的浓度高。在连接反应体系中加入适量的凝聚剂(如聚乙二醇),可使连接反应在 DNA 和连接酶浓度不高的条件下进行,可以使平齐末端 DNA 的连接速率加大 1~3 个数量级。另外,它们可使 DNA 分子之间所形成的连接产物比例大大提高。

（2）连接酶的用量较高,比黏性末端的连接反应大 20~100 倍。

（3）低浓度(0.5mmol/L)的 ATP 存在。

（4）不存在亚精胺一类的多胺。

因此,在实际工作中,较少进行平齐末端的直接连接,而是采用同聚物加尾法、加衔接物连接法、加 DNA 接头连接法等方法将平齐末端转化为黏性末端,然后再进行连接,以提高连接效率。

5.1.2.2 人工加尾形成"粘性末端"

1. 同聚加尾法

这种方法是利用末端脱氧核苷酸转移酶,将脱氧核苷酸加到 DNA 分子单链末端的 3'-OH 基团上,所以底物可以是具有 3'-OH 的单链 DNA 分子或者是具有 3-OH 突出末端的双链 DNA 分子。如果是以平齐末端 DNA 分子作为底物,就需要在反应体系中用 Co^{2+} 代替 Mg^{2+},或者在平齐末端 DNA 分子上产生出带有 3'-OH 的突出末端。这就需要利用 5'-核酸外切酶,以便除去末端少数几个核苷酸或者是像 Pst I 一类的核酸内切酶消化 DNA 分子。

由于这个反应的特点是不需要模板链,末端脱氧核苷酸转移酶将脱氧核苷酸加到 3'-OH 基团上使 DNA 链延伸。所以如果反应体系中只存在一种脱氧核苷酸,譬如 dATP,将在 DNA 分子的 3'-OH 末端出现单纯由腺嘌呤组成的 DNA 单链延伸。这样的延伸形成由同一种脱氧核苷酸(腺嘌呤)组成的尾巴,称为 poly(dA)尾巴。

如果在反应体系中加入的是 dTTP 而不是 dATP,那么这种 DNA 分子的 3'-OH 末端将会形成 poly(dT)尾巴。所以,任意两条 DNA 片段,只要分别获得 poly(dA)尾巴和 poly(dT)尾巴,就可以由两条尾巴的互补作用配对结合在一起,而彼此连接起来。同样的道理,也可以给一种 DNA 片段加上 poly（dG）尾巴，给另一种加上 poly（dc）尾巴，使两种不同的 DNA 片段连接起来。如此加尾的 DNA 片段可以按黏性末端的连接方法进行连接。通过 DNA 片段加尾，可以在平齐末端之间进行连接，不论它是酶消化形成的还是由机械作用断裂形成的，另外，还可以使平齐末端 DNA 片段与黏性末端的 DNA 片段进行连接（图 5-2）。

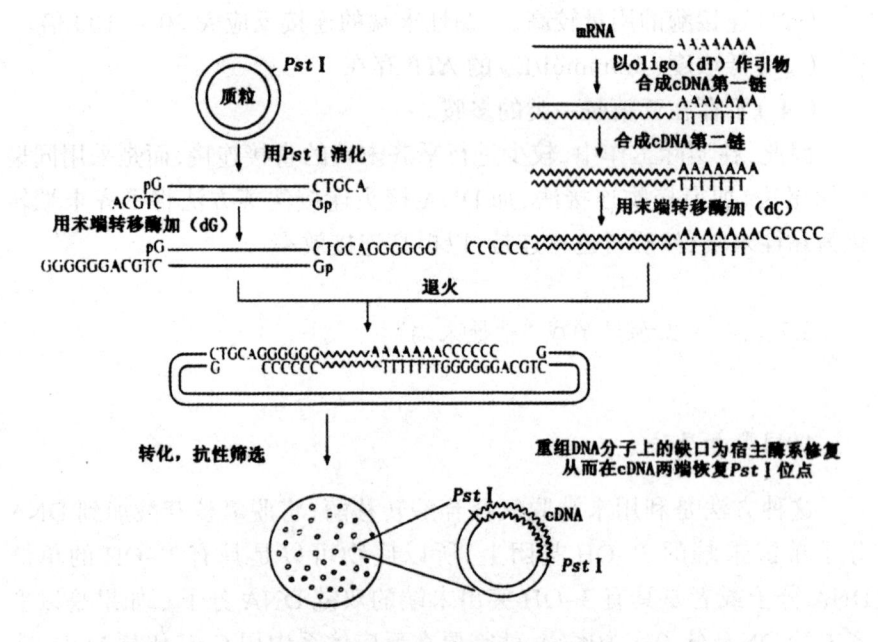

图 5-2 同聚物加尾法连接示意图

所加的同聚物尾巴的长度没有严格的限制，某些条件下可能长达 100 个核苷酸，但是一般连接反应只要 10～40 个核苷酸就已经足够。上述这种连接 DNA 分子的方法就叫作同聚物加尾法。

2. 加衔接物（linker）连接法

重组体构建、转化、扩增完成之后，为了进一步工作的需要，如探针制备、DNA 序列结构分析、基因产物表达等，还需要从载体上重新分离克隆的外源基因片段。如果是黏性末端连接法构建的重组体，只需要用同样的内切酶在插入位点切割，便可以获得外源基因片段。但如果是通过平齐末端连接法，或是同聚物加尾连接法构建的，那么大多数情况下就无法保留原来的酶切位点，也就不能方便地获得外源基因片段。所

第 5 章 DNA 的体外重组和转移

以,在平齐末端连接中,可以采用加衔接物或接头等方法提供所需要的内切酶识别序列进行 DNA 片段的连接,以利于进一步的工作。

衔接物(linker)连接法是指用化学方法合成的一些短片段平齐末端双链 DNA,由大约 10~12 个核苷酸组成,包含有一个或多个限制性内切酶位点,图 5-3 中是 *Eco*R I 的酶切位点。

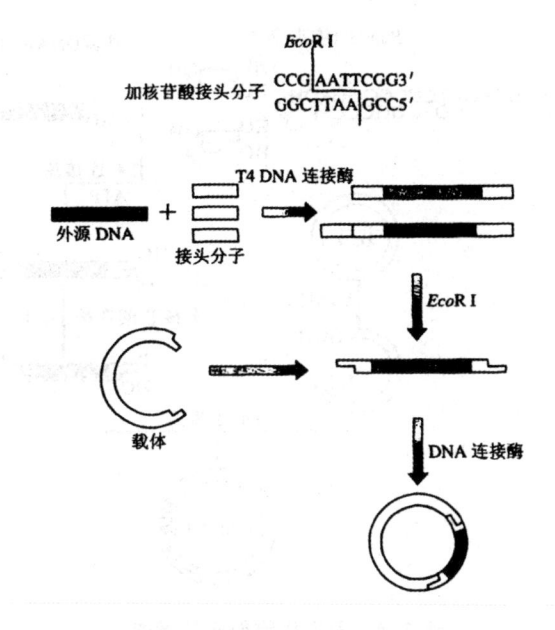

图 5-3 衔接物在 DNA 重组中的作用

首先将衔接物的 5' 末端用多核苷酸激酶处理使之磷酸化,接着通过 T4 DNA 连接酶的作用将其与待克隆的平齐末端 DNA 片段连接起来,结束后将连接酶灭活。然后利用衔接物序列中的酶切位点,通过适当的限制性内切酶消化已具衔接物的 DNA 片段和载体分子,使二者都产生出彼此互补的黏性末端。通过柱层析除去剩余的衔接物后,可以按照黏性末端连接的一般方法,将待克隆的外源 DNA 片段与载体分子连接起来。现在很多公司还提供已经用化学方法进行磷酸化的衔接物,这比自己磷酸化要方便而且连接效率也较高。

衔接物连接法兼具同聚物加尾法和黏性末端连接法的优点,而且可以根据实际工作的需要,设计具有不同限制性内切酶识别位点的衔接物。并且,可以通过化学合成大量制备,以大幅度增加反应体系中衔接物的浓度,从而大大提高平齐末端的连接效率。采用衔接物连接法构建的重组体,可以用合适的限制性内切酶进行消化,插入的外源 DNA 片段就能够从载体上切割下来,以便于下一步的研究工作。

此外,采用双衔接物连接(double-linkers)技术,还可以实现外源 DNA 片段的定向克隆。基本操作如图 5-4 所示。

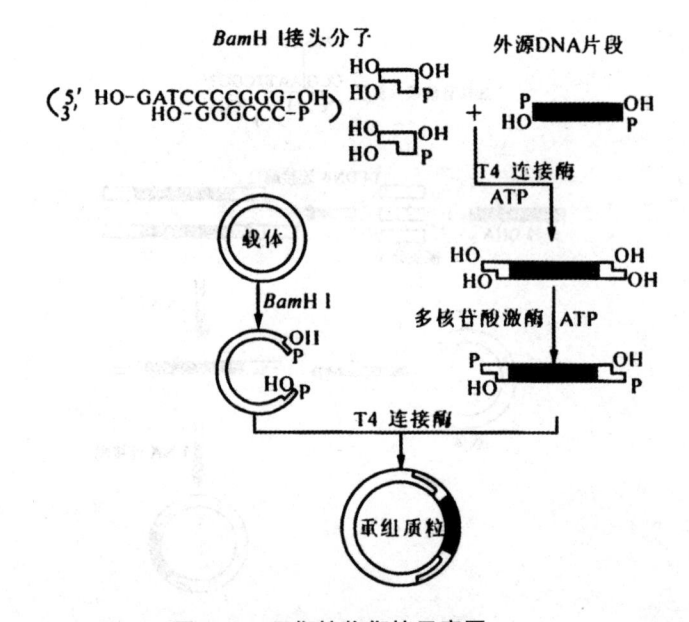

图 5-4 双衔接物衔接示意图

以 mRNA 为模板经反转录酶合成出 cDNA 链,再通过 DNA 聚合酶合成第二条链。然后在双链 DNA 的平齐末端加上 Sal I 衔接物。接着用 S1 核酸酶除去用于引导第二条 DNA 链合成而形成的发夹结构,并用 Klenow 片段酶补齐,然后在如此形成的平齐末端双链 DNA 加上 EcoR I 衔接物。最后将两端衔接物用 Sal I 和 EcoR I 限制性内切酶进行消化,并插入到同样用这两种酶进行消化的载体片段上,使外源 DNA 片段实现定向克隆,而且还避免了载体分子的自连问题。

但是,衔接物连接法有一个明显的缺点,如果待连接外源 DNA 片段或基因的内部也含有与所加衔接物相同的酶切位点,这样在限制性内切酶消化衔接物产生黏性末端的同时,也会把 DNA 片段切成不同的片段,从而对进一步的操作造成困难。虽然可以选用适当的衔接物,但是当要克隆的 DNA 片段较大时,则很难得到理想的选择。

第5章 DNA 的体外重组和转移

3. 加 DNA 接头（adapter）连接法

鉴于衔接物连接法的缺点，可以采用 DNA 接头连接法来进行代替。DNA 接头（adapter）也是一小段化学合成双链核苷酸，一头是平齐末端，与外源 DNA 片段的平齐末端连接；另一头是某种限制性内切酶的黏性末端，如图 5-5 中所示的 *Bam*H I 黏端。

当接头与平齐末端的外源 DNA 片段连接后，使其成为具有黏性末端的 DNA 分子，与载体的相应黏性末端配对，在 DNA 连接酶的作用下完成连接。

这种方法在实际工作中也存在一些问题。因为反应体系中的各个 DNA 接头分子之间也可以通过黏性末端互补配对，形成衔接物一样的二聚体分子，特别是在连接体系中的高浓度 DNA 接头环境中更为严重。而且，外源 DNA 片段两端连接了 DNA 接头后，两端接头的黏性末端可能自身互补配对，形成共价闭合环状分子或者线状嵌合分子。

解决这一问题的办法是，对 DNA 接头的黏性末端结构进行修饰与改造，使之无法发生分子内的配对连接。正常的双链分子两端都具有 5'-P 和 3'-OH 末端结构。改造之后的 DNA 接头分子的平齐末端，具有与正常双链 DNA 分子一样的末端结构，而黏性末端的 5'-P 被除去，只有 5'-OH。这样两个接头分子之间虽然能够通过碱基互补配对，但是无法在 DNA 连接酶的作用下形成新的 3-5'-磷酸二酯键，这样较短的配对区域不可能形成稳定的二聚体分子。但它们的平齐末端仍然可以与外源 DNA 片段连接，形成的新的 DNA 分子，需要用多核苷酸激酶处理，使黏性末端重新具有 5'-P 基团，便于插入到酶切、去磷酸化之后的载体片段中。

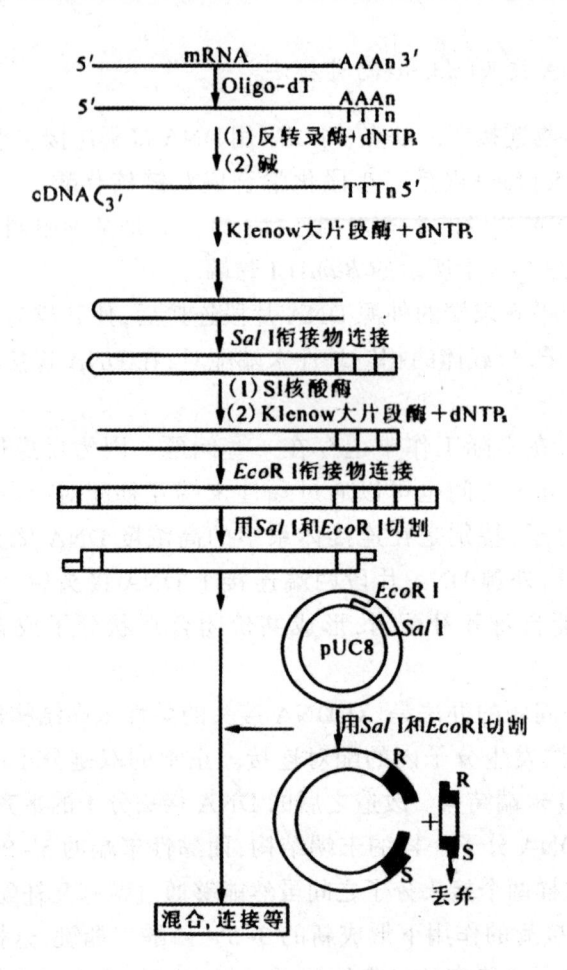

图 5-5　DNA 接头连接法示意图

5.1.2.3 PCR 产物的连接

在实际工作中,有些时候需要将 PCR 产物连接到质粒载体上,以便于进一步地克隆及表达。PCR 反应中使用的不同 DNA 聚合酶,所产生的 PCR 产物末端可能不同。有些 DNA 聚合酶扩增产生的 PCR 产物是平齐末端,如 TaKaRa 公司的 Pyrobest DNA 聚合酶等,而有些扩增的 PCR 产物形成 3'-A 的突出,如常用的 *Taq* DNA 聚合酶等。

所以,连接 PCR 产物应该首先考虑的就是末端问题。如果 PCR 产物是平齐末端,就可以按照前述的平齐末端连接方法进行连接。但是

第5章 DNA 的体外重组和转移

大多数情况下,所得到的 PCR 产物末端均为 3'-A 的突出结构。根据 PCR 产物的末端类型,克隆策略有所不同,主要分为以下几种。

(1)将 PCR 产物的末端修平,通过平齐末端连接法进行连接。载体可用 *Eco*R V 或 *Sma* I 切成平头;PCR 产物纯化后,可以在 22℃用 DNA 聚合酶 I 作用 30min(该酶具有的 3'→5' 外切酶活性和 5'→3' 的聚合酶活性),形成平齐末端。如果要求不高,PCR 产物也可不加处理。使用 Stratagene 公司的 *pfu* DNA 聚合酶或 New England Biolabs 公司的 Vent DNA 聚合酶,这两种酶有 5'→3' 校对能力,扩增出来的 PCR 产物已经是平齐末端,可以不作平端处理。但是在前面的论述中已经说明,平端连接的一个显著缺陷就是连接效率低下,即使用很高单位的连接酶,或在反应体系中加入 PEG 8000,也只能很有限地提高效率。

(2)使用 T/A 克隆策略,将 PCR 产物与一个具有 3'-T 突出的特殊载体连接起来。构建 3 端带有突出的 dTMP 的载体。一般采用的方法是先把载体用某种限制性内切酶消化成平头,在 72℃下只加入一种 dNTP,即 dTTP 的反应体系中用 *Taq* DNA 聚合酶处理 0.5h(也有人报道处理 1~2h 能提高克隆效率,这样加 T 反应会更彻底)。也可以用末端转移酶来完成加 T 反应。载体自连、PCR 产物形成多聚物串联可以忽略。如果使用 ddTTP,效果会更好。这种方法一般称为加 T/A 法克隆,比平头连接效率高 50~100 倍。现在很多公司都提供商业性的 T/A 克隆试剂盒,利用 PCR 产物的 3' 末端的 A,在连接酶作用下,快速、一步到位地把 PCR 产物直接插入到 T 载体的多克隆位点(MCS)中的 3'-T 突出端,而且重组率极高。

(3)在设计引物时,在 5' 端引入某种限制性内切酶的识别序列。这样所形成的 PCR 产物末端都会带有这种酶切位点。然后用适当的内切酶酶切,就会在引物序列中切开 DNA 分子,形成黏性末端。这样就可以很容易地插入普通的质粒载体。引物中所设计的酶切位点的核苷酸,一般不计入引物和模板的配对长度。考虑到限制性内切酶的酶切效率,一般在酶切位点的外侧还要加入至少 3 个核苷酸,作为保护碱基。有时候由于反应扩增产物中小片段 DNA 的影响,导致连接效率很低,这时可以将 PCR 产物先克隆到 T 载体上然后再酶切,连接到其他克隆载体。

PCR 产物的连接过程中,要注意以下几个主要问题。

(1)要获得目的基因的 T/A 克隆,PCR 产物的特异性要好。

(2)采用 T/A 克隆时,确认 PCR 反应使用的 DNA 聚合酶在 PCR

产物的 3' 端加了 A,有些 DNA 聚合酶扩增的 PCR 产物是平端,会造成 PCR 产物难以插入载体。

（3）PCR 产物中短片段杂质 DNA 太多,应切胶纯化 DNA 片段。克隆时使用的插入片段(PCR 产物)尽量进行切胶回收纯化,PCR 产物中的短片段 DNA（甚至是电泳也无法确认的非特异性小片段）、残存引物等杂质、DNA 片段的立体结构、片段的长度等都会影响克隆的效率。一般情况下,长片段 DNA 的克隆效率小于短片段 DNA。在 PCR 产物回收、纯化过程中要防止外来 DNA 的污染。

（4）在进行 T/A 克隆时,T 载体 DNA 与插入 DNA 的物质的量比例一般为 1/2 ~ 10。在 TaKaRa 公司的 pMD18-T 载体试剂盒中,1μL（50ng）载体的物质的量约为 0.03pmol,对照插入 DNA1μL（50ng）的物质的量约为 0.15pmol。

（5）直接进行转化时连接体系的体积不要超过 20μL。

（6）T/A 克隆连接反应在 16℃以下进行,温度升高(大于 26℃)较难形成环状 DNA。

5.1.3 DNA 体外连接注意事项

5.1.3.1 外源 DNA 片段与载体的连接方法的选择

选择外源 DNA 片段与载体的连接方法时,应考虑如下因素。

（1）连接过程操作步骤要尽可能地简单易行。

（2）连接后所形成的重组子应该含有适当的酶切位点,便于回收插入的外源 DNA 片段。

（3）连接反应对外源基因的密码子阅读框不应发生影响。

5.1.3.2 提高重组率的方法

连接反应中很关键的问题是提高连接效率、提高重组率。如何提高重组率,可以从以下几个方面来考虑。

（1）连接酶的用量：在一般的情况下,酶浓度高则反应速度快,但

第5章 DNA 的体外重组和转移

是当使用的连接酶活性下降时,要加入大量的连接酶,而连接酶是保存在 50% 甘油中,因此在连接反应体系中由于甘油含量的过高,会影响连接效果。如果连接酶的纯度欠佳,加进的连接酶达到一定浓度后,再增加酶量对加快反应速度并不明显,而杂酶(如降解酶)的作用变得明显,从而影响最后的得率。所以,当没有转化子或重组子太少时,不仅要考虑连接酶的用量,还要考虑连接酶的酶活是否有问题。另外,值得注意的一点是 T4 连接酶的 buffer 是否包含 ATP,如果没有,需要另行购买。这点很容易忽视。

(2)作用时间与温度:反应时间是与温度有关的,因为反应速度随温度的提高而加快,但温度过高又会影响互补配对的稳定。在实验中,一般采用 12℃~15℃ 温度,也有人尝试采用 4℃~5℃ 反应一周,效果良好。但在选择反应温度与时间关系时,要考虑反应系统中的其他因素的影响。

(3)DNA 分子:酶切消化一定要完全。由于外源片段酶切后会回收特定长度的片段,所以这个问题并不突出。而载体消化不完全常常发生,容易导致重组率下降,转化后的菌落中很多带有的是没有插入外源基因的载体分子。所以,最好能够在载体酶切后进行胶回收,得到完全酶切的载体大片段。

(4)底物的浓度:一般采用提高 DNA 的浓度来增加重组的比例,当 DNA 连接浓度太低与连接体积太大时易于造成 DNA 的自连而产生重组子中的多聚体。因为低浓度的 DNA 分子间相互作用的机会较少,而有利于自身连接、环化。但是当底物浓度过高,反应体积太小(即浓度太大)时,连接效果也很差,这可能是由于分子运动受到阻碍。

(5)载体 DNA 分子与外源 DNA 分子之间的比例:连接的组合方式有多种,通过控制载体 DNA 与目的 DNA 片段的分子比例,可以影响重组率。如果使用质粒作为克隆载体,理想的情况是一个载体 DNA 分子中插入一个外源 DNA 分子,连接、环化,形成重组子,所以当二者之间的比值为 1 时,有利于提高重组率;如果使用 λ 噬菌体或者黏粒作为克隆载体时,由于只有当外源 DNA 分子的两端都与载体 DNA 分子的臂连接之后,才能被有效地包装,因此载体 DNA 分子与外源 DNA 分子的比值要高才能提高重组效率。

(6)其他因素:在连接反应中,除了要求较高质量的连接酶以外,也要排除其他干扰因素,如 EDTA 的存在会抑制酶的活性,DNA 样品中如有蛋白质、RNA 存在,也会妨碍酶与 DNA 的直接作用,进而影响连接效果。当酶切结束时,如果采用直接混合 DNA 酶切样品进行连接,势必会产生一些干扰作用。一般只能用加热方法终止酶切反应,由于采用二者直接混合连接,在酶切时就要计划好酶切后的连接体积与浓度,不可能依靠进一步纯化样品来控制 DNA 连接体积。为了除去加进的内切酶以及在终止酶切反应时所加进去的 EDTA,需要进一步提纯 DNA 样品。

5.2 DNA 重组分子导入受体细胞

5.2.1 重组分子导入原核细胞

转化是指质粒载体 DNA 分子进入感受态的大肠杆菌细胞的过程,而转染则指感受态的大肠杆菌细胞捕获和表达噬菌体 DNA 分子的过程。习惯上,人们往往也通称转染为广义的转化。这两个过程都需要制备感受态细胞。经典的感受态细胞制备方法是通过 Ca^{2+} 诱导而产生,然后通过热激处理使外源 DNA 进入细胞。

5.2.1.1 转化

1.Ca^{2+} 诱导大肠杆菌感受态转化法

在自然条件下,很多质粒都可通过细菌接合作用转移到新的宿主内,但在人工构建的质粒载体中,一般缺乏此种转移所必需的 mob 基因,因此不能自行完成从一个细胞到另一个细胞的接合转移。

大肠杆菌是一种革兰氏阴性菌,自然条件下转化比较困难,转化因子不容易被吸收。如需将质粒载体转移进大肠杆菌受体细菌,需要利用一些特殊的方法(如 $CaCl_2$、RbCl 等化学试剂法)处理受体细胞,使其细胞膜的通透性发生了暂时性的改变,成为能允许外源 DNA 分子进入的感受态细胞(compenentcells)。进入受体细胞的 DNA 分子通过复制、

第 5 章 DNA 的体外重组和转移

表达实现遗传信息的转移,使受体细胞出现新的遗传性状。[①] 将经过转化后的细胞在筛选培养基中培养,即可筛选出转化子(transformant,即带有异源 DNA 分子的受体细胞)。$CaCl_2$ 法是目前常用的感受态细胞制备方法,它虽不及 RbCl(KCl)法转化效率较高,但其简便易行,且其转化效率完全可以满足一般实验的要求,制备出的感受态细胞暂时不用时,可加入占总体积 15% 的无菌甘油于 −70℃保存(半年)。$CaCl_2$ 法制备大肠杆菌(DH5α 或 DH10B)感受态细胞并转化的基本实验步骤如图 5-6 所示。

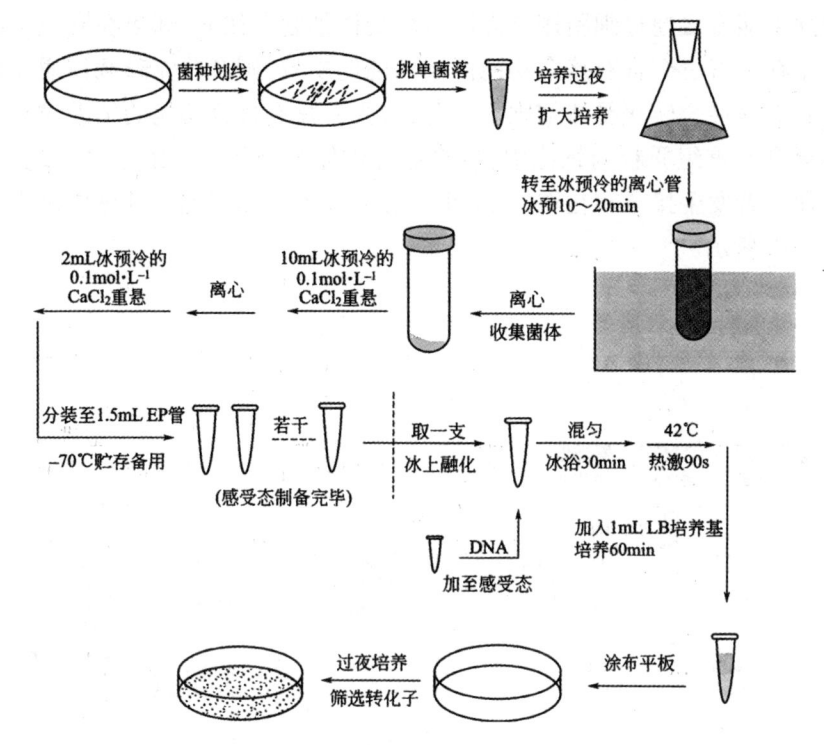

图 5-6　Ca^{2+} 诱导的大肠杆菌感受态的制备及转化

为了提高转化效率,实验中要考虑细胞生长状态和密度、质粒的质量和浓度、试剂的质量等几个重要因素,并且还要注意防止杂菌和杂 DNA 的污染。

---

① 丛方地,王俊斌,李涛.生物化学(第 4 版)[M].北京:中国农业出版社,2018.

2. 接合转化法

这是通过细菌供体细胞同受体细胞的直接接触而传递外源DNA的方法。该方法尤其适用于那些难以采用Ca^{2+}诱导转化法或电穿孔法等进行重组质粒DNA分子直接转化的受体菌，其转化过程是由接合型质粒完成的，它通常具有促进供体细胞与受体细胞有效接触的接合功能以及诱导DNA分子传递的转移功能，二者均由接合型质粒上的有关基因编码。在DNA重组中，常用的绝大多数载体质粒缺少接合功能区，因此不能直接通过细胞接合方法转化受体细胞。然而，如果在同一个细胞中存在着一个含有接合功能区域的辅助质粒，则有些克隆载体质粒便能有效地接合转化受体细胞。因此，首先将具有接合功能的辅助质粒转移至含有重组质粒的细胞中，再将这种供体细胞与受体细胞进行混合，促使二者发生接合转化作用，将重组质粒导入受体细胞。其操作过程如图5-7所示。[①]

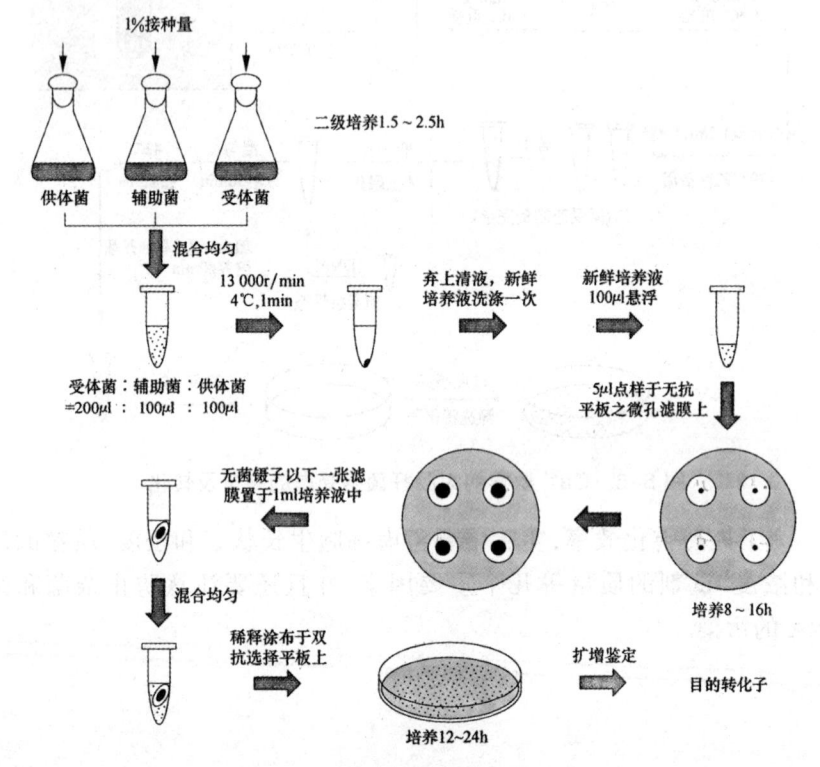

图5-7 结合转化的操作示意图

[①] 何水林.基因工程[M].北京：科学出版社,2008.

第5章 DNA 的体外重组和转移

由于上述整个接合转化过程涉及 3 种有关的细菌菌株,即待转化的受体菌、含有要转化的重组质粒 DNA 的供体菌和含有接合质粒的辅助菌,因此称为三亲本杂交(tri-parental mating)接合转化法,简称三亲本杂交转移法。

5.2.1.2 转导

根据噬菌体颗粒能将其 DNA 分子有效地注入寄主细胞内这一特性已经设计出了另外一种将外源重组 DNA 分子导入寄主细胞的方法,即体外包装噬菌体颗粒的转导。这是一种使用体外包装体系的特殊的转导技术。转导的具体过程如图 5-8 所示。外源 DNA 片段插入噬菌体载体后,重组 λDNA 分子借助互补的 cos 位点连成串联体,两个 cos 位点之间的重组 λDNA 分子在不超过噬菌体有效包装的限度内(野生型噬菌体 λDNA 分子长度的 75%~105%),用体外提取的噬菌体头、尾、外壳蛋白将重组体 DNA 包装成有浸染活性的噬菌体颗粒,然后感染相应的寄主细胞,经筛选最终获得转化子。

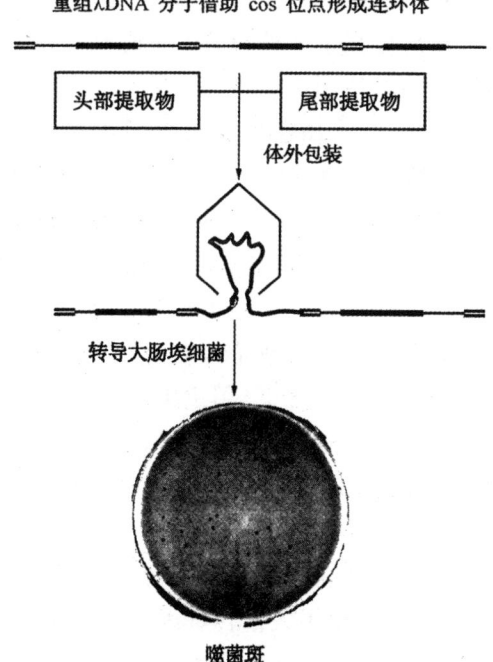

图 5-8 转导过程示意图

所谓体外包装,是指在体外模拟λ噬菌体DNA分子在受体细胞内发生的一系列特殊的包装反应过程,将重组λ噬菌体DNA分子包装为成熟的具有感染能力的λ噬菌体颗粒的技术。该技术最早是由Becker和Gold于1975年建立的,目前经过多方面的改进后,已经发展成为一种能够高效地转移大多相对分子质量重组DNA分子的实验手段。其基本原理是,根据λ噬菌体DNA体内包装的途径,分别获得缺失D包装蛋白的λ噬菌体突变株和缺失E包装蛋白的λ噬菌体突变株。由于不具备完整的包装蛋白,这两种突变株均不能单独地包装λ噬菌体DNA,但将两种突变株分别感染大肠杆菌,从中提取缺失D蛋白的包装物(含E蛋白)和缺失E蛋白的包装物(含D蛋白),二者混合后就能包装λ噬菌体DNA。后来,Rosenberg等于1985年建立了一种更为简便的方法,其要点是利用E.coli C菌株制备的细菌裂解液作为包装物,进行λ噬菌体DNA的体外包装。

为了防止在λ原噬菌体的诱发过程中寄主细胞发生溶菌作用,克服内源诱导的λ原噬菌体DNA进行包装,并避免包装的提取物出现重组作用,保证λ原噬菌体能够得到有效的诱发等,已经给这些用来制备体外包装互补提取物的原噬菌体及其寄主菌株引入了另外一些与此相关的突变。这样便有效地提高了体外包装的λ噬菌体颗粒的转导效率,并进一步改善了体外包装的使用性能。

经过体外包装的噬菌体颗粒可以感染适当的受体菌,并将重组λ噬菌体DNA分子高效导入细胞中。在良好的体外包装反应条件下,每微克野生型的λDNA可以形成10^8以上的噬菌斑形成单位(plaque forming unit,pfu)。但重组的λDNA或cosmid DNA,包装后的成斑率要比野生型的下降$10^2 \sim 10^4$倍。由于构建高等生物的基因库需要大量的重组体分子,需要成斑率的数量级要远远超过转染反应所能达到的水平。即使在最佳的实验条件下,用重组的λDNA分子转染经$CaCl_2$处理的感受态大肠埃希菌细胞,转化率也仅为$10^2 \sim 10^4$ pfu。经包装后,成斑率可达到10^6 pfu/μg,完全可以满足构建真核生物基因组文库的要求。[①]

上述外源DNA分子通过转化和转导等方法导入大肠杆菌的技术已趋于成熟,用这些方法获得了大量转基因工程菌株。这些方法经适当

---

① 刘祥林,聂刘旺.基因工程[M].北京:科学出版社,2005.

第5章 DNA 的体外重组和转移

修改同样可用于蓝藻、固氮菌和农杆菌等原核生物的基因导入。

5.2.2 重组分子导入真核细胞

在基因工程中,根据不同的真核细胞特点,而选择不同的方法把重组子导入受体细胞。

5.2.2.1 重组 DNA 导入植物细胞

植物基因转化方法可分为三大类:一是载体介导的转化方法,即将目的 DNA 插入到农杆菌的 Ti 质粒或病毒的 DNA 上,随着载体质粒 DNA 的转移而转移。农杆菌介导法及病毒介导法都属于这一类方法。二是 DNA 直接导入法,指通过物理或化学的方法直接导入植物细胞。物理方法有基因枪法、电击法、超声波法、显微注射法和激光微束法。化学法有 PEG 法和脂质体法。三是种质系统法,包括花粉管通道法、生殖细胞浸泡法和胚囊子房注射法。其中载体介导的转化方法是目前植物基因工程中使用最多、机制最清楚、技术最成熟的一种转化方法,而转化载体中又以 Ti 质粒转化载体最为重要。[①]

1. 农杆菌介导转化法

农杆菌介导转化方法是指将目的基因插入到经过改造的 T-DNA 区,借助农杆菌的感染实现外源基因向植物细胞的转移与整合。农杆菌介导转化的技术流程包括载体构建、农杆菌培养、浸染转化和瞬时表达,其中浸染转化的方法有直接注射法、真空渗透法、菌液浸染,以及真空渗透与超声波相互结合辅助转化。与上述三种转化方法相比,农杆菌介导的瞬时转化技术具有效率高、费用少、操作简单、可批量转化的优点,大多数木本植物的瞬时转化效率在10%以上,因此农杆菌介导的瞬时表达转化技术在植物中得到广泛应用。例如,Lv 等[②]利用农杆菌介导的苹果(Malus domestica)瞬时表达转化体系进行研究,发现农杆菌

---

① 何水林.基因工程[M].北京:科学出版社,2008.
② Lv Y. D., Zhang M. L., WU T., et al. The infiltration efficiency of Agrobacterium-mediated transient transformation in four apple cultivars[J]. Sci Hortic, 2019, 256:108597 - 108597.

真空渗透可以用于基因功能分析；Wu 等人[①]对桑树（Morus alba）中农杆菌介导的瞬时表达转化体系进行优化，结果表明采用针筒渗透法对桑树幼苗叶片进行瞬时转化实验更简单、有效；李心悦等人[②]进行了农杆菌介导苹果瞬时表达条件的研究，结果表明转化菌液 OD_{600} 为 0.6，浸染时间为 3.5 h 的最优转化条件。

农杆菌是普遍存在于土壤中的一种革兰氏阴性菌，分根瘤农杆菌和发根农杆菌两种，其细胞中分别含有 Ti 质粒和 Ri 质粒，Ti 质粒可以作为载体。Ti 质粒上有两个区域：一个是 T-DNA 区，这是能够转移并整合进植物受体的区段；另一个是 Vir 区，它编码实现质粒转移所需的蛋白质。图 5-9 所示为农杆菌介导的 Ti 质粒载体转化法示意图。

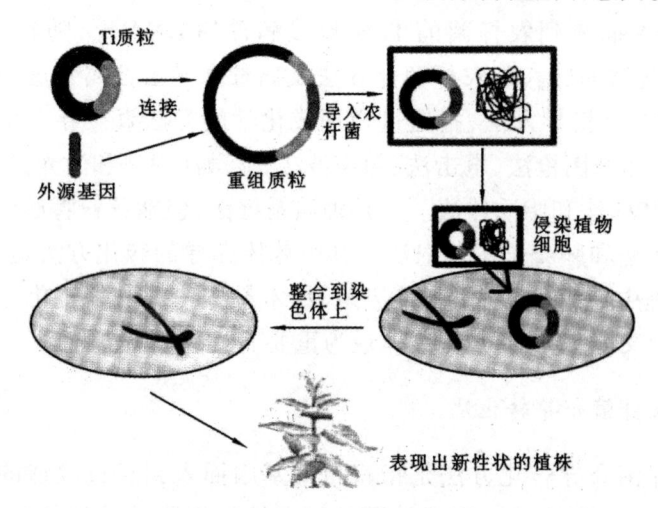

图 5-9　农杆菌介导的 Ti 质粒载体转化法示意图

---

① Wu S. L., Yang X. B., Liu L. Q., et al. Agrobacterium-mediated transient MaFT expression in mulberry (Morus alba L.) leaves[J]. Biosci Biotechnol Biochem, 2015, 79(8):1266-1271.
② 李心悦,张克闯,张道远,等. 新疆野苹果瞬时遗传转化方法建立及初步验证[J].分子植物育种,2018,16(22):7315-7321.

第5章　DNA 的体外重组和转移

2. 基因枪介导转化法

基因枪法,又叫粒子轰击法。基因枪法是把粘有 DNA 的细微金粉打向细胞,穿过细胞壁、细胞膜、细胞质等层层构造到达细胞核,完成基因的转移。基因枪法具有受体类型广泛、转化周期短、方法简单等优点,使用基因枪法几乎不会受到物种与组织的限制。随着遗传转化技术的发展和研究范围的扩大,利用基因枪法构建的瞬时表达转化体系在一些植物中都有广泛研究应用。Kuriakose 等人[1]利用基因枪法介导月季的瞬时表达转化,研究结果表明,影响月季组织瞬时转化成功的因素很多,包括组织类型、组织年龄和植株品种,而其他参数如金粉用量、质粒 DNA 用量对研究结果没有重大影响。桑庆亮在瞬时转化荔枝胚性组织时,发现金粉用量、质粒 DNA 用量等理化参数显著影响 GUS 瞬时表达。

3. 聚乙二醇介导原生质体转化法

聚乙二醇(Polyethylene glycol-mediated,PEG)介导的原生质体转化法是通过 PEG 的介导作用将遗传因子转入受体细胞原生质体中的一种方法,原生质体的制备与再生是转化的关键,此外,氯化钙也是不可或缺的成分。该方法处理对象是单个细胞,方便对植物细胞内基因的瞬时转化情况进行观察,并且可以直观了解基因产物具体在哪种细胞器中表达。谷战英等人[2]利用 PEG 介导油桐(Vernicia fordii)原生质体遗传转化,研究表明酶解时间对原生质体产量和活性的影响最大,其次是纤维素酶浓度,而离析酶浓度和甘露醇浓度对原生质体产量和活性的影响较小。姚丽萍等人[3]对甜樱桃(Prunus avium)瞬时表达系统进行研究时发现,酶解液的 pH 值间接影响原生质体的分离悬浮细胞,影响酶活性、原生质体产量和活力。

---

[1] Kurlakose B., Tolt E., Jordaan A. Transient gene expression assays in rose tissues using a Bio-Rad Helios® hand-held gene gun[J]. SAfr J Bot, 2011, 78: 307-311.
[2] 谷战英,杨若楠,陈昊. 油桐叶肉细胞原生质体分离及瞬时转化体系的建立[J]. 林业科学,2018,54(01):46-53.
[3] Yao L. P., Liao X., Gan Z. Z., et al. Protoplast isolation and development of a transient expression system for sweet cherry (Prunus avium L.)[J]. Sci Hortic, 2016, 209: 14-21.

4. 植物病毒载体介导转化法

植物病毒载体介导转化法是以植物病毒为载体将外源基因导入受体细胞内,其原理是将外源基因克隆到植物病毒载体的启动子下游区域,然后在体外进行转录,直接浸染,或者借助基因枪或农杆菌浸染等方法将基因转化进植物细胞。目前应用较成功的病毒载体有马铃薯X病毒(Potato virus X, PVX)、烟草花叶病毒(Tobacco mosaic virus, TMV)、大麦条斑花叶病毒(Barley stripe mosaic virus, BSMV)和烟草脆裂病毒(Tobacco rattle virus, TRV)等。多数 RNA 病毒能够在植物细胞内起到抑制相关基因表达的作用,从而反向证明基因功能。例如,研究 PaCYP724B1 基因对甜樱桃枝条分枝的调控、脱落酸(Abscisic acid, ABA)与柑橘(Citrus sinensis)矮化的关系、PbrNHX2 基因与杜梨(Pyrus betulaefolia)耐盐性的联系以及枳(Poncirus trifoliata)ERF109 基因调节抗寒性的途径等。

5.2.2.2 重组 DNA 导入动物细胞

1. 磷酸钙和 DNA 共沉淀物转染法

这是一种经典而又简单的方法。具体做法大致是:先将需要被导入的 DNA 溶解在氯化钙溶液中,然后在不停地搅拌下逐滴加到磷酸盐溶液中,形成磷酸钙微结晶与 DNA 的共沉淀物。再将这种共沉淀物与受体细胞混合、保温,DNA 可以进入细胞核内,并整合到寄主染色体上。这种方法多数用于单层培养的细胞,也可用于悬浮培养的细胞。[1]

重组 DNA 是通过内吞作用进入细胞质,然后进入细胞核而实现转染的,这种转染法十分有效,一次可有多达 20% 的培养细胞得到转染。由于重组载体以磷酸钙-DNA 共沉淀物的形式出现,培养细胞摄取 DNA 的能力将显著增强。在中性条件下形成磷酸钙-DNA 共沉淀物的最佳 Ca^{2+} 浓度为 125mmol/L,最佳 DNA 浓度为 5~30μg/mL,沉淀反应的最佳时间为 20~30min,细胞在沉淀物中的最佳暴露时间为 5~24h。在转染后增加诸如甘油休克和氯喹处理等步骤,可以提高该法的效率。

[1] 杨汝德.基因工程[M].广州:华南理工大学出版社,2003.

第5章 DNA 的体外重组和转移

2. 脂质体法

脂质类纳米载体根据制备方法和制剂的物理化学性质可分为5类,包括脂质体、囊泡、转移体、固体脂质纳米粒(SLN)和纳米结构脂质载体(NLC),其中脂质体最为典型。脂质体由磷脂和胆固醇构成,具有高度的生物相容性。

脂质体介导的基因转移包括两个步骤,首先是脂质体与 DNA 形成复合物,然后复合物与细胞作用将 DNA 释放到细胞中(图 5-10)。

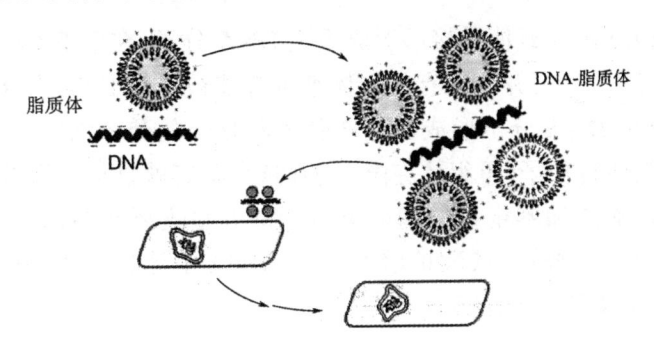

图 5-10 脂质体转染法

脂质体作为基因转移载体具有以下优点:易于制备,使用方便,不需要特殊的仪器设备;无毒,与生物膜有较大的相似性和相容性,可生物降解;目的基因容量大,可将 DNA 特异性地传递到靶细胞中,使外源基因在体外细胞中有效表达。但也存在不足,如表达量较低、持续时间较短、稳定性欠佳等。脂质体转染所需的 DNA 用量与磷酸钙法相比大为减少,而转染效率却高 5~100 倍,具有广谱、高效、快速转染的特点,已成为一种常用的转染方法。[①]

[①] 韦平和,彭加平,陈海龙. 基因工程实验项目化教程[M]. 北京:化学工业出版社,2022.

第 6 章 重组体克隆的筛选和鉴定

外源 DNA 与载体连接后形成重组 DNA 分子,在重组 DNA 分子的转化、转导过程中,并非所有的受体细胞都能被重组 DNA 分子转入,能够吸纳重组 DNA 分子形成稳定增殖的转化子的受体细胞更是少之又少,因此阳性转化子(重组体克隆)的筛选和鉴定就显得尤为重要。

目前,筛选和鉴定目的基因重组子的方法主要包括基因表型选择法、载体表型选择法、核酸扩增检测法、DNA 电泳检测法、核酸杂交检测法及免疫化学检测法等。

6.1 根据插入基因的表型选择

根据插入基因的表型选择法的基本原理是:经转化进入受体细胞的外源基因能够对宿主菌株所具有的突变发生体内抑制或互补效应,从而使受体菌表现出外源基因编码的表型特征。例如,含有编码大肠杆菌生物合成相关基因的外源 DNA 片段,对于大肠杆菌携带不可逆的营养缺陷突变的宿主菌具有互补的功能,便可以分离到该种基因的重组子克隆。

图 6-1 示意的是将外源基因(能促进组氨酸合成)转入组氨酸缺陷型大肠杆菌体内的过程。若重组体(含外源基因)进入受体菌,则会弥补受体菌不能合成组氨酸的缺陷,进而可在不含组氨酸的培养基上存活并形成菌落,筛选到含目的基因的克隆体;若重组体未进入受体菌,则受体菌会因营养缺陷而不能在不含组氨酸的培养基上存活。

第6章 重组体克隆的筛选和鉴定

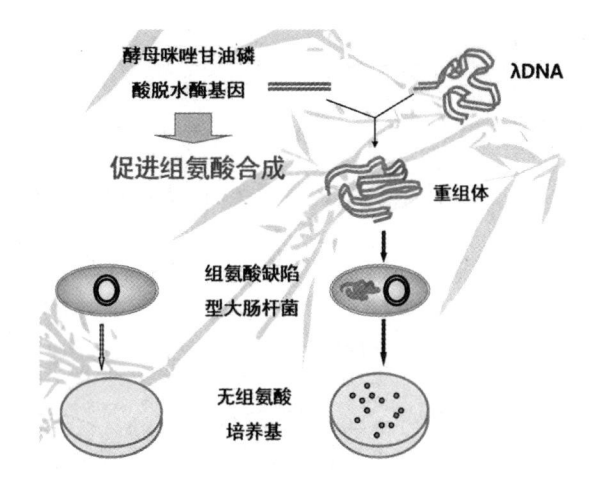

图 6-1 插入基因表型选择法

6.2 载体表型选择法

6.2.1 显色筛选法

蓝白斑筛选法是常用的一种显色筛选法，利用的是 lacZ 基因的 α-互补原理，由 α-互补而产生的 lacZ$^+$ 细菌在诱导剂 IPTG 的作用下，在生色底物 X-gal 存在时产生蓝色菌落。然而，当外源 DNA 插入到质粒的多克隆位点后，破坏了 lacZ 的 N 端片段，α-互补遭到破坏，因此使带有重组质粒的细菌形成白色菌落。用蓝白斑筛选时，连接产物转化的细菌平板于 37℃ 温箱倒置过夜培养后，有重组质粒的细菌会形成白色菌落（图 6-2）。

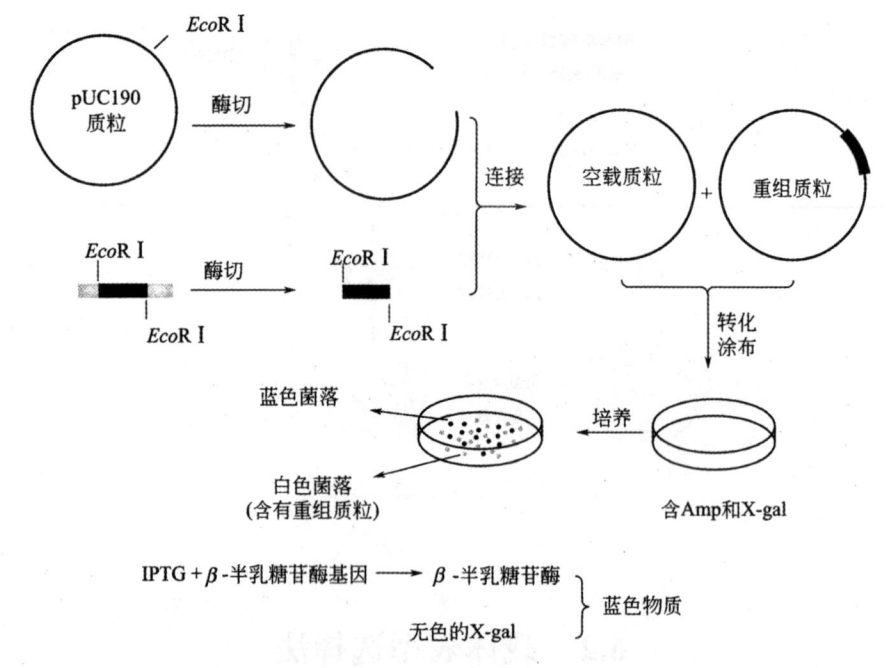

图 6-2　重组体质粒的构建与蓝白斑筛选图例

有的目的基因在受体细胞中表达后产物本身就具有某种颜色,利用这种性质可以直接进行重组子的筛选。只是在表达某些真核蛋白时,由于大肠杆菌中不具备真核基因的转录后加工机制,很难得到具有活性的产物。

6.2.2 抗药性标记及其插入失活选择法

从理论上讲,当外源基因(或 DNA 片段)插入到某一基因的内部后,这个基因就会丧失原有的功能,这一现象即为插入失活(insertional inactivation)。插入失活法是从不同的重组 DNA 分子获得的转化子中鉴定出含有目的基因的转化子(筛选)的主要方法。

其中,根据抗生素抗性基因插入失活原理而设计的插入失活法是重组体常用的筛选方法。例如,非重组的 pBR322 质粒 DNA 上的四环素和氨苄西林抗性基因都是正常的,表型为 Ap^rTc^r。带有这种质粒的受体菌抗四环素,能分裂生长,会被培养基中的环丝氨酸杀死;如果在该质粒的四环素抗性基因内插入外源片段(重组 pBR322 质粒,图 6-3),

第 6 章 重组体克隆的筛选和鉴定

就会造成四环素抗性基因失活，表型变成 Ap^{r}Tc^s，携带这种质粒的宿主菌生长被培养基中的四环素抑制，此时，环丝氨酸不会杀死生长受抑制的宿主菌而使之被保留下来，进而筛选到含目的基因的重组子。

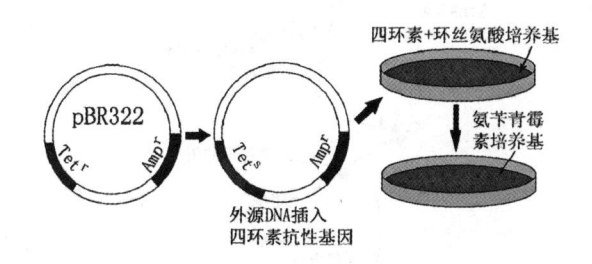

图 6-3 重组体质粒的插入失活选择法图例

6.2.3 转译筛选法

转译筛选可以分为杂交抑制转译（hybrid-arrest translation，HART）和杂交释放转译（hybrid-release translation，HRT）两种不同的筛选策略，它们的突出优点是能够弄清楚克隆的 DNA 同其编码的蛋白质之间的对应关系。这两种方法都要通过无细胞翻译系统（cell free translation system）检测经处理后的 mRNA 的生物学功能。常用的无细胞翻译系统有麦胚提取物系统和网织红细胞提取物系统。[①]

在无细胞翻译系统中，若是由加入的 mRNA 指导转译的新蛋白质多肽，将会掺入弱 S-甲硫氨酸而具有放射性。经凝胶电泳分离成区带，进行放射自显影，在 X 光胶片的曝光区带即间接说明 mRNA 的种类和活性（图 6-4）。

---

① 刘仲敏，林兴兵，杨生玉.现代应用生物技术 [M].北京：化学工业出版社，2004.

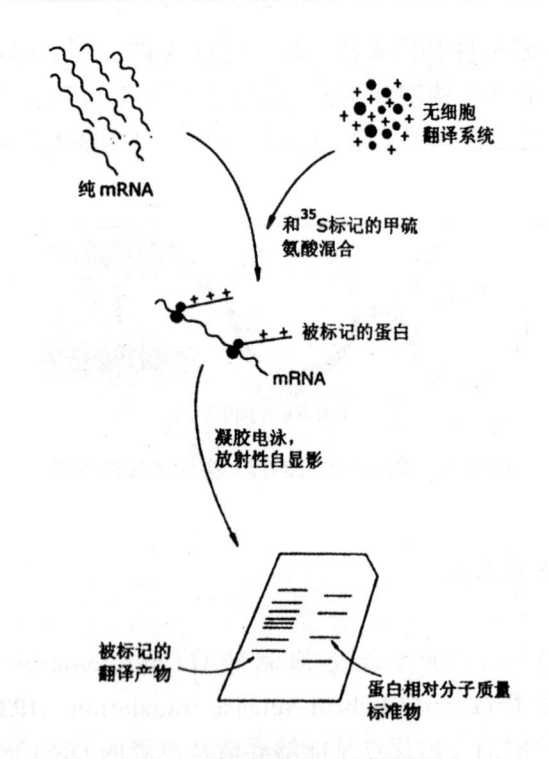

图 6-4　无细胞翻译系统的作用

（1）杂交抑制转译法。在体外无细胞转译系统中，mRNA 一旦同 DNA 分子杂交，就不能够再指导蛋白质多肽的合成，即 mRNA 的转译被抑制了。杂交抑制转译法就是利用了这一原理。杂交抑制的转译筛选法是一种很有效的手段，它能够从总 mRNA 逆转录生成的 cDNA 群体中检出所需的目的 cDNA，因而特别适用于筛选那些高丰度的 mRNA。[①]

杂交抑制转译法（图 6-5）的具体操作如下：在高浓度甲酰胺溶液的条件下（这种溶液既有利于 DNA-RNA 的杂交，同时又能抑制质粒 DMA 的再联合），将从转化的大肠杆菌菌落群体或噬菌体群体中制备来的带有目的基因的重组质粒 DNA 变性后，同未分离的总 mRNA 进行杂交。把从杂交混合物中回收的核酸加入无细胞转译系统（如麦胚提取物或网织红细胞提取物等）进行体外转译。由于其中加有 ^{35}S 标记的甲硫氨酸，转译合成的多肽蛋白质可以通过聚丙烯酰胺凝胶电泳和放射自显影进行分析，并把其结果同未经杂交的 mRNA 的转译产物做比较，

---

① 马建岗. 基因工程学原理（第 2 版）[M]. 西安：西安交通大学出版社，2007.

第6章　重组体克隆的筛选和鉴定

从中便可以找到一种其转录合成被抑制了的 mRNA,这就是同目的基因变性 DNA 互补而彼此杂交的 mRNA。根据这种目的基因编码的蛋白质转译抑制作用,就可以筛选出含有目的基因的重组体质粒的大肠杆菌菌落群体(或噬菌斑群体)。然后将这个群体分成若干较小的群体,并重复上述实验程序,直至最后鉴定出含有目的基因的特定克隆为止。

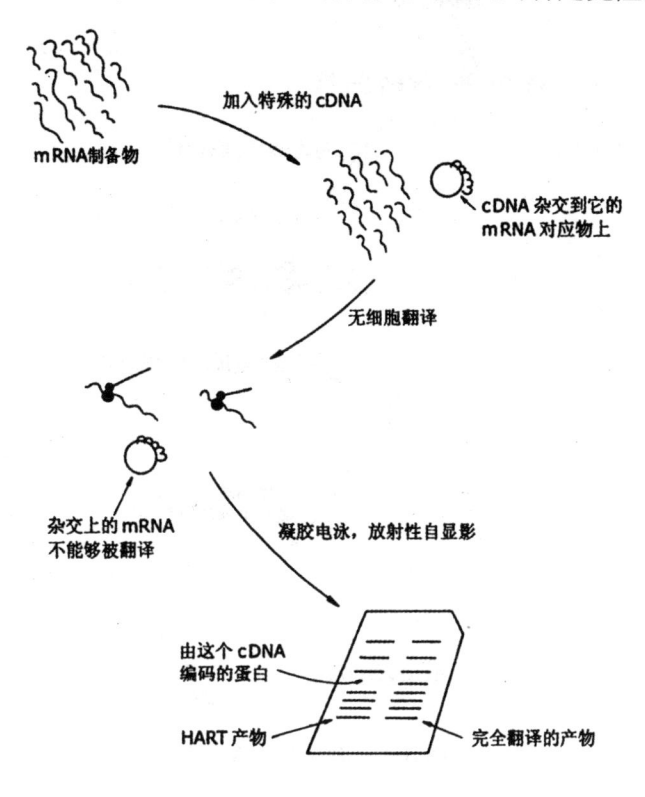

图 6-5　杂交抑制转译法流程

(2)杂交释放转译法。有时也称杂交选择的转译,是一种直接的选择法。它比杂交抑制转译法要灵敏得多,而且还可用于低丰度 mRNA(只占总 mRNA 的 0.1% 左右)的 cDNA 重组分子的检测。它所依据的原理同杂交抑制转译筛选法。但通过转译分析已经观察到,在这种杂交选择的转译中存在着一种特殊活跃的 mRNA。将重组体库中分离出来的克隆 DNA 结合并固定在硝化纤维素的滤膜上,然后用同一菌落或噬菌体群体的 mRNA(甚至是总的细胞 RNA)进行杂交。通过洗脱效应,从结合的 DNA 上分离出杂交的 mRNA。① 如果用于杂交的克隆 DNA 不是固定在固相支持物上,而是处于溶液状态,则需通过柱层析从总 mRNA 中分离出杂种分子。回收杂交的 mRNA,加到无细胞体系中进行体外翻译,并最终获得单个阳性重组子,如图 6-6 所示。

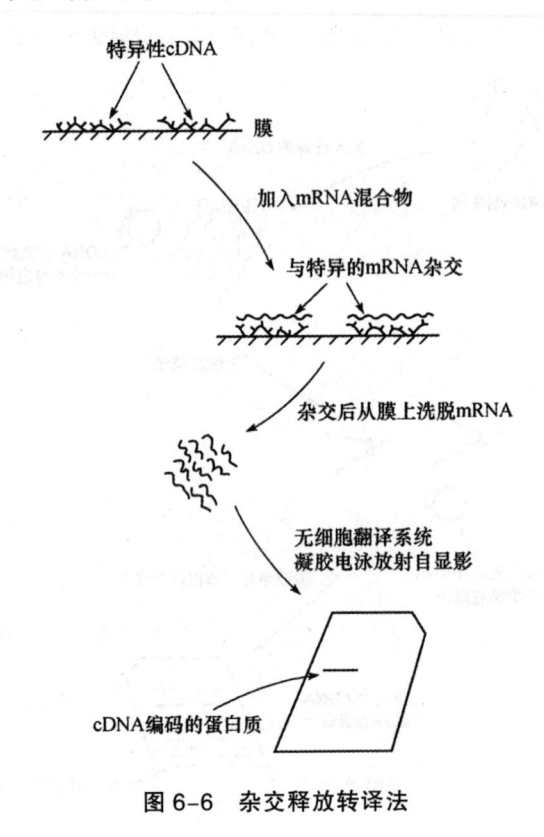

图 6-6 杂交释放转译法

6.3 核酸扩增检测法

随着科学技术的进步,核酸扩增检测技术不断发展,如从经典的 PCR 核酸检测技术到逐渐兴起的等温扩增检测技术。PCR 扩增反应依

---

① 郭江峰,于威.基因工程[M].北京:科学出版社,2012.

第6章 重组体克隆的筛选和鉴定

赖于热循环仪,在不同的温度条件下多次循环实现 DNA 的指数扩增,而等温扩增反应只需在恒温条件下即可将靶标核酸扩增至数百万倍,反应速度快,并具有较高的灵敏度。近年来,核酸扩增检测技术被广泛应用于基因工程中,其能在模板序列上扩增出预期 DNA 片段(外源目的基因)。

在 PCR 扩增检测中,引物的设计尤为关键。检测所用引物既可以是插入的外源基因的特异性序列,也可以是载体多克隆位点两侧的序列(如 T_7 启动子序列等)。若采用插入的外源基因特异引物,可以直接筛选出目的克隆;若采用载体多克隆位点两侧的序列为引物,则只能得到插入片段的长度信息。

因 PCR 技术对模板的纯度要求不是十分苛刻,因此,可以直接使用菌落裂解后的提取液进行扩增,无须进一步提取质粒进行扩增筛选。PCR 扩增技术不但可以快速获得插入的 DNA 片段,而且可以直接进行 DNA 序列分析,从而可以确定插入的 DNA 片段是否为正确的最终结果。

6.4　DNA 电泳检测法

由于目的片段的插入会使载体 DNA 限制性酶切图谱(restriction map)发生变化,因此通过限制性酶切鉴定法,在外源 DNA 片段大小及限制性酶切图谱已知的情况下,能够区分重组子和非重组子,有时可用于期望重组子和非期望重组子的初步确定。基本步骤为提取转化子克隆,摇菌进行质粒扩增,碱裂或煮沸法快速提取质粒,然后用限制性核酸内切酶酶切质粒。酶切方式有部分酶切法和全酶解法两种。

(1)部分酶切法。通过限制酶量或限制反应的时间使部分酶切位点发生切割反应,产生相应的部分限制性片段,显然这些片段大于全酶解片段,因此能确定同种酶多个切点的准确位置以及各个片段正确的排列方式,从而将重组子筛选出来。

（2）全酶解法。用一种或两种限制性核酸内切酶切开质粒DNA上所有相应的酶切位点,形成全酶切图谱。此法操作简便、可靠性高,在实验室中使用较为普遍。[①]

6.5 核酸杂交检测法

6.5.1 Southern印迹杂交法

Southern印迹杂交法是研究DNA的基本技术,在遗传诊断、DNA图谱分析及PCR产物分析等方面有重要价值。Southern印迹杂交的基本方法是将DNA样品用限制性核酸内切酶消化后,经琼脂糖凝胶电泳分离片段,然后经碱变性,Tris缓冲液中和,通过毛细作用将DNA从凝胶中转印至硝酸纤维素滤膜上,烘干固定后即利用DNA探针进行零交。附着在滤膜上的DNA与^{32}P标记的DNA探针杂交,利用放射自显影术确定探针互补的每条DNA带的位置,从而确定在众多酶解产物中含某一特定序列的DNA片段的位置和大小。被检对象为DNA,探针为DNA或RNA。

Southern印迹杂交法操作步骤：待测DNA样品的制备、酶切；待测DNA样品的琼脂糖凝胶电泳分离；利用变性法将凝胶中DNA变性；Southern转膜,利用硝酸纤维素（NC）膜或尼龙膜来转膜,使用方法有毛细管虹吸印迹法、电转印法、真空转移法；探针的制备；Southern杂交及杂交结果的检测(图6-7)。

[①] 郭江峰,于威.基因工程[M].北京:科学出版社,2012.

第6章 重组体克隆的筛选和鉴定

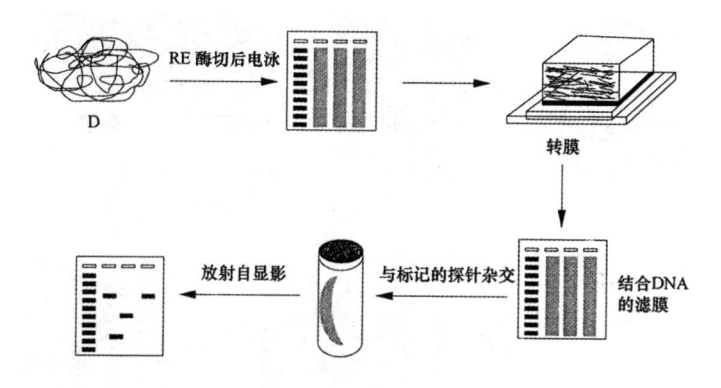

图 6-7 Southern 印迹法操作步骤

6.5.2 Northern 印迹杂交

Northern 印迹杂交是在 Southern 印迹杂交基础上发展起来的，相对于 Southern 而称之为 Northern 印迹，其基本原理与 Southern 印迹杂交类似，区别在于检测的对象是 RNA。RNA 变性方法与 DNA 不同，不能用碱变性，否则易引起 RNA 水解。由于 RNA 直接与硝酸纤维素膜结合力差，且具有茎环结构，必须将 RNA 先经变性剂（甲醛、羟甲基汞或戊二醛等）处理。处理后，一方面可使 RNA 变性，另一方面可促进 RNA 与滤膜有效结合。Northern 杂交对于检测细胞或组织中的基因表达水平是非常有效的方法。

Northern 印迹杂交流程如图 6-8 所示，将 Northern 印迹膜与标记的 cDNA 探针杂交，印迹膜上与探针互补的 mRNA 杂交，所产生的带标记的条带可用 X-光胶片检测。如果未知 RNA 旁边的泳道上有已知大小的标准 RNA，就可以知道与探针杂交发亮的 RNA 条带的大小。Northern 印迹还可以告诉我们基因转录物的丰度，条带所含 RNA 越多，与之结合的探针就越多，曝光后胶片上的条带就越黑，可以通过密度计测量条带的吸光度来定量条带的黑度，或用磷屏成像法直接定量条带上标记的量。

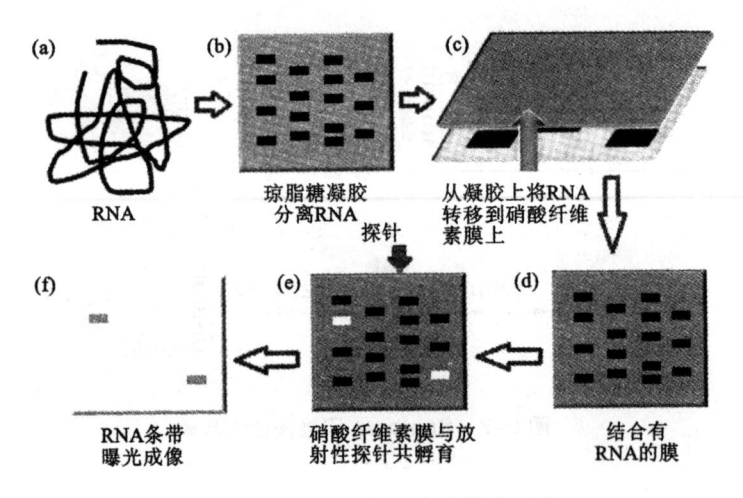

图 6-8　Northern 印迹杂交技术流程

6.6　免疫化学检测法

6.6.1 Broome-Gilbert 双位点检测法

Broome-Gilbert 双位点检测法现在已被许多实验室广泛采用，是一种放射性抗体测定法，所依据的原理有如下三点。

①不同种类的 IgG 抗体，识别抗原分子上的不同抗原决定簇，并分别与各自识别的抗原决定簇相结合。

②抗体分子或者说抗体的 F（ab）部分能够十分牢固地吸附在固体基质（例如聚乙烯等塑料制品）上而不会被洗脱。

③通过体外碘化作用，IgG 抗体便会迅速地被放射性同位素 ^{125}I 标记上。

第6章 重组体克隆的筛选和鉴定

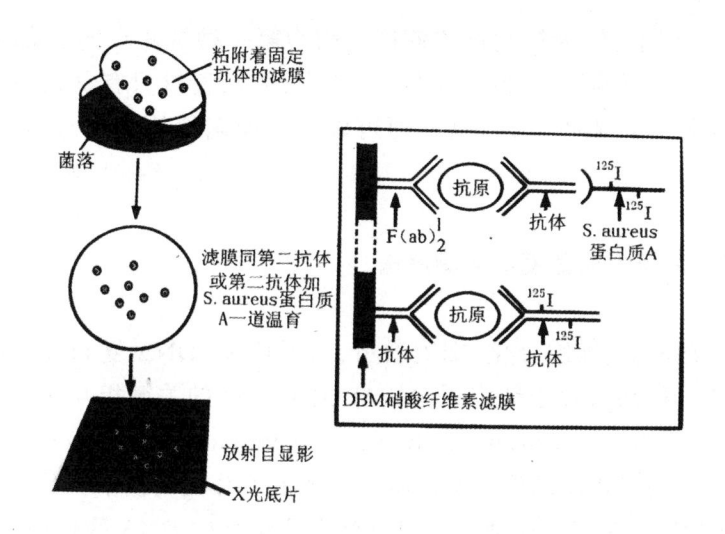

图 6-9 Broome-Gilbert 免疫化学筛选技术基本流程

如图 6-9 所示,实际测定中首先把转化的菌落涂布在普通培养皿的琼脂平板上,同时还必须制备影印的复制平板。因为在之后的操作过程中,涂布在普通培养平板上的转化菌落是要被杀死的。接着把细菌菌落溶解,所用的方法有:把平板放置在氯仿蒸气中,用烈性噬菌体的气溶胶喷洒处理或用带有能被热诱发的原噬菌体的寄主菌等,这样便使阳性菌落释放出抗原蛋白质。将连接在固体支持物上的抗体缓慢地同溶解的细胞接触,以利于抗原吸附到抗体上,彼此结合形成抗原抗体复合物。将这种吸附着抗原抗体复合物的固体支持物取出来,然后与抗原上不同决定簇结合的、被放射性标记的第二种抗体一起温育,以便检出这种复合物。未反应的第二种抗体可以被漂洗掉,而抗原抗体复合物的位置则可通过放射自显影技术被测定出来,据此确定出抗原平板中能够合成抗原的细菌菌落的位置。

由 Broome 和 Gilbert 发展的双定位检测法(two site detection method)对于含有杂种多肽菌落(表达融合蛋白质的菌落)的鉴别特别适用。例如,一种重组体质粒 DNA 产生出由蛋白质 A 和蛋白质 B 融合形成的杂种多肽(A-B),为了从转化子菌落群体中检测出合成这种杂种蛋白质的克隆,分别制备蛋白质 A 抗体和蛋白质 B 抗体。使用时可把抗杂种多肽蛋白质 A 的部分固定在固体基质上,最简便的方法是直接涂布在聚乙烯平皿上。再把蛋白质 B 抗体在体外用放射性同位

素 ^{125}I 标记上，作为检测抗体使用。因为第一种抗体只同 A 部分蛋白结合，^{125}I 标记的第二种抗体只同 B 部分结合，所以只有含杂种多肽的克隆才能呈现阳性反应，这样便可以十分准确地检测出重组体 DNA 分子。

6.6.2 染色质免疫沉淀测序法

研究表明，细胞分化、细胞增殖、基因转录、DNA 复制等生物学上重要的过程都依赖于细胞蛋白质与 DNA 之间的关键相互作用。染色质免疫沉淀测序（Chromatin Immunoprecipitation-sequencing, ChIP-seq）是目前最常用的研究蛋白质-DNA 相互作用的技术。其原理是先通过 ChIP 技术特异性地富集目标蛋白质结合的 DNA 区域，再对得到的 DNA 区域进行高通量测序。通过将测序结果精确定位到全基因组上，人们可得到与转录因子、组蛋白等相互作用的 DNA 区域信息。ChIP-seq 通常涉及的步骤是：

（1）甲醛交联，目的在于固定或保存细胞中发生的蛋白质-DNA 相互作用；（2）甘氨酸终止交联；（3）裂解细胞；（4）染色质通过超声或核酸酶消化裂解成一定大小片段；（5）利用特定的蛋白质抗体及其偶联磁珠对蛋白质-DNA 复合物进行选择性免疫沉淀；（6）解交联；（7）纯化 DNA；（8）检测 DNA 质量，达到要求则上机进行高通量测序。

ChIP-seq 是研究细胞组蛋白修饰状态的有力工具，已经成为一种非常流行的技术，它能够以高效率和相对较低的成本同时快速解码数百万个 DNA 片段。

Mikkelsen 等人利用 ChIP-seq 技术生成了多能性细胞和谱系转移细胞染色质状态的全基因组图谱。他们以全基因组的方式研究了细胞从未成熟状态到成年状态时染色质状态的变化。[1]Park 等人利用 ChIP-seq 方法对 H4K5 乙酰化（H4K5ac）状态进行了全基因组分析，揭示了 H4K5ac 与小鼠大脑恐惧记忆的关联。[2]Tiwari 等人通过全基因

---

[1] Mikkelsen T S, Ku M, Jaffe D B, et al. Genome-wide maps of chromatin state in pluripotent and lineage-committed cells[J]. Nature, 2007, 448 (7153): 553-560.
[2] Park C S, Rehrauer H, Mansuy I M. Genome-wide analysis of H4K5 acetylation associated with fear memory in mice[J]. BMC Genomics, 2013, 14: 539.

第 6 章 重组体克隆的筛选和鉴定

组 ChIP-seq 分析发现, c-JunNH2-terminalkinase (JNK) 在干细胞向神经元分化过程中与大量活性启动子结合。[①]

将 ChIP-seq 与 RNA-seq 联用可以揭开许多疾病的机制。ChIP-seq 确定了全基因组的转录 DNA 结合位点以及组蛋白修饰,这些都是已知的调节基因表达的基因内和基因间区域。而 RNA-seq 这个过程不仅分析 mRNA 的表达水平,还分析剪接变体、非编码 RNA 和全基因组范围的 microRNA。

Yang 等人运用 RNA-seq 和 ChIP-seq 技术研究超级增强子(SE)介导的膀胱癌(BC)细胞致癌转录的机制和功能。[②]Takahashi 等人运用 ChIP-seq 和 RNA-seq 方法研究哺乳动物转录的昼夜控制。[③]Kurtovic 等人通过 RNA-seq 和 ChIP-seq 鉴定黑色素瘤细胞系中 GLI 转录因子的独特和重叠靶点。[④]

研究证明,ChIP-seq 和 RNA-seq 的结合能够阐明新的转录机制,这些机制在各种疾病中具有重要作用。

6.6.3 酶联免疫吸附测定法(ELISA)

酶联免疫吸附测定法(enzyme linked immuno sorbent assay, ELISA)需要制备表达产物的抗体作为第一抗体,或在目标蛋白基因的上游或下游插入一个肽段的编码序列,该肽段的特异性抗体可以在市场购买得到。检测时先将待测样品加到微孔酶标板上,使其与第一抗体反应后,再加入可以同第一抗体特异性结合的第二抗体。第二抗体与辣根过氧化物酶或碱性磷酸酶共价结合,可以催化某些底物发生颜色反应。因

[①] Tiwari V K, Stadler M B, Wirbelauer C, et al. A chromatin-modifying function of JNK during stem cell differentiation[J]. Nature Genetics, 2011, 44 (1): 94-100.
[②] Yang Y, Jiang D, Zhou Z, et al. CDK7 blockade suppresses super-enhancer-associated oncogenes in bladder cancer[J]. Cellular Oncology, 2021, 44 (4): 871-887.
[③] Takahashi J S, Kumar V, Nakashe P, et al. ChIP-seq and RNA-seq methods to study circadian control of transcription in mammals[J]. Methods in Enzymology, 2015, 551: 285-321.
[④] Kurtovic M, Pitesa N, Bartonicek N, et al. RNA-seq and ChIP-seq identification of unique and overlapping targets of GLI transcription factors in melanoma cell lines[J]. Cancers, 2022, 14 (18): 4540.

此，ELISA 的下一步是在酶标板上加入合适的底物，完成染色反应后，用酶标仪测定吸光度，即可测出表达产物的含量。ELISA 具备酶促反应的高灵敏度和抗原抗体反应的特异性，具有简便、快速、费用低等优点，在临床检验等方面也有广泛的应用。缺点是一种酶标抗体只能检测一种蛋白，且容易出现本底过高的问题。

6.6.4 免疫印迹法（western blotting）

免疫印迹法因其实验过程与 Southern 早先建立的 Southern blot 相类似，亦被称为 Western blot。免疫印迹法分三个阶段进行，首先用 SDS-PAGE 分离样品中的蛋白质，然后将在凝胶中已经分离的蛋白质条带转移至合适的膜上。常用的膜有硝酸纤维素膜、聚偏二氟乙烯膜或尼龙膜，选用低电压（100 V）和大电流（1～2 A）进行电转移。最后将印有蛋白质条带的膜（相当于包被了抗原的固相载体）依次与特异性抗体和酶标第二抗体作用后，加入能形成不溶性显色物的酶反应底物，使条带显色。本法综合了 SDS-PAGE 的高分辨力、ELISA 法的高特异性和灵敏性，是一个有效的分析手段，不仅可以检测目标蛋白，还可根据 SDSPAGE 时加入的标准蛋白确定目标蛋白的相对分子质量。

第 7 章　基因工程技术与方法

7.1　核酸的分离纯化

核酸是生命有机体的重要组成部分,分为脱氧核糖核酸(DNA)和核糖核酸(RNA)两大类,各自起着重要的作用。核酸的提取与纯化是基因工程实验经常性的工作,也是开展基因克隆、结构与功能分析的前提。

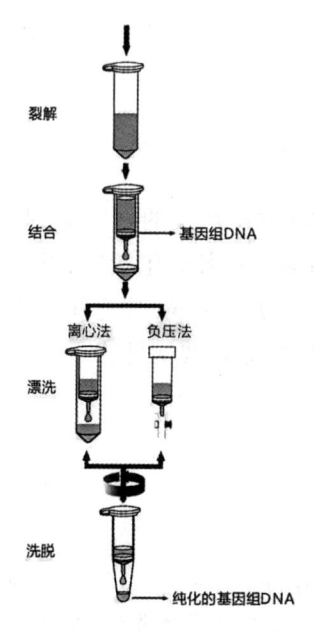

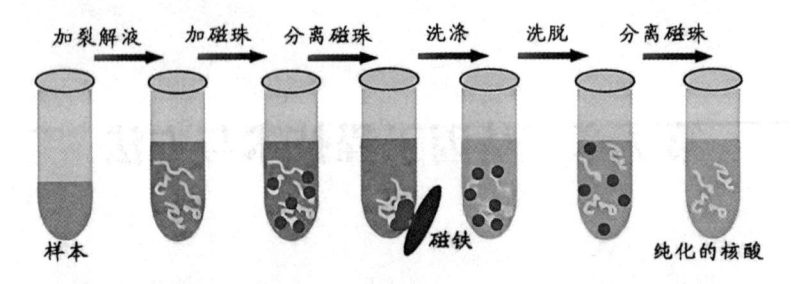

图7-1 核酸分离提取基本流程：(a)离心柱纯化法(b)磁珠法

核酸分离的步骤一般包括细胞裂解、酶处理、核酸与其他生物大分子物质分离、核酸纯化等。每一步骤又可由多种不同的方法单独或联合实现。具体流程如图7-1所示。核酸分离纯化一般应维持在0~4℃的低温条件下，以防止核酸的变性和降解。可以通过加入十二烷基硫酸钠（SDS）、乙二胺四乙酸（EDTA）、8-羟基喹啉、柠檬酸钠等来抑制核酸酶的活性，防止核酸酶引起的水解作用。[1]

7.2 凝胶电泳技术

7.2.1 基本原理

凝胶电泳技术分离DNA片段的基本原理：在生理条件下，生物分子（DNA、RNA或蛋白质）呈离子化状态，并且带有负电荷，在电场中以一定的迁移率向正极移动的时候，其迁移率与电场强度和生物大分子所带净电荷数成正比，与摩擦系数呈反比。[2]

---

[1] 郭江峰,于威.基因工程[M].北京:科学出版社,2012.
[2] 常重杰.基因工程[M].北京:科学出版社,2012.

第 7 章 基因工程技术与方法

7.2.2 毛细管电泳法

7.2.2.1 毛细管电泳法界定

毛细管电泳（capillary electrophoresis，CE）是一种以毛细管为分离通道、高压直流电场为驱动力的新型液相分离分析技术。与传统的凝胶电泳、液相色谱等分离技术相比，CE 具有装置简单、分离效率高、分析时间短、分辨率高、样品和溶剂消耗低等优点。因此，CE 被广泛应用于生物医学研究、环境监测、食品质量检测等众多领域，可用于分离从小离子、大分子到微生物、细胞及纳米颗粒等多种分析物。为了分析不同应用领域的复杂样品，CE 可以与各种类型的检测器联用，满足实际需求。

7.2.2.2 毛细管电泳实验装置与基本原理

在 pH>3 的条件下，毛细管内壁 SiOH 基团失去质子，形成 SiO-，毛细管内壁形成双电层，从而导致指向负极的电渗流（EOF）。电泳是由于施加电压而导致离子迁移，带电离子以不同的速度向其所带电荷极性相反的电极方向移动。图 7-2 为毛细管电泳示意图。

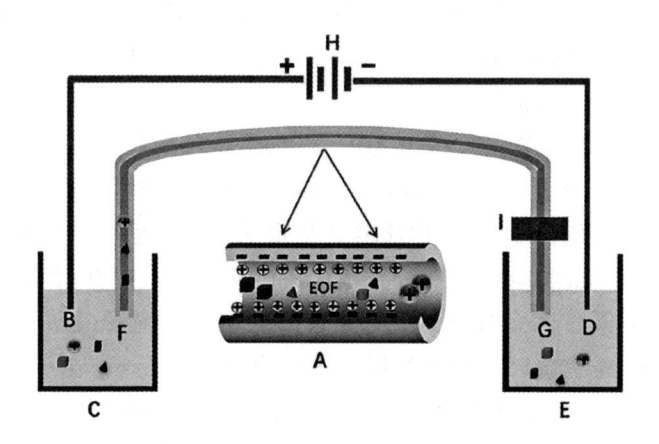

图 7-2 毛细管电泳示意图

（A）分离毛细管；（B）阳极电极；（C）阳极电极容器；（D）阴极电极；（E）阴极电极容器；（F）入口毛细管端；（G）出口毛细管端；（H）高压电源；（I）检测器

被分析物在毛细管中的迁移速度等于EOF和电泳速度的矢量和。在裸熔融二氧化硅毛细管中,阳离子与EOF的运动方向相同,因此阳离子向阴极方向迁移,首先到达检测器。中性分析物电泳速度等于零,随EOF移动,迁移速度和EOF速度相同,然后第二位到达检测器。阴离子的电泳方向与EOF相反,但如果电渗流速度高于阴离子的速度,则该阴离子也向阴极方向迁移,在中性分析物之后的第三位到达检测器。由于不同分析物在毛细管中的迁移速度有所差异,因此它们在毛细管中可以很好地分离。

1. 毛细管电泳分离模式

CE有多种分离模式,每种模式具有不同的分离机制或选择性。

(1)毛细管区带电泳(CZE)是应用最广泛的分离模式。该方法的原理是基于不同荷电粒子电泳淌度不同。电泳淌度与粒子所带电荷成正比,与粒子表观液态动力学半径成反比。电渗速度大小可以通过调整参数,如缓冲溶液的浓度、黏度和介电常数等来改变。

(2)毛细管胶束电动色谱(MEKC)是一种基于假固定相(胶束等)和流动相之间溶质分配的电泳分离技术。当溶液中表面活性剂的浓度高于其临界胶束浓度时,就会产生表面活性剂分子的聚集,形成胶束。由于在电泳分离过程中引入了两相分配的机制,因此可用于中性化合物的分离。使用不同的表面活性剂及手性添加剂等使MEKC成为一种强大的分离技术,既可以分离荷电粒子又可以分离中性物质,还可以用于各种异构体的分析。

(3)毛细管凝胶电泳(CGE)的原理是在筛分介质中基于分子大小分离生物大分子。对于蛋白质,SDS被添加到背景电解质溶液中以使其变性,形成的SDS-蛋白质复合物根据其水合动力学半径大小进行分离。毛细管凝胶电泳可部分替代传统的平板凝胶电泳,以低黏度的线性聚合物溶液作为分离介质,代替高黏度交联聚丙烯酰胺,制作简单,可有效地分离脱氧核糖核酸片段和蛋白质等。

(4)毛细管等电聚焦(CIEF)主要根据两性物质的等电点不同来进行分离。分辨率高,利用CIEF能够表征不同等电点的蛋白质和多肽,实现对样品各组分的分离检测,还可以研究分子间的相互作用。

(5)亲和毛细管电泳(ACE)是指在电泳过程中,受体与配体之间会产生特异性的亲和作用,从而形成受体和配体复合物。通过对受体和

第7章 基因工程技术与方法

配体在亲和作用前后电泳谱图的变化进行研究,可以得到关于受体和配体亲和力大小、结构变化、作用产物等信息。可用于免疫测定,糖蛋白/聚糖分离,手性分离和生物相互作用研究等。

2. 毛细管电泳检测技术

高效液相色谱所用检测器,适当改造均可迁移用作毛细管电泳检测器。

（1）紫外/可见光检测器

紫外/可见光检测器是毛细管电泳中应用最多的一种检测器。然而,由于其分离毛细管内径小,吸收光程短,导致分析灵敏度不足,所以早期已经做了大量的研究工作来改进。为了解决这个问题,可以采用两种常用思路:①扩展吸收光程;②离线/在线样品预浓缩。

（2）荧光检测器

荧光检测比紫外检测器具有更高的灵敏度和选择性。但具有天然荧光的物质较少,因此往往需要对分析物进行衍生。尽管如此,荧光技术仍被广泛应用于毛细管电泳分析检测。荧光检测器有两种类型:第一种是基于激光诱导荧光(LIF),第二种是基于激光诱导荧光偏振(LIFP)。LIF检测技术使用激光器或发光二极管作为激发源,激光器发出窄带宽的强单色和相干辐射。因此,它可以提供极低的检测限,LIF缺点是背景噪声高。LIFP是基于测量荧光化合物发出的偏振光的强度。

（3）电化学检测器

用于CE有三种类型的电化学检测、测量电流(安培检测)、电势(电位检测),或电导率(电导检测)。电化学检测器的选择性好、灵敏度高、线性范围广。安培检测是基于分析物在工作电极上的氧化或还原,只有具有电活性的分析物可以被检测到,可达到极低的检测限。电导检测是一种通用的检测形式,常用于离子类化合物的分析。

（4）质谱检测器

质谱检测器是通过分析离子化样品的质荷比来实现对被测化合物定性定量分析。一般质谱图中离子的绝对强度取决于样品量,离子的相对强度和样品分子结构有关。CE与质谱结合特别适用于生物分子的分析。

3. 毛细管电泳的富集技术

毛细管电泳分析过程的主要步骤是取样、样品制备、仪器（化学）分析和数据处理，其中任何一个步骤都可能影响分析性能。如今，分析仪器的技术和性能已经达到先进水平，即使分析物处于复杂的样品基质中，也可以对其进行准确测定。但样品制备通常是分析中误差的主要来源，而且是工作流程中一个关键和耗时的步骤。样品制备的目的是致力于将目标分析物从基质中分离出来，排除共存干扰物，并达到提高分析物浓度，即富集的作用，这是获得可靠分析结果的先决条件。因此，目前分析化学的任何改进在很大程度上取决于现代样品制备技术的进步。

（1）离线富集技术

定量分析的关键步骤之一是样品制备，其主要目的是去除共存干扰物和增加分析物浓度。采用适当的样品制备程序可以分析更复杂的样品，并在痕量水平上测定分析物。这些目标可以通过使用基于将分析物从初始溶液（供体相）转移到第二相（受体相或提取相）的萃取方法来实现，第二相必须与所使用的分析仪器兼容。如今，各种创新的方法正在被应用，优点是萃取效率高、分析时间短、化学溶剂消耗少、环境友好等。

（2）液相微萃取（LPME）

LPME 可以被定义为一种小型化的液相萃取技术，即萃取相的体积等于或低于 100μL。LPME 技术的优点是成本低、简便快速、样品和溶剂消耗量低、富集因子高等。LPME 的预浓缩方法分为三种主要的模式：单滴微提取法（SDME）、中空纤维液相微萃取（HF-LPME）和分散式液-液微萃取法（DLLME），不同之处在于溶剂如何与水相接触。图 7-3 是 LPME 的三种主要样式。

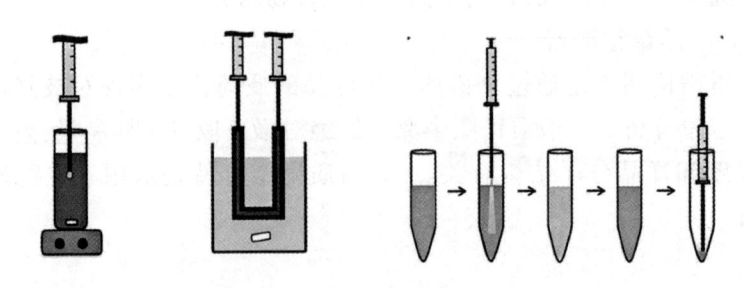

图 7-3　DLLME 的模式：(a) SDME，(b) HF-LPME，(c) DLLME

第7章 基因工程技术与方法

① SDME 技术使用几微升的溶剂作为一滴放在注射器的尖端。SDME 有两种模式：顶空 SDME（HS-SDME）或直接浸入 SDME（DI-SDME）。SDME 技术存在一些缺点，如液滴的表面积小、不稳定、容易从注射器尖端移出、达到平衡时间长、重现性差等。

② HF-LPME 是基于使用一次性丙烯（或其他材料）多孔中空纤维，填充少量提取液（受体相）浸泡在水溶液（供体相）中。HF-LPME 优点是协同效率和富集因子高，缺点是难以实现自动化以及结果的重现性差。Miková 等开发出一种 HF-LPME/CE-UV 方法，用于测定干血斑和废水样品中的酸性药物。此方法具有优异的重现性、高富集倍数和低检出限。

③ DLLME 的过程一般是将溶剂的混合物注入锥形管中的样品中进行，锥形管中的溶液变浑浊，然后离心分离相。最后从锥形管的底部取出一部分富集的提取物进行分析。传统 DLLME 有一些缺点，如使用有害有机溶剂作为萃取剂、需要分散剂乳化而导致萃取效率降低等。对传统 DLLME 的多项改进已经被提出，最具代表性的改进方法是，使用离子液体（ILs）或绿色溶剂代替有害的萃取试剂。目前，绿色溶剂和 DLLME 的联合使用已成为 LPME 研究的热点。

（3）固相微萃取（SPME）

固相微萃取（SPME）是一种经济高效、无溶剂的样品制备技术，用于从气态、液态和固态基质中提取分析物。SPME 将采样、提取、预浓缩和样品导入集成于一个步骤中，可以与 LC、GC 和 CE 相结合，适用于挥发性和半挥发性有机物的检测。SPME 可以通过三种模式进行，包括顶空、直接浸泡和膜保护。图 7-4 为纤维 SPME 三种模式的示意图。

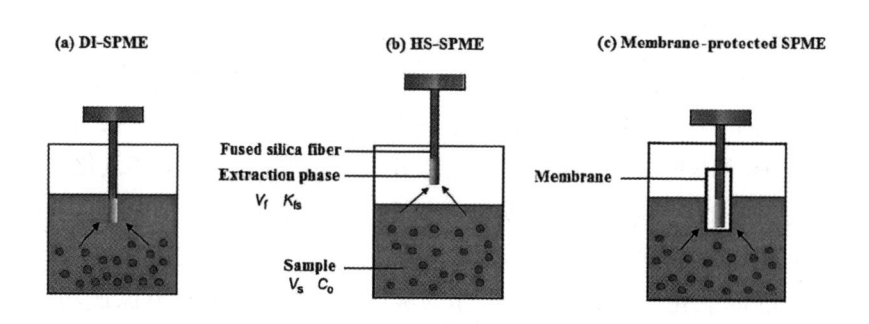

图 7-4　SPME 的模式：（a）DI-SPME，（b）HS-SPME，（c）膜保护 SPME

①直接浸没 SPME（DI-SPME）是将涂有吸附剂的纤维插入样品基体中,将分析物直接从样品转移到提取箱。

②顶空固相微萃取（HS-SPME）对于具有高分子量,干扰杂质多的样品效果显著。此外,由于样品基体不与涂层直接接触,可显著增加涂层的使用寿命。

③膜保护的 SPME 是 DI-SPME 与保护性中空膜一起使用,解决上述两种模式不能适用于非挥发性和高分子干扰化合物的问题,这种膜保护允许分析物的传质,同时防止了大分子扩散到萃取相。

（4）磁性固相萃取（MSPE）

MSPE 是基于磁性相互作用的 SPE 样品预处理技术,仅需一种磁性吸附剂,不需要消耗大量有机溶剂,也不需要额外的萃取柱,避免柱子填料堵塞的风险。MSPE 通过使用外加磁场直接实现两相分离,无须过滤和离心,简化样品的预处理过程。此外,磁性材料容易功能化,使得吸附剂对目标分子的选择性更高,大多数磁性吸附剂易于回收和重复利用,可节省成本,保护环境。总之,MSPE 是一种环境友好、分离工艺快速、吸附效率优异和易于自动化的样品预处理技术。图 7-5 为 MSPE 程序示意图。

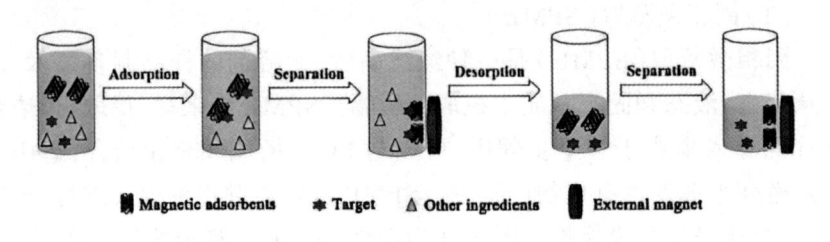

图 7-5　MSPE 程序示意图

磁性吸附剂在 MSPE 中起着关键作用,开发新型高效的分析物萃取材料是一个重要的研究课题。大部分的磁性吸附剂为核壳结构,也有少量是掺杂和杂化类型（见图 7-6）,但无论哪一种类型都含有磁性纳米粒子（MNPs）。吸附剂的磁性部分主要由铁、钴、镍及其氧化物组成。磁性材料的尺寸影响吸附效率,MNPs 的合成方法有化学共沉淀、热解、溶剂热合成和微乳状液法等。Gubin 小组制备了胺化超交联聚苯乙烯覆盖的四氧化三铁纳米颗粒,作为吸附剂,结合毛细管电泳成功从复杂水介质中提取 11 种酚。优化条件下,检出限可达到 0.05～0.2μg/L,线性范围为 0.2～950μg/L。

第7章 基因工程技术与方法

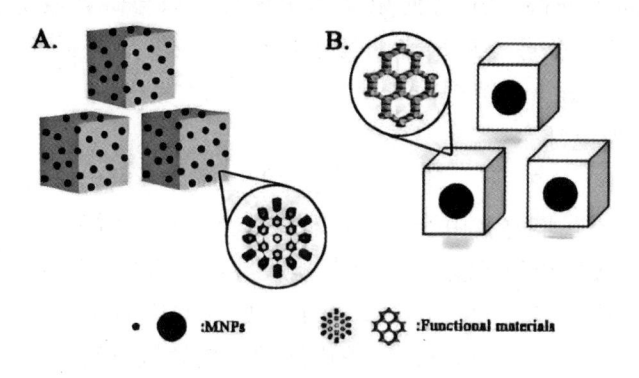

图7-6 磁性吸附剂类型

4. 在线富集技术

在线富集技术作为高效毛细管电泳中独有的富集技术，可以显著增加分析物的富集倍数，实现含量极低的化学成分的分析检测。在线富集技术减少了烦琐的前处理过程，减少操作步骤带来的误差，还可根据分析对象和实验需求来设计灵活的富集方法，提高检测灵敏度。毛细管电泳在线富集技术优点有成本低廉、简单方便和准确实用。

（1）堆积技术

场放大样品堆积（FASS）使用高电导率背景电解质区域和低电导率样品区域中分析物离子的差分电泳速度来提高分析物浓度。样品区的分析物在两种溶液之间的边界处显著减慢，浓缩成一个狭窄的区域。FASS及其相关技术适用于生物、环境、食品和制药等各个领域。

场放大样品进样（FASI）技术是将离子分析物从充满样品溶液的进口瓶电动注入毛细管，与FASS相比，可以引入更多的分析物。FASI中的另一种增强灵敏度的方法是采用压力辅助电动注入（PAEKI）。PAEKI利用FASI的原理，通过施加外部压力来平衡潜在的无限的注入时间，从而实现理论上的无限富集。大体积样品堆积（LVSS）是将大体积低电导率样品（高达整个毛细管体积）流体动力地注入毛细管中，然后施加反极性电压，样品基质被移除，分析物堆积于进样端，最后采用CZE模式进行分离和检测。不转换电极也可以实现LVSS，此时要通过加入电渗流调节剂来抑制EOF。该模式具有较好的富集与分离效果，然而每次仅能对带相同电荷的离子进行富集，无法对阴离子和阳离子进行同步分析。Yu 等使用大体积样品堆积与微乳液电动色谱联用,用于检测雷公藤 5 种倍半萜类生物碱,灵敏度显著提高,检出限在 0.003 ~ 0.009μg/mL 范围内。

（2）等速电泳

等速电泳（ITP）是一种基于不连续电解质体系的电泳分离方法,分析物以窄峰形式堆叠在由合适的体积组分形成的尖锐移动边界处。等速电泳包括浓缩和分离能力,这使其能够与复杂的基质样品兼容。结合灵敏的检测技术,可达到 1 ~ 100ng/L 范围内的检测限。ITP 可以用于几乎任何离子分析物的分析,涵盖广泛的应用领域,但大多数集中在生物医学和环境分析。Žabenský 等通过等速电泳结合毛细管区带电泳直接测定饮用水中痕量高氯酸盐,该方法重现性好,回收率高,定量限可达到 12.5nmol/L。

（3）动态 pH 连接

动态 pH 连接是用于克服 CE 灵敏度差的技术之一。动态 pH 连接富集机制是:弱酸、弱碱或两性离子通过 pH 突变界面,改变其带电状态,淌度下降,达到富集的目的。这种技术可以实现比常规 CE 检测限低一到两个数量级。Yahaya 小组基于样品基质中分析物和背景电解质电泳迁移率的差异,利用动态 pH 连接将分析物聚焦到集中区域,CE-MS 法测定瓶装茶饮料中 ng/mL 级双酚 A 及其类似物,检测限可达到 0.03 ~ 0.04ng/mL,富集倍数为 53 ~ 170 倍。

（4）扫集法

扫集法模式下,分析物可以通过假固定相在毛细管内富集成窄带,其效率主要取决于分析物与假固定相的相互作用。假固定相类型一般基于分析物的特性来选择。胶束电动色谱（MEKC）作为 CE 的一个重要分支,对中性和离子化合物的分离能力强大。作为在线预浓缩方法,扫集法通常与 MEKC 联用,测定痕量物质残留。Peng 等建立了一种在线环糊精辅助扫集胶束电动色谱,用于同时分离和浓缩铁皮石斛中四种中性分析物（木苷、树酚、柚皮素和香酮）。在优化条件下,富集倍数为 28.5 ~ 46.8 倍,检出限可达 13 ~ 40ng/mL,此过程如图 7-7 所示。

第 7 章 基因工程技术与方法

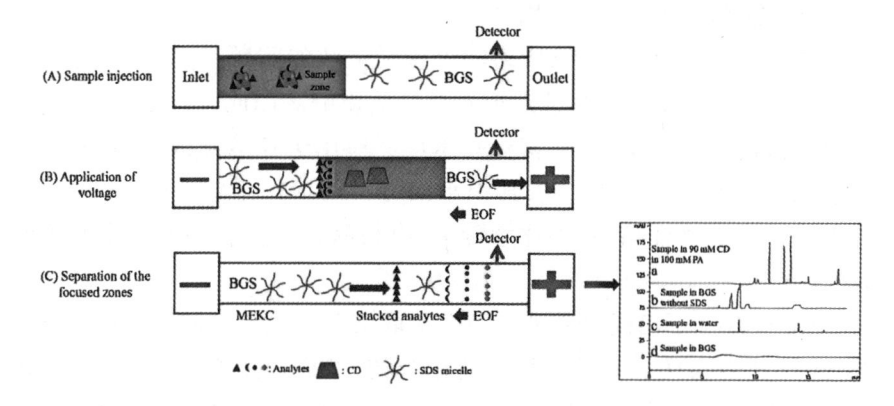

图 7-7　CD 辅助 MEKC 法示意图

（A）将含有 CD 的低 pH 基质样品塞注入充满低 pHBGS 的毛细管中；（B）分析物的堆积；（C）MEKC 法分离堆积的分析物

5. 毛细管电泳富集技术的应用

为了缩短分析时间，提高检测灵敏度，扩大研究领域的范围，研究人员不断完善预处理技术，优化电泳条件。图 7-8 所示为 CE 在环境分析、药物分析、临床分析和食品分析等领域的重要应用。

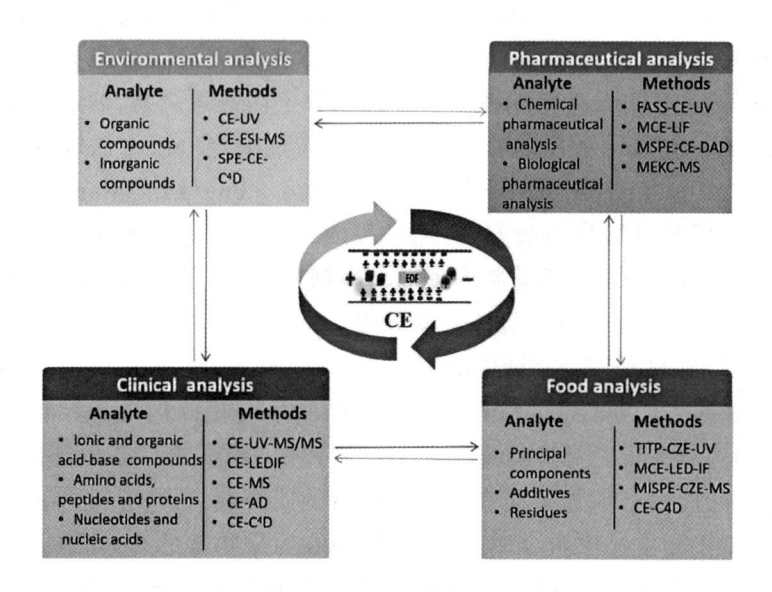

图 7-8　毛细管电泳应用图

（1）在环境分析中的应用

当今社会，环境污染已成为一个备受关注的问题，污染物会对生态系统和生活在其中的生物体造成破坏性的影响。因此，对环境污染物的检测变得越来越重要。CE富集技术广泛应用于环境分析中，它的主要样本来源是水、土壤和大气，其中水质分析的应用最多。CE富集技术可用于环境水体样品中，如化学毒剂、有机酸、农药、兽药和抗生素等的分析。

Ma等开发了离线分散液－液微萃取结合在线压力辅助电动进样技术，同时富集水样品中的7种酚类化合物，然后使用CE进行测定。在优化条件下，7种酚类化合物在14分钟内实现基线分离，并获得了高富集倍数，在0.1～200μg/L的范围内线性关系良好，检出限和定量限在0.03～0.28μg/L和0.07～0.94μg/L之间。Li等建立了一种基于中空纤维液相微萃取－微型毛细管电泳－安培检测法，测定水消毒副产物脂肪族醛，检测限（S/N=3）可达到亚纳克/毫升。该方法已应用于饮用水、自来水、河水等不同水样中脂肪醛的分析，加标回收率在90%～113%。

（2）在药物分析中的应用

药物分析主要有两种：一种是化学药物分析，另一种是生物药物分析。在医药市场上，一半以上的药物是化学药物，化学药物经常出现在生物样本中。生物制剂作为近年来出现的一种新型药物，稳定性较差，对分析方法的要求较高。CE因其分离效率高、选择性好，尤其适用于药物研究。DaSilva等制备了一种磁性分子印迹聚合物，通过MSPE从人血浆中提取阿替洛尔，然后使用CE进行测定。该方法线性范围为5.0～1500.0ng/mL（R2>0.99），定量限为5.0ng/mL。Mancera-Arteu小组采用苯硼酸作为吸附剂，通过在线固相萃取结合毛细管电泳质谱法，从糖蛋白的酶促消化物中提取富集糖肽，检出限可达0.05～1.0mg/L，远小于常规CE-MS方法的检出限。

（3）在食品安全领域中的应用

随着生活条件的提高，人们对食品质量有更高的要求。食品中可能含有农药、兽药和抗生素等化学物质残留，严重威胁着人们的生命健康，食品检测已成为当前食品分析领域的研究热点。CE结合富集技术是分析检测食品中重金属、食品添加剂和污染物等的有力工具，在食品质量和安全方面具有重要的应用价值。Kamilova等通过样品堆积法与毛细管电泳技术联用测定婴儿食品中的硝酸盐和亚硝酸盐含量。样品

第 7 章 基因工程技术与方法

堆积方法提高了两种阴离子的灵敏度,所有样品中的亚硝酸盐水平均低于此分析方法的检出限。

7.3 PCR 技术

7.3.1 PCR 简述

聚合酶链式反应(PCR)因其快速高效的特点被广泛应用在分子生物学领域。利用其能够快速拷贝特定 DNA 样品并且复制数百万乃至数十亿个基因的独特优势,将少量 DNA 样品扩增至足以研究数量,大幅提高实验人员工作效率。绝大部分 PCR 策略都基于热循环。在热循环过程中,反应物在多次重复的温度变化中进行指数扩增,每个循环一般由 2~3 个阶段组成。

PCR 中存在两个重要部分:引物和 DNA 聚合酶。引物又被称为"寡核苷酸",是单链 DNA 序列,与模板 DNA 相同或互补;DNA 聚合酶主要作用是催化底物 dNTP 分子聚合生成新的 DNA。在多轮 PCR 过程中,前一轮生成的 DNA 都被作为模板进行后续 PCR 反应。同时,PCR 被广泛应用于各个方面,如检测重组子、获取目的基因等。

7.3.2 数字 PCR 检测技术

7.3.2.1 数字 PCR 检测的基本概念

数字 PCR 工作流程需要以下步骤:将八个组装好的 PCR 反应加到 DG8 液滴生成卡的中间加样孔中。接下来,将液滴发生油加到 DG8 液滴生成卡的下层孔中,盖上胶垫。将液滴生成卡放入液滴生成仪中,开始生成液滴,约 2 分钟。最终,将所生成的微滴加入 96 孔平板中,用预热好的 PX1 热封仪对其进行塑封。随后将检查无误的 96 孔板放入 PCR 扩增仪中进行扩增。热循环后,将 96 孔板放入预热 30 分钟后的液滴读取器中。在这里,来自每个孔的液滴被吸出并流向检测器。

在此过程中,由于荧光探针的不完全淬灭,每个液滴都有一个固定的荧光信号。根据荧光强度,设置简单的阈值将每个液滴指定为阳性或阴性。使用软件 Quanta Soft 进行拷贝数的分析。

在数字 PCR 中,模板 DNA 分子分布在多个反应微滴中,其中一些微滴没有模板 DNA 分子,而另一些反应存在一个或多个模板 DNA 分子拷贝。根据方程式 1,存在的模板 DNA 分子数量可以通过泊松统计从阳性终点反应的分数计算出来。

计算公式为:

$$\lambda=-\ln(1-p)$$

其中 λ 是每次重复反应的平均模板 DNA 分子数,p 是阳性液滴所占全部反应的比例。从 λ 开始,结合每个重复 PCR 的体积和分析的重复总数,计算出绝对靶 DNA 浓度的估计值。在数字 PCR 中,重复或分区的数量在很大程度上决定了靶 DNA 定量的动态范围,其中重复数量增加一个数量级会导致动态范围增加大约一个数量级。增加分区数量还可以提高精度,从而能够分离样品中核酸序列之间的小浓度差。

7.3.2.2 数字 PCR 的验证

液滴生成是数字 PCR 过程中最关键的一步。基于微流控的数字液滴技术可以快速制备尺寸均匀的微滴 PCR 反应单元,是理想的数字 PCR 平台。液滴生成的质量决定了后续 PCR 和荧光检测的准确性。在 PCR 试剂消耗量相同的情况下,产生的液滴尺寸越小,在某种程度上可以表明微反应器的数量越多,因此检测灵敏度越高。反之亦然,液滴尺寸太小,液滴量过大,很可能会增加检测成本,延长检测时间,降低检测限。因此,了解液滴生成系统并准确预测和平衡生成的液滴的大小对于整个数字 PCR 处理至关重要。应研究微流控芯片中液滴直径的影响因素。这不仅大大简化了微流控芯片的设计过程,而且大幅提高了所设计微通道结构的可靠性。

近年来,通过实验分析和数值模拟,报道了微通道中液滴形成过程及相关因素的多项工作。Dreyfus 等人首先提出了一种微流控聚焦芯片来产生液滴,发现产生的液滴的大小不仅与两相的流速比有关,还与微通道的大小有关。Garstecki 等人使用交叉聚焦微流体装置产生单分

第 7 章 基因工程技术与方法

散气泡。Takeuchi 等人将圆形通道应用于三维流动聚焦模型。与二维流动聚焦模型相比,它提高了液滴的流速和产量。同时,它还提高了微滴直径对流体参数的灵敏度。Fu 等人在以流动为中心的微通道中实验研究了液滴或喷射状态下液滴形成和破裂的动力学。Zhou 提出,通过挤压离散相产生液滴的机制适用于两种流动模式。Li 等人利用晶格玻尔兹曼法对交叉聚焦微通道中液体两相流液滴的形成进行了数值模拟,并通过实验验证了模拟的准确性。Sur 等人采用流体体积方法模拟了交叉聚焦微通道中的气液两相流,研究了不同惯性力、黏性剪切力和表面张力下的流动模式。

7.3.2.3 血浆中循环游离 DNA 提取物的质控和数字 PCR 方法

自 2011 年商业化以来,用于筛查胎儿遗传异常的无细胞胎儿游离 DNA 的分析在全球范围内急剧增加。在怀孕的最初几周,它提供了一种无忧、无创的产前筛查手段,指导和保护母体免受不必要的具有风险的侵入性产前检查。母体血液中存在胎儿游离 DNA 是由 Lo 及其同事于 1997 年所发现的。这一发现后,母体血液中的 cff DNA(Cell free fetal DNA)被用于临床检查中的无创产前诊断和胎儿遗传物质的检测。但是由于母体血液中的 cff DNA 在母体背景游离 DNA(cf DNA)中所占比例非常低,所以目前对于 cff DNA 的检测非常具有挑战性。

母体血液中 cff DNA 的中位数百分比为 10%(范围为 7.8%–13%),由于母体背景 cf DNA(Cell free DNA)增加引起的稀释效应,该值随着母体体重的增加而进一步降低。为了获得准确的测试结果,母体血液中最低推荐的 cff DNA 百分比为 4%。在母体血液中 cff DNA 百分比低于 4% 的情况下,无创检测无法提供准确的结果。某些条件,如血液样本的运输和处理、抽血和样本处理之间的时间间隔以及样品储存温度,可能会增加母体 cf DNA 背景,导致 cff DNA 比例显著降低。研究表明,抽血和处理之间的时间间隔对母体血样中的 cff DNA 比例有显著影响,因为延迟的血液处理会导致母体 cf DNA 背景显著增加。Dhallen 及其同事首次提出,这种母体 cf DNA 背景增加可能是由于样品处理、运输和储存过程中母体有核血细胞破裂释放细胞核 DNA 引起的。同时,在母体血液样本中添加甲醛,通过稳定血细胞细胞膜可以增加 cff DNA 所占母体 cf DNA 的相对百分比。

另一项研究表明,甲醛可以在室温下将母体血液中 cff DNA 的原始比例保存长达 36 小时。除此以外,游离 DNA 的质控在检测中发挥重要作用。质量控制措施用于管理整个 cf DNA 提取和鉴定过程的完整性,旨在确保适当的错误检测和过程故障。每次患者提取都使用内部准备的控制材料进行质量控制。每天评估对照运行的结果,并每月检查一次,以检测 cf DNA 提取的一致性。创建利维－詹宁斯图是为了识别整个过程中的偏移或漂移通过由不同的操作员在几天内独立运行至少提取和分析至少 10 个等分试样,可以确定每个对照批次的可接受控制材料限值。计算结果的平均值并表示控制目标值。可以应用 95% 置信区间或 99% 置信区间来设置目标的可接受性限值。随着时间的推移,可以使用在 3—6 个月的测试中收集的数据,通过平均每月对照来确定所需过程的历史变异系数。基于历史简历的质量控制目标范围通常比对照验证研究计算的范围更合适,因为后者可能由于样本量有限而不必要地缩小。

对于测试集样品,从 2.5mL 母体血浆中分离的 cf DNA 浓度相对较低,平均值和中位数分别为 0.36 和 0.34ng/μL(范围 0.20–0.87ng/μL)。因此,需要一个预扩增步骤来提高目标 cf DNA 浓度,以实现准确定量。

7.4 探针标记技术

DNA 探针与目标序列互补,致病菌通过酶解等方法释放目标序列后,DNA 探针通过与目标序列特异性结合实现检测。确定特定的基因编码序列(特别是致病菌的毒力相关基因),用于筛选识别产物和特定的基因组 DNA 片段,从而可开发探针以检测毒素或特定细菌的编码基因。

对于未知序列的检测,相比已知的基因编码序列更加困难,目前该方法已应用于沙门菌血清型 DNA 探针的研制。He 等人建立了一种 DNA 探针,通过 PCR 反应检测沙门菌,检测限为 55CFU·mL^{-1}。目前斑点杂交和菌落杂交两种固相 DNA 杂交技术应用广泛。

斑点杂交是将含有靶标的纯化或未纯化的 DNA 固定在尼龙膜或

硝酸纤维素膜（Nitrocellulose Membrane，NCM）上。菌落杂交是将菌落或噬菌斑从培养基平板上转移到尼龙膜或硝酸纤维素膜上。DNA探针杂交技术灵敏度高，但是样品检测前需要经过复杂的预处理，并且DNA探针需要进行标记。

7.4.1 缺口平移标记法

缺口平移标记法它是利用大肠杆菌DNA聚合酶Ⅰ全酶的多种酶活性（同时具有 5'→3' 的DNA聚合酶活性和 5'→3' 核酸外切酶活性），将标记的dNTP掺入到新合成的DNA探针中。缺口平移（nick translation）标记法基本过程（图7-9a）：首先用极微量脱氧核糖核酸酶（DNase）Ⅰ在双链DNA探针的一条链上随机制造一些缺口，缺口处形成 3'-OH（羟基）末端；再按碱基配对的原则，在大肠杆菌DNA聚合酶Ⅰ的 5'→3' DNA聚合酶活性催化下将新核苷酸加在 3'-OH上，同时DNA聚合酶Ⅰ的 5'→3' 核酸外切酶活性可将缺口 5' 端核苷酸依次切除，3' 端核苷酸的加入和 5' 端核苷酸切除同时进行，结果是缺口进行了平移。

如在反应体系中含一种或多种（一般是一种）放射性标记核苷酸（通常为 [α-^{32}P]-dCTP）和其他几种非标记的普通dNTP作底物，则新合成的核苷酸链中原来不带放射性标记的dCMP均被 [α-^{32}P]-dCMP所替代，也就是放射性标记核苷酸使这一DNA片段具有放射性。通过本法通常可制备放射比活性达 10^8 cpm/μg 的 ^{32}P 标记DNA。[①]

7.4.2 随机引物标记法

随机引物（random primer）是一定长度（6~10nt）寡核苷酸部分随机序列或全部随机序列的集合，可以为各种DNA序列的合成提供引物。如果合成时应用的是标记dNTP，则合成的就是标记产物，可以作为DNA探针，这就是DNA探针的随机引物标记法（random priming）。基本过程：首先将DNA探针模板变性，与随机引物退火；然后加Klenow片段，以一种标记dNTP和三种普通dNTP为原料，合成标记

[①] 马文丽等. 医学分子生物学[M]. 北京：北京大学医学出版社，2013.

DNA；最后变性解链，获得 DNA 探针（图 7-9b）。

随机引物标记法可以合成各种长度的标记 DNA 探针，适用于一般的杂交分析。与切口平移标记法相比，随机引物标记法标记效率高，且只需要一种酶——Klenow 片段，合成的标记 DNA 探针长度更均匀，在杂交分析中重复性更好，因而成为 DNA 探针标记的首选方法。[①]

(a)

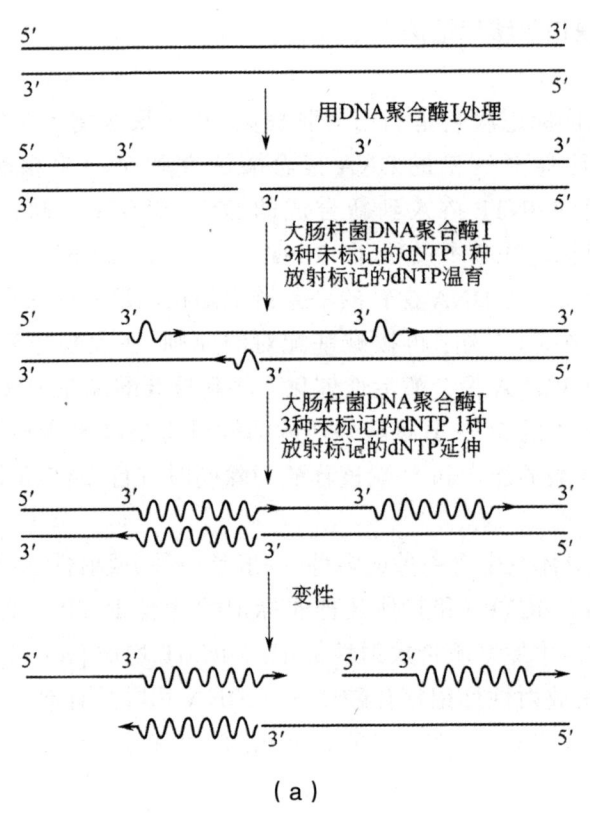

---

① 唐炳华.分子生物学[M].北京：中国中医药出版社，2011.

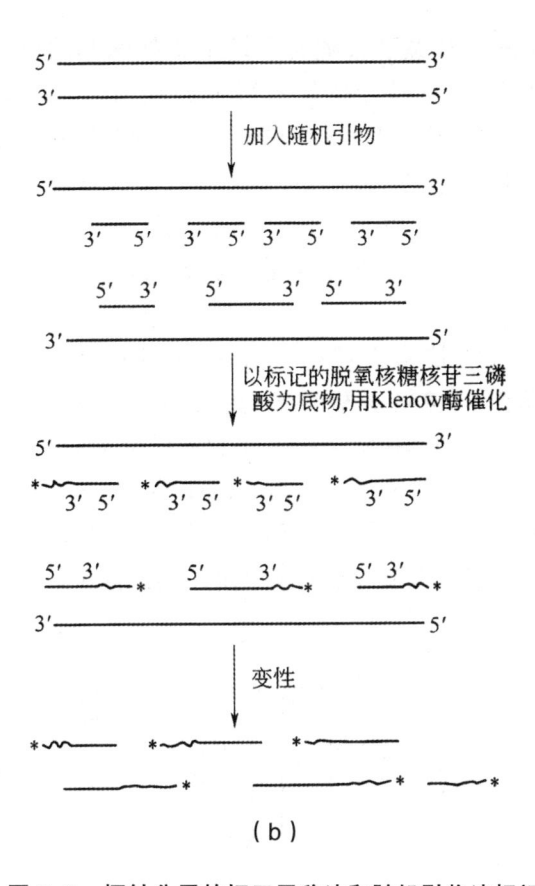

图 7-9 探针分子的切口平移法和随机引物法标记

（a）切口平移法；（b）随机引物法

7.5 分子杂交技术

以 DNA 杂交为基础的基因点突变检测方法主要利用探针与 MT 或 WT 之间杂交的动力学及热力学的不稳定性来产生信号差异，实现对二者的区分。目前，基于 DNA 杂交开发的基因点突变检测策略包括通过熔解温度进行区分，通过链置换反应进行区分，或通过酶的特异性进行区分等。

双链 DNA 的熔解温度会随着双链中错配碱基的位置和个数的不同,发生不同程度的下降。高分辨熔解曲线(High Resolution Melt,HRM)分析技术就是基于 DNA 熔解温度这一物理性质,通过加入特定的双链 DNA 染料(Eva Green, LC Green 等),在升温过程中双链解离释放已嵌入的染料,体系的荧光信号发生下降,通过实时监测该升温过程,分析体系荧光强度与温度的变化关系实现对野生纯合子、杂合子及突变纯合子的区分。

通常 HRM 分析技术直接衔接在 PCR 过程之后,可实现真正意义的"闭管"操作。HRM 分析技术对基因点突变的丰度检测限范围在 0.1%~10%。图 7-10 显示了 Chen 等人在不同 PCR 模式下衔接 HRM 分析技术测定不同丰度 KRAS G13D(38G>A)突变的检测效果。HRM 分析技术是一种操作简单、适用范围广且成本较低的基因突变检测方法,但其灵敏度难以满足临床检测的需求,且对仪器的温控模块要求较高。

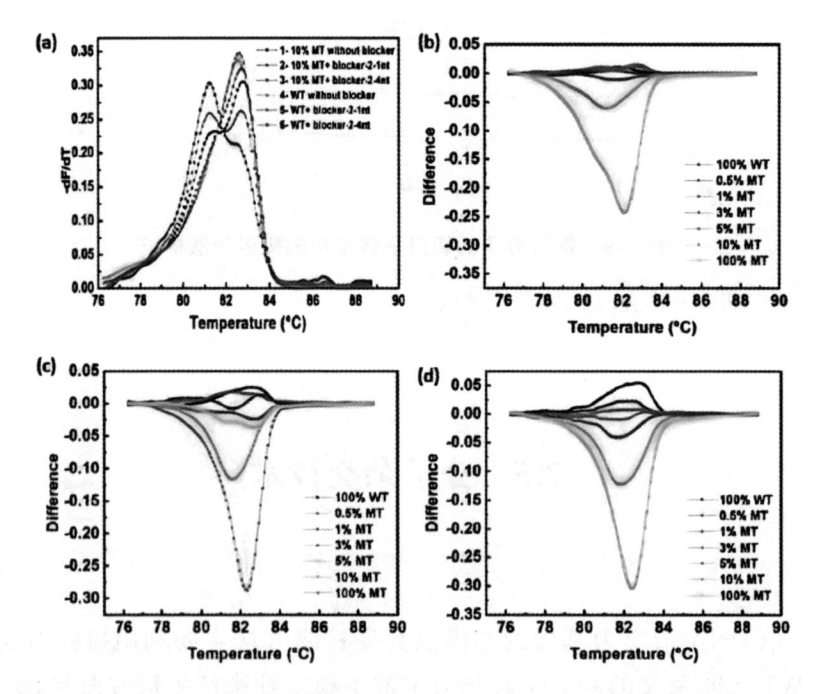

图 7-10 不同 PCR 模式衔接 HRM 技术检测 KRAS G13D(38G>A)突变

以立足点介导的链交换(Toehold exchange)和链取代(Toehold displacement)反应为代表的基因点突变检测方法,通过调控体系的

第7章 基因工程技术与方法

自由能变化，实现对 MT 和 WT 的区分，克服了传统单链探针在突变检测过程中对温度的依赖。Yu 等人系统对比了 Toehold exchange 和 Toehold displacement 反应对单碱基错配的区分效果，发现在包括 Tris-HCl、PBS、TAE 在内的 3 种缓冲溶液体系中，Toehold exchange 反应对蓝色立足点区域或红色 DNA 链解离区域的单碱基错配都能很好地区分，且 Toehold exchange 反应的单碱基错配区分能力高于 Toehold displacement 反应体系（图 7-11）。这主要是因为，对于 MT 来说，Toehold exchange 反应的吉布斯自由能（Gibbs free energy，ΔG）趋近于 0kcal/mol，因此，单个碱基错配引起的微小的 ΔG 变化就可以改变反应的趋势，获得更好的特异性。但正是因为 Toehold exchange 反应的 $\Delta G \approx 0$，该反应的杂交效率和绝对浓度的检测灵敏度较低，仅能检测到约 10% 左右的 MT。

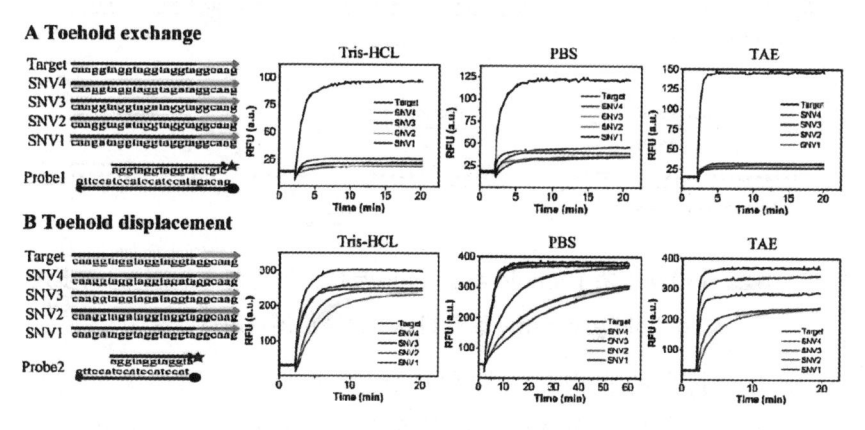

图 7-11　Toehold exchange 和 Toehold displacement
反应的单碱错配区分能力比较

为了进一步提升 Toehold exchange 反应对基因点突变的检测效果，Chen 等人将竞争识别机制与立足点链交换反应相结合，设计了两步法 Toehold exchange 反应（图 7-12 A），通过"sink"的设计将 WT"湮灭"，提升方法的特异性，单碱基错配区分能力较简单的一步 Toehold exchange 反应提升约 2 倍。图 7-12 B 在两步法 Toehold exchange 反应的基础上加入了目标链循环的过程，使方法的浓度检测限和丰度检测限得到了进一步的提升（10 倍左右）。但这些方法往往都需要复杂的序列设计及条件优化，临床转化困难。

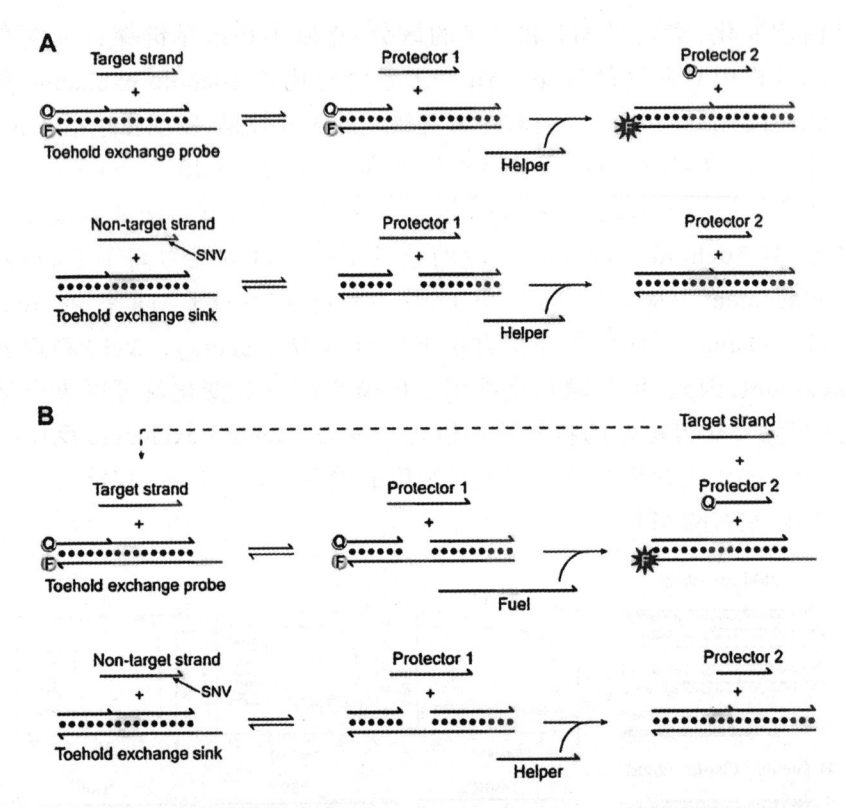

图 7-12 （A）两步法 Toehold exchange 反应检测基因点突变（B）两步法 Toehold exchange 联合目标链循环检测基因点突变

酶由于其高的底物专一性和特异性，是检测基因点突变的有力工具。目前，多种酶如 Lambda 核酸外切酶（Lambda Exonuclease，λexo）、连接酶（ligase）、核酸外切酶 III（Exonuclease III, Exo III）、Endo Ⅳ等，已被尝试用于检测基因点突变。2017年，Wu 等人发现 λexo 可快速地水解两碱基突出结构双链 DNA 底物中 5' 末端修饰的 FAM 荧光基团，且水解速率是传统 5' 磷酸末端双链 DNA 底物的 14 倍（图 7-13B）。在该结构下，他们进一步发现双链 DNA 底物中多个位置的错配碱基对都可抑制 λexo 的水解活性（3 ~ 10 位置），其中 4 位的错配对 λexo 的抑制效果最强（图 7-13C）。

因此，他们设计含有 5'-FAM 和 3'-BHQ-1 的探针与 MT 形成匹配的两碱基突出的双链 DNA 底物，λexo 水解二者形成的双链结构，释放 FAM，产生快速的荧光信号上升。相反，探针与 WT 在 4 的位置形成错

第 7 章 基因工程技术与方法

配的碱基对，抑制了 λexo 对二者所形成双链的水解活性，FAM 的荧光被 BHQ-1 猝灭，体系产生缓慢的荧光信号上升。MT 与 WT 引起的体系荧光信号上升速率的比值定义为区分因子（Discrimination Factor，DF）最高可达 1093。DF 越高代表方法对 MT 和 WT 的区分效果越好。随后，他们通过设计封闭链"湮灭"体系中大量的 WT，实现了对多种突变（BRAF V600E, NRAS Q61R, EGFR G719S, EGFR T790M 和 EGFR L858R）的高灵敏检测，突变丰度检测限为 0.02%。

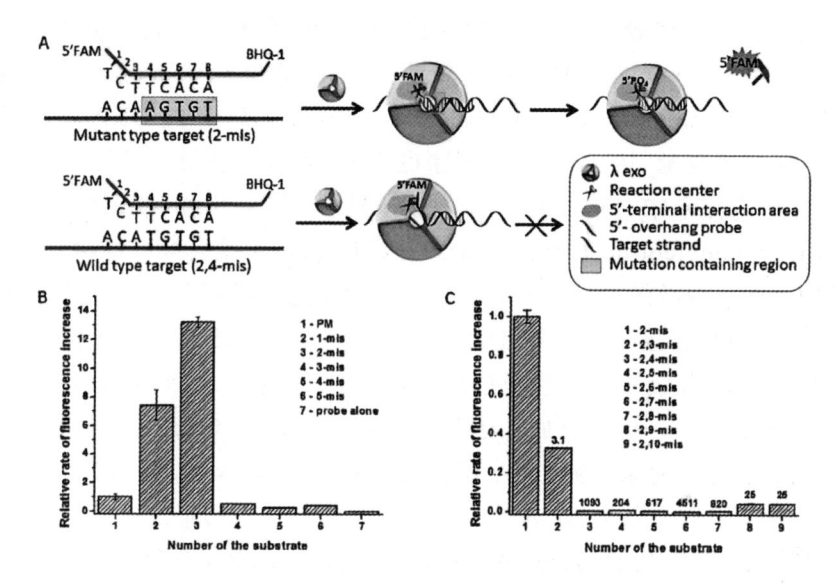

图 7-13 λexo 用于基因点突变的原理及检测效果

7.6 DNA 测序技术

DNA 是记录着生命体遗传信息的载体，特定的核苷酸排列顺序储存着生物体的遗传信息，不同生物体具有不同的排列顺序。因其处于分子水平，使得获知其中的奥秘十分不易，目前只有通过 DNA 测序技术来实现。DNA 测序是指分析特定的 DNA 片段的碱基序列，也就是胞嘧啶（Cytosine, C）、胸腺嘧啶（Thymine, T）、腺嘌呤（Adenine A）、鸟嘌呤（Guanine，G）的排列方式。确定序列可以通过比较不同生物体之间的DNA，进而确定不同生物体之间的亲缘关系。DNA序列分析是进一步研究和改造目的基因的基础，极大地推动了医学和生物学的研究与发展。

7.6.1 Sanger 测序技术

Sanger测序技术是第一代测序技术，由英国的生化学家Sanger发明。在Sanger测序中，实现测序的核心是由双脱氧核苷三磷酸（Dideoxyribonucleoside Triphoshpate，ddNTP）造成的DNA序列延伸反应终止现象，因此Sanger测序也称为"双脱氧链终止法"。一般的DNA扩增体系中，包含四种基本成分：模板DNA、引物、脱氧核苷三磷酸（Deoxynucleotide Triphosphate，dNTP）、DNA聚合酶。经由热变性处理，DNA双链解旋形成两条寡聚核苷酸单链。按碱基互补配对原则，引物与单链结合。以四种dNTP为原料在DNA聚合酶的催化下，沿5'端到3'端合成一条与模板单链互补的DNA单链，形成新的DNA双链。Sanger在此基础上加入了新的原料ddNTP。与dNTP相比，虽然ddNTP也能作为原料被DNA聚合酶利用合成DNA链，但ddNTP的3'端缺少了一个氧原子，使其无法与相邻的脱氧核苷酸形成磷酸二酯键，导致DNA链无法顺利合成W。dNTP与ddNTP相互竞争，从而产生不同长度的DNA片段。测序完成后，产物在高分辨率的变性丙烯酰胺凝胶上进行电泳，然后放射自显影以显现DNA序列。

7.6.1.1 DNA聚合酶特性

可应用于Sanger测序的DNA聚合酶有好几种，它们具备一些特性。

第一个特性是3'→5'外切酶活性。一些DNA聚合酶，如大肠杆菌DNA聚合酶1、原生T7DNA聚合酶和VentDNA聚合酶具有固有的3'→5'外切酶活性，可作为编辑器去除误结合的核苷酸或核苷酸类似物（去除错配）。3'→5'外切酶活性可能是一个问题，原因是可能会导致引物降解，因其校对功能会优先降解核苷酸类似物，会增加条带强度的可变性，对去除序列上双脱氧核苷酸的位置有偏好。

第二个特性是5'→3'外切酶活性。一些DNA聚合酶，如Taq聚

第 7 章 基因工程技术与方法

合酶和大肠杆菌 DNA 聚合酶 I，也具有 5'→3' 外切酶活性（切除突变碱基对），这可能是 DNA 测序的一个问题，因为将导致多个条带产生。

第三个特性是聚合酶的持续合成能力。持续性是指酶在 DNA 链上聚合核苷酸而不与链分离的能力或每次聚合酶结合核苷酸的数量。非加工的聚合酶在 DNA 链延伸过程中经历多次解离和再结合的循环，这可能导致 DNA 片段的终止不是由于双脱氧核苷酸的掺入，而是由聚合酶在重新结合受到阻碍的位点上的解离。

第四个特性是延伸率，是指进行 DNA 合成的速率。快速的延伸率是有利的，因为如果聚合酶以较慢的速度合成 DNA，可能会导致测序凝胶上的背景条带。

第五个特性是核苷酸类似物的合并，这个特性对测序是有利的，DNA 聚合酶必须能够结合双脱氧核苷酸。聚合酶在掺入 ddNTP 的能力上有显著差异。对 ddNTP 的掺入能力决定了核苷酸混合物中所需的 ddNTP:dNTP 比率的量，以在凝胶区域中实现测序阶梯，以解析单个核苷酸差异的片段。

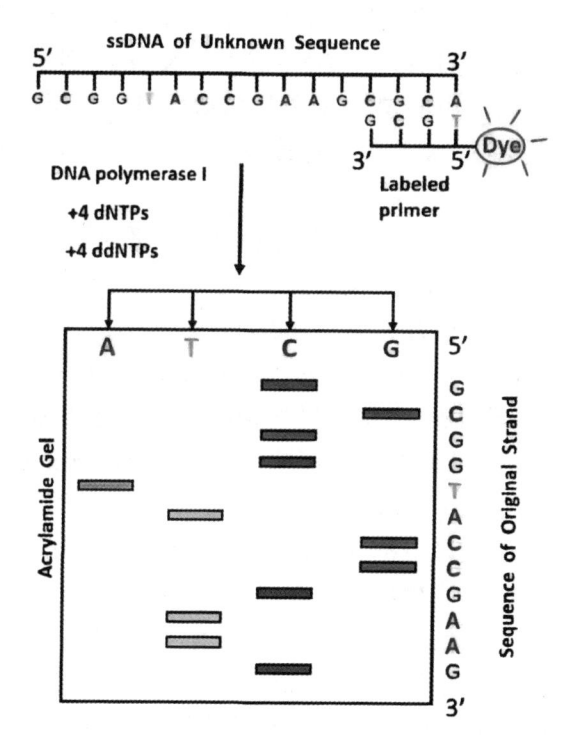

图 7-14 Sanger 测序原理图

7.6.1.2 DNA 测序酶

测序酶：测序酶由源自噬菌体 T7DNA 聚合酶经基因改造而来。T7DNA 聚合酶的原生形式因其高 3'→5' 外切酶活性无法进行 DNA 测序。但外切酶活性可以被选择性地去除，而不影响聚合酶的活性。化学修饰的 T7DNA 聚合酶的外切酶活性水平为原生酶的 0.1%—1.0%，而基因修饰的 T7DNA 聚合酶的外切酶活性水平为原生酶的 10%—7%。虽然二者都可以使用，但基因修饰酶比化学修饰酶具有更高的比活性，并产生更稳定的双脱氧核苷酸端部片段。测序酶以快速的延伸率合成 DNA 序列，在链终止反应条件下，测序酶结合 dNTP 的能力约是结合 ddNTP 能力的 4 倍。因此，尽管测序酶产生的条带比 Klenow 片段或 TaqDNA 聚合酶产生的条带具有更好的均匀性，但相邻条带的强度差异约为 10 倍。当反应混合物中包含 Mn^{2+} 时，测序酶能以与脱氧核苷酸相同的速度合并双脱氧核苷酸，并且条带几乎完全均匀。

Klenow 片段：Klenow 片段是大肠杆菌聚合酶 I 经处理后产生的酶，有 3'→5' 外切酶活性，但是比原生的 T7DNA 聚合酶的外切酶活性弱得多，且不会干扰将其用于 DNA 测序。Klenow 片段没有天然大肠杆菌 DNA 聚合酶 I 中的 5'→3' 外切酶活性，具有中等水平的延伸率。与测序酶相比，Klenow 片段的连续性较低，导致了稍高的背景和较低的信噪比。

有时 Klenow 片段很难在特定的位点上重新启动 DNA 的合成。Klenow 片段鉴别 ddNTP 的能力强，因此对于链终止反应来说，Klenow 片段掺入 dNTP 的能力比掺入 ddNTP 的能力高出数千倍。此外，Klenow 片段在区分中表现出序列依赖的可变性：相邻的双脱氧终止片段在强度上的差异可达 50 倍。尽管 Mn^{2+} 的加入使鉴别 ddNTP 的能力降低了，但产生的条带仍然比测序酶产生的条带在强度上更不稳定。

TaqDNA 聚合酶：TaqDNA 聚合酶是第一个被发现的热稳定 DNA 聚合酶，最初是由我国台湾科学家钱嘉韵从温泉中分离的一株水生嗜热杆菌中提取获得，该酶能耐受高温。TaqDNA 聚合酶缺乏 3'→5' 外切酶活性。原生的 TaqDNA 聚合酶具有 5'→3' 外切酶活性，但是，一些基因工程或基因修饰后的 TaqDNA 聚合酶已经商品化在市场上出现，其中的 5'→3' 外切酶活性已被去除。TaqDNA 聚合酶以中等水平延伸率和连续性合成 DNA 链。该酶强烈地排斥 ddNTP 的掺入，

第 7 章 基因工程技术与方法

dNTP 与 ddNTP 的使用比例与 Klenow 片段相当,但其条带的均匀性要优于 Klenow 片段,差于测序酶。使用 TaqDNA 聚合酶进行测序反应在测序凝胶上有非常干净的背景。使用 Taq DNA 聚合酶的测序反应可以在 55—70℃的低盐缓冲液中进行,但这种条件会使许多模板的二级结构不稳定。Vent(excr)DNA 聚合酶:VentDNA 聚合酶是从携带 VentDNA 聚合酶嗜热高温球菌基因的大肠杆菌中纯化而来。它缺乏 $5' \rightarrow 3'$ 外切酶活性,但具有 $3' \rightarrow 5'$ 外切酶活性,使其具有很高的保真度,这对克隆很有利。Vent(excr)DNA 聚合酶是一种基因修饰的 VentDNA 聚合酶,它去除了 $3' \rightarrow 5'$ 外切酶活性。这是用于测序的首选形式。与 TaqDNA 聚合酶一样,Vent(excr)DNA 聚合酶以中等水平的延伸率合成 DNA 链,且具有较低的连续度。Vent(excr)DNA 聚合酶对于 dNTP 具有相对较高的米氏常数(酶—底物复合物解体和形成速率的比值),而对于 DNA 具有相对较低的米氏常数。尽管 Vent(excr)DNA 聚合酶的加工能力相对较低,但在酶过量和适当浓度的 dNTP 和 ddNTP 的条件下,酶能迅速结合并延伸引物,以生成新的双脱氧终止 DNA 链。Vent(excr)DNA 聚合酶强烈地排斥 ddNTP 的掺入,要求 dNTP 与 ddNTP 的使用比例与 Klenow 片段相当。该酶表现出比 Klenow 片段更好的条带均匀性。与 TaqDNA 聚合酶相比,该酶表现出更好的热稳定性,因此,使用高的变性温度和延长反应的时间,不会显著损失酶的活性。其次,Vent(excr)DNA 聚合酶比 TaqDNA 聚合酶的连续性低,但其在 DNA 合成过程中产生的错误率要低两倍。

Bst 聚合酶:Bst 聚合酶是从嗜热芽孢杆菌中分离得到的该酶能快速合成双脱氧链终止的片段,而且利用引物和模板的效率很高。虽然该酶持续合成能力可能是低或中等水平,但其聚合速率是十分迅速的。Bst 聚合酶类似于其他耐热酶和大肠杆菌 DNA 聚合酶 I 的 Klenow 片段,强烈排斥 ddNTP 的掺入,要求在各自的测序混合物中 ddNTP 相对于 dNTP 过量。虽然该酶在测序反应中的最高温度约为 70℃,但该酶不具有用于热循环方案的热稳定性。但是,Bst 聚合酶已被证明对具有 G+C 和发夹回文区域的模板测序有用,Bst 聚合酶也能够掺入碱基类似物。

反转录酶:禽成髓细胞瘤病毒(AMV)逆转录酶在过去被用于 DNA 测序,但现在没有并没有被广泛使用。该酶同时缺乏 $3' \rightarrow 5'$ 和 $5' \rightarrow 3'$ 外切酶活性。与用于测序的其他聚合酶相比,它具有中等水平的持续合成能力和较低的延伸率。缓慢的延伸率是其应用于DNA测序的一个缺点，因为该酶暂停的位点更频繁，难以在条带中掺入放射物。AMV逆转录酶能够有效地利用ddNTP，而且测序反应使用ddNTP和dNTP的比值与测序酶相当。此外，它表现出比Klenow片段稍好的条带均匀性。表7-1将能用于Sanger测序的聚合酶的特性进行了汇总。

表7-1 测序酶特性

特性	测序酶	Klenow	Taq	Vent (exo)	Bst	反转录酶
3'→5'活性	无	低	无	无	无	无
5'→3'活性	无	无	无	无	无	无
延伸率	高	中等	中等	中等	高	低
持续性	高	低	中等	低	低/中等	中等
条带均匀性	很好	差	好	好	很好	中等
测序反应温度(℃)	37	37	70	75	65	42

7.6.2 高通量测序技术

高通量焦磷酸测序：第一个商业化的下一代高通量测序仪是罗氏454GS20焦磷酸测序平台。DNA分子通过酶的消化或超声处理剪切，并用寡核苷酸接头连接。然后将每个连接片段连接到磁珠上，和矿物油混合后高速振荡后形成油包水的乳液环境，进行扩增PCR。接着将携带扩增子的珠子捕获在皮升大小的孔中，对固定化的DNA片段进行测序。在每个焦磷酸测序循环中，添加的核苷酸会导致酶催化的无机焦磷酸盐（Inorganic Pyrophosphate，PPi）分子的释放，该分子可以通过计算检测到。该技术的主要缺点是当连续相同的碱基序列出现时，可能会读取错误，这使得该技术的错误率升高。土壤环境中的黄黏球菌是第一个使用该技术测序的细菌该方法还被用于对来自不同环境的微生物种群的调查。

SOLiD连接法测序：SOLiD技术是由ABI公司推出的测序平台。该平台将四色荧光标记的寡核苷酸链的连续合成作为检测基础。接头侧翼模板DNA片段最初附着在磁珠上，在油包水乳液中进行PCR扩增。将附着有PCR扩增子的磁珠固定在固体表面底物上，与适配体互补的通用 PCR 引物杂交。每个测序循环通过荧光标记的由八个碱基组成的 DNA 与通用引物的连接进行,以揭示核苷酸的位置信息。随后的化学裂解在 DNA 模板上留下由五个碱基组成的 DMA。最后通过荧光颜色对序列进行解码,这个过程的迭代揭示了 DNA 序列。由于该平台采用双基编码系统,因此更容易识别误报,从而达到约 99.9% 的准确率。目前该平台已淡出市场。

Illumina 测序:Illumina 基因组分析仪在 2006 年被提出。Illumina 测序是基于荧光标记的 dNTP 能够可逆终止、边合成边测序的原理。DNA 文库制备涉及模板 DNA 的随机片段化和寡核苷酸衔接子的连接。该技术所涉及的 DNA 扩增方法被称为桥式 PCRtW。正向和反向引物均与适配体互补,通过柔性接头连接到玻璃表面。接头侧翼的 DNA 片段杂交到附着在玻璃表面的正向和反向引物上。然后,桥式 PCR 使用基于 BstDNA 聚合酶扩增 DNA 片段,从而产生扩增子。由单个 DNA 片段产生的扩增子将聚集在阵列上的单个物理位置上。扩增子生成后,测序引物杂交到 DNA 序列两侧的通用序列上。然后使用修饰的四种核苷酸和 DNA 聚合酶循环进行测序。核苷酸在 3' 末端用化学可裂解的荧光报告基团标记,因此在每个循环中仅允许一个碱基掺入。每个循环延伸一个碱基,然后是荧光报告基因的化学裂解,该裂解将识别掺入的核苷酸。Illumina 技术的不足是由不完全的荧光标记切割或终止引起的信号衰减和移相。

7.7 DNA 定点突变与基因编辑技术

7.7.1 DNA 定点突变

7.7.1 基因突变的发生与分类

基因突变是指在核苷酸层面上发生的碱基对的组成或者排列顺序的改变。由于生物体进化过程中 DNA 复制及 DNA 损伤修复过程中的容差性,体细胞每代每个碱基对有约 10^{-8} 的概率发生基因点突变。2010年,人类基因组研究计划结果公布,证实在人类基因组中约有一亿五千万的单核苷酸存在多态性,这种原因引起的基因突变属于自发性的基因突变。此外,诸如紫外线、电离辐射等物理因素,农药、食品添加剂等化学因素,病毒、细菌、真菌等生物因素也可能诱导基因突变的产生。

基因突变可以根据不同的分类标准划分成不同的类型。按基因突变发生在体细胞还是生殖细胞中,可将基因突变划分为生殖细胞突变和体细胞突变两大类,发生在生殖细胞的突变会通过遗传传递给子代并影响其性状。发生在体细胞的突变一般不会影响子代的性状,但体细胞突变的过度积累,则可能导致相关疾病的发生。按基因突变的发生机制分类,基因突变又可分为插入突变、替换突变、缺失突变等。其中,插入突变又包含单碱基插入突变和片段插入突变两类。插入突变的发生通常是由于DNA聚合酶发生了错误滑动造成的,大多在基因的微卫星区域出现。替换突变,顾名思义即基因序列中一个核苷酸被另一个核苷酸所替代,主要是由于DNA聚合酶的错误复制导致的。缺失突变则主要由于基因修复损伤不完全或者同源重组过程不均匀导致,一个核苷酸和多个核苷酸的缺失都会发生。通常情况下,插入和缺失突变所引起的基因的结构和序列变化较大,较易检测。

替换突变对基因的序列和结构仅产生较小的影响,因而,一般开发用来检测替换型基因突变的方法也可用于插入和缺失突变的检测。另外,基因突变还可根据突变发生的位置分为编码区突变和非编码区突变两大类。在非编码区,基因突变的发生不改变和影响下游蛋白的产生及其生理功能,目前非编码区发生突变的作用、意义还不是很清晰。

在编码区,根据突变对翻译过程的影响可分为同义突变、错义突变、无义突变、终止密码子突变等。其中,同义突变由于氨基酸密码子的简并性,尽管基因发生了突变但其编码的氨基酸并未发生改变,突变不会影响蛋白的结构和生理功能。相反,错义突变会导致所编码氨基酸序列和种类的改变,进而影响蛋白质的功能和活性。无义突变和终止密码子突变,前者是错误地提前产生了终止密码子,使翻译得到的蛋白质过短而不具有生理活性,后者是错误地延长了终止密码子,将本应终止的多肽合成继续进行,使合成的蛋白质结构发生改变,产生异常的生理活性。

第 7 章　基因工程技术与方法

7.7.2 基因突变与疾病的关系

现代医学认为,疾病大都是先天基因与后天环境因素协同作用的结果。随着测序技术和生物信息学的快速发展,基因突变与疾病之间的关系越来越清晰。基因突变与疾病相关的数据库也逐步建立起来(如人类基因变异数据库,酪氨酸激酶区域突变导致疾病的数据库,肿瘤基因家族数据库等),基因突变已成为一种重要的疾病标志物,特别是在肿瘤等恶性疾病的诊断中。乳腺癌(Breast Cancer,BRCA)是起源于乳腺上皮组织的一种恶性肿瘤,在女性中的发病率和死亡率极高。

研究表明,乳腺癌易感基因(BRCA 1 和 BRCA 2)与乳腺癌的发生具有密切的联系。BRCA 1 和 BRCA 2 基因突变携带者乳腺癌的发病风险较一般人群增加 10 到 20 倍。基因突变不仅与肿瘤的发生密切相关,基因突变的丰度占比还可指示肿瘤的分级,如图 7-15 所示,患者的癌症分级越高,累积的体细胞突变的数量及突变比例也越高,以 TP53 突变为例,在 grade 1、2、3 的肿瘤分级中,TP53 突变的占比分别为 13%、24% 和 52%,具有明显的正相关性。

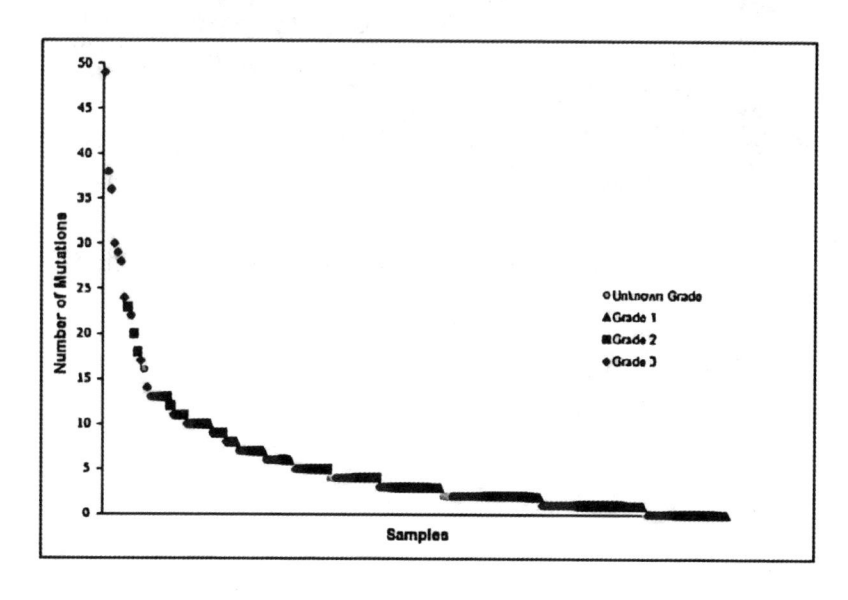

图 7-15　肿瘤分级与突变数量的关系

除此之外,基因突变还可指导疾病治疗方案的选择。表皮生长因子受体酪氨酸激酶抑制剂(Epidermal Growth Factor Receptor Tyrosine

Kinase Inhibitor，EGFR-TKI）类药物吉非替尼是一类有效治疗非小细胞肺癌（Non-Small Cell Lung Cancer，NSCLC）患者的药物,治疗效率高达75%。但患者在治疗后期往往会出现由于EGFR T790M突变引起的耐药性,影响一代药物的治疗效果。后续使用三代EGFR TKI药物奥西替尼可以对EGFR T790M突变阳性的NSCLC患者产生更好的治疗效果,患者的无进展生存期（Progression-Free Survival，PFS）可达12个月。

图7-16展示了EGFR T790M突变检测与NSCLC患者治疗方案的选择。总而言之,基因突变是疾病产生的深层次原因,基因突变影响着疾病的诊断、分型、分期、治疗等各个方面。因此,检测低丰度的基因突变对于扩大癌症患者的诊疗窗口具有重要的现实意义。

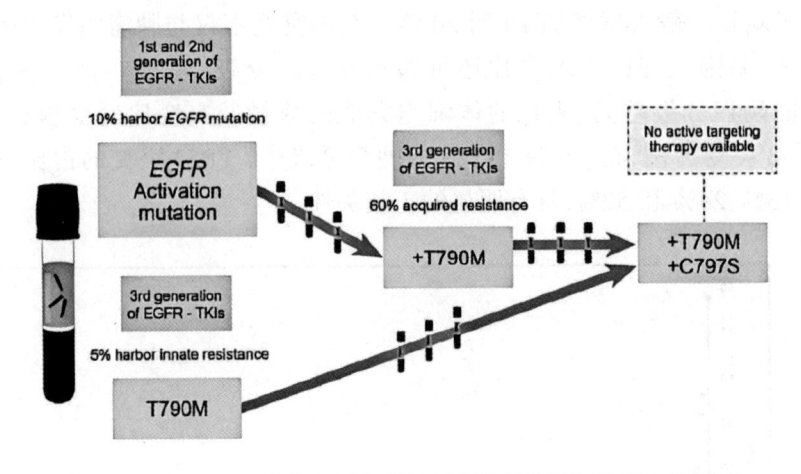

图7-16 NSCLC患者EGFR T790M突变监测与治疗方案选择

7.7.2 基因编辑技术

7.7.2.1 基因组编辑技术

1. 常用基因组编辑技术

ZFN系统是早期开发的编辑工具,被称为第一代基因组编辑技术。ZFN由锌指蛋白（Zinc finger protein，ZFP）和Fok I核酸酶融合而成。

第7章 基因工程技术与方法

ZFP 作为 DNA 结合域,可以识别特定的 DNA 序列,而 FokⅠ核酸酶负责切割靶 DNA 位点,产生 DSB。FokⅠ只能通过形成二聚体来发挥其核酸内切酶活性,且要求两个 ZFN 模块反向排列(之间存在 5-7bp 的间隙)才能在基因组中产生 DSB。因此,ZFN 载体很难被设计、构建用于包括植物在内的各种生物。ZFN 还可能需要高度的特异性,且对打靶位点具有更高的要求,DNA 序列识别不精确,并且成本高昂。

第二代基因组编辑技术即源自黄单胞菌的 TALEN,它通过转录激活样效应因子(Transcription activator-like effector, TALE)的 DNA 结合域与 FokⅠ核酸酶的切割域融合而形成。该技术主要是利用 TAL 序列模块,可以构建任意核酸靶序列的重组核酸酶,识别并切割特异位点的 DNA 双链,从而实现基因敲除和插入等。由于 TALEN 的 DNA 结合域是单个 TALE 蛋白和单个碱基对之间的对应关系,因此与 ZFN 技术相比,TALEN 的设计和组装更容易、更便宜。但 TALE 蛋白的 DNA 结合结构域中复杂的串联重复特征使 TALEN 的构建变得烦琐而复杂,给实际应用带来了不便。

CRISPR/Cas 技术基于核苷酸的碱基互补识别 DNA 或 RNA 进行切割,相比于前两代基因组编辑技术具有操作简便、编辑效率高等优点,成为目前使用最广泛的第三代基因编辑技术。

2.CRISPR/Cas 系统分类

目前已知的 CRISPR 系统分为两大类(Class 1 和 Class 2),每类包含三种不同类型和多种亚型。Class 1 使用 Type Ⅰ、Type Ⅲ 和 Type Ⅳ 三类 Cas 蛋白作为效应蛋白,Class 2 使用 Type Ⅱ、Type Ⅴ 和 Type Ⅵ 作为效应蛋白,如图 7-17 所示。这种分类由其性质定义,即在干扰阶段用于执行 DSB 的方式。Class 1 以多亚基复合物形式发挥作用,而 Class 2 以单蛋白质作为效应器。不同类型的成熟阶段也有很大差异。Class 1 中 crRNA 的成熟是复杂的,需要多种 Cas 蛋白的参与。Class 2 采用更简单的方法,其中 Type Ⅱ 的 Cas9 蛋白作为效应子在细菌 RNase Ⅲ 加上 CRISPR 基因组中存在的额外 tracrRNA 作用下,将 pre-crRNA 加工成熟的 crRNA。除此之外,同样属于 Class 2 的 Ⅴ 型和 Ⅵ 型更简单,分别由效应蛋白 Cas12 和 Cas13 进行 pre-crRNA 处理。

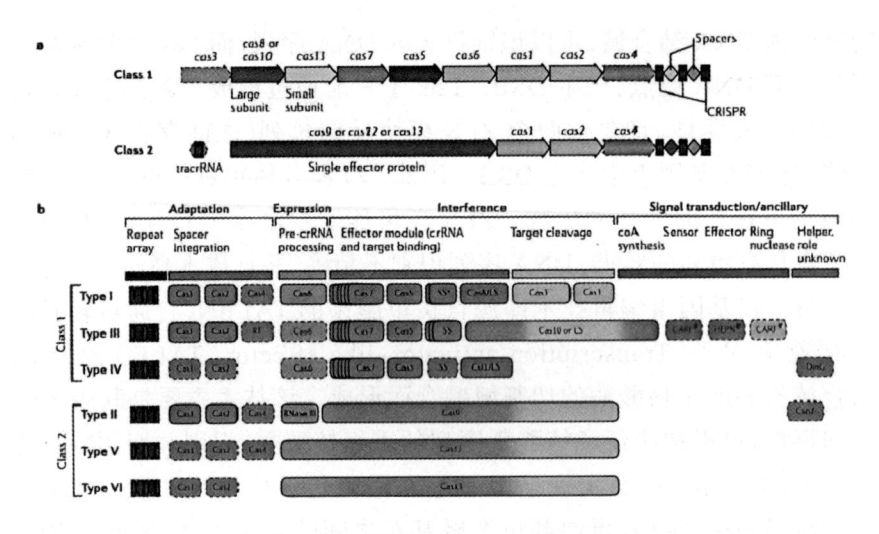

图 7-17 CRISPR/Cas 系统的分类

7.7.2.2 CRISPR/Cas 系统

由于 Class 2 类的 CRISPR/Cas 系统仅需 1 个 Cas 蛋白即可实现对靶 DNA 的切割，作用机制研究较为清晰且相对简单。其中，目前主要应用于基因编辑工具的主要有两种：Ⅱ型的 CRISPR/Cas9 和 V 型的 CRISPR/Cas12a（Cpf1）。

1. CRISPR/Cas9 系统

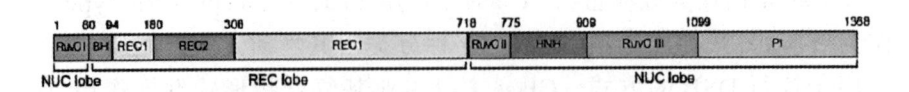

图 7-18 SpCas9 核酸酶蛋白结构图示

CRISPR/Cas9 系统由 Cas9、crRNA 和 tracrRNA 组成。首次发现于酿脓链球菌 Streptococcus pyogenes 的 Cas9 核酸酶（简称 SpCas9），同时是目前应用最广泛的来源版本。该蛋白含 1368 个氨基酸，包括识别结构域（Recognition lobe, REC lobe）和切割结构域（Nuclease lobe, NUC lobe），分别负责目标 DNA 双链的识别和切割。REC lobe 由三个子结构域（REC1, REC2, REC3）组成，NUC lobe 由 RuvC（RNase H-like

第 7 章　基因工程技术与方法

fold）结构域、HNH（Histidine-asparagine-histidine）结构域和 PI（PAM-interacting）子结构域组成，如图 7-29。NUC lobe 中的 RuvC 结构域切割非靶向链（Non-target strand, NTS），HNH 结构域切割靶向链（Target strand, TS）。RuvC 结构域的活性中心关键氨基酸为 D10，HNH 结构域的活性中心关键氨基酸为 H840。针对这两活性中心氨基酸分别进行突变（D10A 或 H840A）可以获得靶向不同链的 Cas9 切口酶（Cas9 nickase, nCas9），同时进行突变（D10A 和 H840A）可以获得仅含有 DNA 结合活性的 Cas9，称为失活 Cas9（dead Cas9, dCas9）。

CRISPR/Cas9 系统中，在 tracrRNA 帮助下，pre-crRNA 加工为成熟的 crRNA，引导 Cas9 在特定位点即靶点的 PAM 序列 NGG 上游约 3bp 处进行切割，形成平末端切口。由于 crRNA 和 tracrRNA 分别表达，造成 CRISPR/Cas9 系统组装烦琐。研究者将 crRNA 和 tracrRNA 融合设计成一个 sgRNA（single guide RNA），在其 5' 端引入 20bp 的靶向序列，引导 Cas9 蛋白在靶向位置切割双链 DNA，简化了组装过程，极大促进了 CRISPR/Cas9 系统在实际中的应用。SpCas9 的识别 PAM 序列为 NGG，这限制了系统靶向范围集中于胞嘧啶丰富的区域。研究人员对 SpCas9 进行工程化改造，产生具有多种 PAM 特异性的变异体，扩展了 CRISPR/Cas9 系统的靶向范围，如其中 SpCas9（VQR）、SpCas9（EQR）、SpCas9（VRER）、SpCas9（D1135E）、SpCas9（QQR1）突变体分别识别 NGA、NGAG、NGCG、NAG 与 NGA、NAAG 的 PAM 序列。

另外，研究人员在其他细菌中发现 Cas9 的同源蛋白，同样表现出核酸酶活性，并且具有识别其他类型 PAM 的特点。最近相关研究表明小核酸酶 SaCas9（Staphylococcus aureus）具有巨大潜力，表现出与 SpCas9 类似的真核 DNA 切割活性和不同的定位能力，识别 NGRRT 或者 NGRRN 的 PAM 序列，为 CRISPR/Cas9 系统作用范围提供了更多可能。除此之外，还有来自 Neisseria meningitidis 的 NmCas9、来自 Streptococcus thermophilus 的 St1Cas9、来自 Treponema denticola 的 TdCas9 和 Campylobacter jejuni 的 CjCas9 等，同样为拓宽靶向范围提供了更多可能。

2013 年，CRISPR/Cas9 起初在哺乳细胞中建立起来。Church 实验室在多种人类细胞系中，张峰实验室在人类及小鼠细胞中，均实现基因定点突变。而后，很快在植物细胞中得到成功应用。李剑峰等报道了在拟南芥、烟草等物种中成功应用 CRISPR/Cas9 进行基因修饰；Nekrasov 等利用 CRISPR/Cas9 系统在模式植物本氏烟中实现了基因组的定点突变；高彩霞实验室通过基因枪的方式传递 CRISPR/Cas9 系统，在水稻和小麦中实现基因编辑。三个独立的研究小组证明，CRISPR/Cas9 可以精确编辑水稻、小麦、烟草和拟南芥等植物的基因组。

其后大量报道表明，CRISPR/Cas9 可以适应并用于几乎所有植物物种中产生靶向突变体。目前，该系统已在全球许多实验室使用，主要用于基因的简单敲除以产生所需的突变体或具有改良农业性状的新种质材料。它对植物科学产生了革命性的影响，在提高作物产量、品质、抗逆性、除草剂抗性等方面发挥重要作用。随研究深入发展，研究人员发现 Cas9 同时诱导同一染色体两处双链 DNA 断裂时，修复机制不仅会导致切割位点发生小片段插入、缺失，还有可能造成两靶点之间整个片段的缺失、倒位和复制等的基因组结构变异（Structural variation，SV），为作物农艺性状改良提供新的思路。最近，CRISPR/Cas9 被设计于同时靶向水稻 2 号染色体两位点，在 OsHPPD 和 OsUbi2 基因座之间产生 338kb 的重复，这种特殊的结构重复赋予了除草剂抗性，且不会对其他重要的农艺性状产生不利影响，如图 7-19 所示。

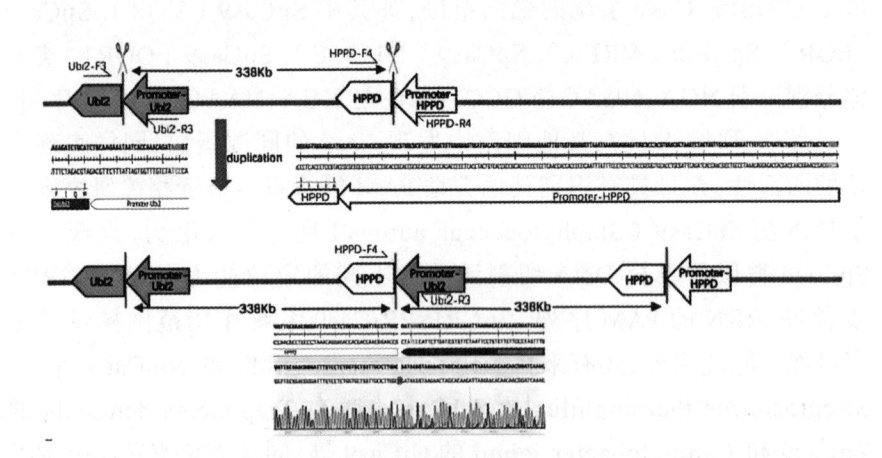

图 7-19　CRISPR/Cas9 在 2 号染色体 OsHPPD 和 OsUbi2 基因座之间介导 338 kb 复制

2. CRISPR/Cas12a（Cpf1）系统

与 Ⅱ 型 CRISPR/Cas 系统一样，Class 2 中的 V-A 型 Cas 酶 Cas12a

第7章 基因工程技术与方法

（Cpf1）被用于开发基因组编辑工具。研究人员经体外切割实验发现 FnCas12a（Francisella novicida U112）、AsCas12a（Acidaminococcus sp.BV3L6）、LbCas12a（Lachnospiraceae bacterium ND2006）具有切割 DNA 双链的能力。其中，后两者在人类细胞中被证实具有高效编辑活性。不同于 CRISPR/Cas9，CRISPR/Cas12a 仅由具有切割功能的核酸酶 Cas12a 和具有引导定位作用的 crRNA 组成，不需 tracrRNA 参与 pre-crRNA 成熟过程。Cas12a 约有 1300 个氨基酸，同时具有 DNA 内切酶活性和 RNase 活性，能够加工 pre-crRNA 为成熟的 crRNA。这一特性在实践中被用于简化多重编辑体系，因为它允许在单个启动子的控制下构建包含多个 sgRNA 的表达盒，并利用 Cas12 加工活性在细胞中剪切单个 sgRNA。Cas12a 蛋白由识别结构域（REC lobe）和切割结构域（NUC lobe）组成，如图 7-20 所示。Cas12a 的切割结构域缺少 HNH 内切酶结构域，由 RuvC 内切酶结构域发挥切割活性，RuvC 核酸酶结构域被分为序列上不连续的 3 个部分（RuvCI~Ⅲ）。PAM 位于靶点的 5' 端，AsCas12a 和 LbCas12a 识别 TTTN 或 TTTV 的 PAM 序列，FnCas12a 识别 TTN 的 PAM 序列。基因组裂解位点位于 PAM 的远端，即非靶链上的第 18 个碱基和靶链上的第 23 个碱基，切割后产生 5 个核苷酸的黏性末端。

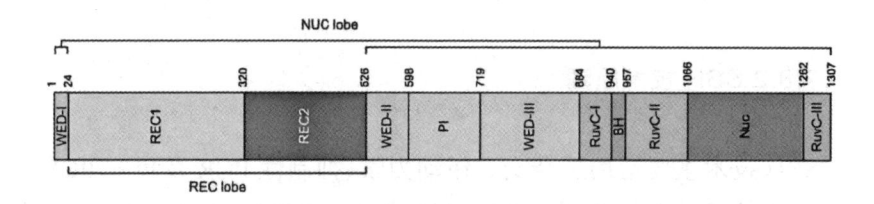

图 7-20 AsCpf1 核酸酶蛋白结构图示

CRISPR/Cas12a 系统于 2015 年张锋实验室首次用于动物基因组编辑，不久后应用于植物。2016 年底至 2017 年初，4 个研究组先后发表了对植物基因组验证 CRISPR/Cas12a 编辑效果的文章。日本学者 Toki 等证明了 FnCpf1 具有介导烟草和水稻基因组发生可遗传突变的功能，且在水稻中的平均突变频率 47.2% 高于烟草中的 28.2%。王克剑和杨建波小组发现 Lb Cpf1 同样可以在水稻中介导编辑，但具有靶点依赖性，而没有发现 AsCpf1 在水稻中介导编辑。朱健康团队发现 Fn Cpf1 和 LbCpf1 都能在水稻中引起有效的突变，且 LbCpf1 的活性高于

FnCpf1。该团队进一步设计了4个cr RNA单元组成的crRNA组合，各位点的敲除效率均在40%~75%之间。与Cas9一般造成1到2个核苷酸的插入和缺失不同，Cpf1在所有靶位点易发生大片段的缺失。

7.8 抑制缩减杂交技术

7.8.1 SSH技术研究进展

抑制性消减杂交（Suppression subtractive hybridization，SSH）技术是一项在mRNA差异显示技术（mRNA differential display reverse transcription PCR或DDRT-PCR）基础上发展起来，用于构建差异基因文库的技术，于1996年由俄国科学院、加州大学旧金山分校和CLONTECH公司联合开发。此技术结合了抑制PCR和消减杂交的优点，不仅能抑制非差异cDNA的扩增，同时能使差异的稀有转录本得到富集，非常适用于遗传背景相似度高的样品，因此被广泛应用于医学、动物学、植物学、微生物学等诸多领域。

7.8.2 SSH技术原理

SSH技术主要运用了杂交二级动力学、抑制性PCR及巢式PCR等原理来进行筛选差异基因。杂交二级动力学原理指cDNA经高温变性后，退火时丰度越高的序列产生同源杂交的速度越快，丰度低的序列复性越慢，这使原本在丰富度上存在差异的cDNA相对含量趋于一致，稀有转录信息得到保留。抑制性PCR指序列在退火时，链内自身结合要优于链间的结合。

因为样品cDNA的5'端加有2种不同序列的接头（包含曹氏PCR引物和一段反向重复序列），经过杂交，差异cDNA两端含不同接头，而非目的片段两端含相同接头或只有一个接头。所以在PCR退火时，非目的片段两端的反向重复序列会形成发夹状结构，而无法与引物结合，不能扩增。同时结合巢式PCR技术，只含一个接头的片段只能线性扩

第 7 章 基因工程技术与方法

增,而两端含不同接头的片段能够特异性地指数扩增。SSH 结合以上原理,能够有效分离和筛选细胞或组织中差异表达的基因。

7.9 基因芯片技术

7.9.1 基因芯片

基因芯片是生物芯片技术中最早提出和最早研发的技术。基因芯片的测序原理是杂交测序方法,通过该方法将一组具有已知靶核苷酸序列的核酸探针和具有已知核酸测序序列的核酸探针杂交固定在芯片表面,通过荧光标记的探针和相关仪器得到一些致病菌的遗传学指标。Saren gaowa 等人研制了一种原位合成的检测新鲜果蔬食源性致病菌的基因芯片。通过比对国家生物技术信息中心数据库中鼠伤寒沙门氏菌、副溶血性弧菌、金黄色葡萄球菌、单核增生李斯特菌和大肠杆菌的特异性序列,鉴定并筛选目标基因。

基因芯片技术作为一种高通量的、先进的分子生物学技术,可应用于检测疾病基因的差异表达,它是一种敏感、精确、快速,能同时探测多种不同基因表达差异的方法。

7.9.2 基因芯片的功能与应用

基因芯片是一种新型的生物芯片,又称为"DNA 微阵列""寡核苷酸微阵列"。基因芯片技术具有高速、连续、高效、准确等特点,最早被应用于美国。基因芯片技术是利用基因探针、核酸杂交技术对核酸序列进行分析。基因芯片的种类很多,根据载体的种类,可以划分成有机芯片和无机芯片;根据用途分类,可划分为表达谱芯片、测序芯片、基因差异表达芯片。基因芯片技术就是通过把一系列已知序列的核酸片段有序地联结在各种固体支持物上,如玻璃片、硅片、尼龙膜等,形成分子阵列后,用已有荧光标记的核酸样品与之进行杂交,当样品与基因芯片上相应位置的核酸探针通过互补配对原则进行匹配后,利用检测荧光强度信号来测定探针位置,从而获得和该探针相匹配的核酸序列,进而获取样本的相关数据。

高通量是基因芯片最大的优势,在没有基因芯片的时期,只能通过原位杂交技术、Northern Blot技术这两种低通量的研究手段来检测基因表达变化,以至于在试验次数有限制的情况下,发现大量基因的改变规律是比较困难的。因为基因芯片技术具有高自动化和高效率,所以在测定基因组序列、基因表达情况、发现新基因、基因芯片绘制、基因芯片绘制和致病原因等领域在应用十分普遍,目前在医药、农林、畜牧、食品、环境监测等方面都得到了越来越多的应用。利用基因芯片技术可以筛选出新基因,为疾病的研究寻找到新靶点,基因组的发展为后基因组学中未知的功能基因的分析奠定了基础。

由于常规的分子生物学方法不能很好地说明多个基因相互作用,并且具有序列信息不完整、特异性低等问题。基因芯片技术突破了上述常规检测手段的缺陷,通过基因芯片技术能够得到数量庞大的基因表达形式,并分析其调控过程,从成千上万的基因中筛选出差异表达基因。应用基因芯片技术发掘新的靶基因,特别是在癌症研究中具有重大的临床应用价值。李达明等应用基因芯片技术,基于LAMP的快速基因芯片技术,对每个与扩增区相关的基因的表达进行分析,发现了在肾移植患者术后感染的相关病原菌,并对快速检测具有较高的敏感性。

秦苏杨等借助基因分析、网络药理学以及分子对接平台,对药物与疾病进行关联分析,初步预测了HBHGT在IgAN治疗中起关键作用的药物成分、靶点、通路及其潜在作用机制,为IgAN的临床治疗以及用药提供了参考。

黄鸿波等通过基因芯片技术对拟南芥草本在中磷缺乏的环境下的基因进行分析,找到了可以可提高硅肺合并分枝杆菌感染病原学诊断阳性率的新基因,还能快速鉴别其是否为非结核分枝杆菌或耐药结核分枝杆菌感染,有助于临床尽早调整治疗。Madsen等通过基因芯片技术探究肺炎球菌基因在温度的影响下发生的差异表达,对不同表达的基因进行分析,筛选出91个新的功能基因。

第7章 基因工程技术与方法

7.10 分子标记技术

DNA 分子鉴定最初是利用基因组中某小段已知的短 DNA 基因序列来进行生物鉴定的技术。随着生物科学技术的快速发展,DNA 分子鉴定技术,如 DNA 条形码等技术,经历了由单一片段或少数基因组合到基因组水平的转变。目前,有许多基于标记技术用于品种鉴定。

7.10.1 限制性片段长度多态性分析

限制性片段长度多态性(Restriction Fragment Length Polymor-phism,RFLP)是指从样本中提取到的 DNA 进行聚合酶链式反应,产物通过加入限制性内切酶,在特定的位点切割 PCR 产物。该方法测量的是含有短序列的 DNA 片段,这些短序列被称为 VNTR(variable number of tandem repeats)。所得到的片段可以用凝胶电泳技术按长度和数量进行分类。RFLP 已很好地应用于琵琶鳟鱼、石斑鱼等生物种类的分子鉴定。SFLP(Satellite Fragment Length Polymorph ism,卫星片段长度多态性)是一种针对着丝粒卫星 DNA 的变体 RFLP,目前已应用于牛种的鉴别,包括杂交起源的动物,如野牛和家牛,以及验证野牛产品的物种标签。

7.10.2 线粒体 DNA 条形码

线粒体 DNA 条形码(Mitochondrial DNA barcode,mtDNA)是通过对线粒体基因组上的目的基因 DNA 进行序列分析从而达到不同物种鉴定的技术。mtDNA 条形码是生物进化和品种鉴定的流行分子遗传技术,mtDNA 条形码技术是通过对一个标准目的基因的 DNA 序列进行分析从而进行物种鉴定的技术,其关键就是对一个或一些相关基因进行大范围的扫描,进而来鉴定某个未知的物种或者发现新种。因其研究序列片段小、鉴别原料要求低、种类鉴别数字化,起初被用于识别不同的鸟类,现常用于鉴定鱼类海鲜及动物加工产品等。

7.11 外源基因表达技术

7.11.1 外源基因在原核细胞中的表达

7.11.1.1 原核表达的受体系统

一个完整的表达系统主要包括表达载体和受体菌株。其中,表达载体是将目的基因导入宿主细胞,并在宿主中实现目的基因表达的运输工具。原核细胞表达载体的主体部分主要来自相应宿主菌株的内源质粒,以此为基础添加与克隆表达相关的元件,即构成完整表达载体。原核表达载体除具有克隆载体所具有的复制起始位点、抗性选择标记等以外,还带有原核细胞所需要的表达元件,如启动子、多克隆位点、终止子和 SD 序列,有时还包括融合标签的 DNA 编码序列等(图 7-21)。[①]

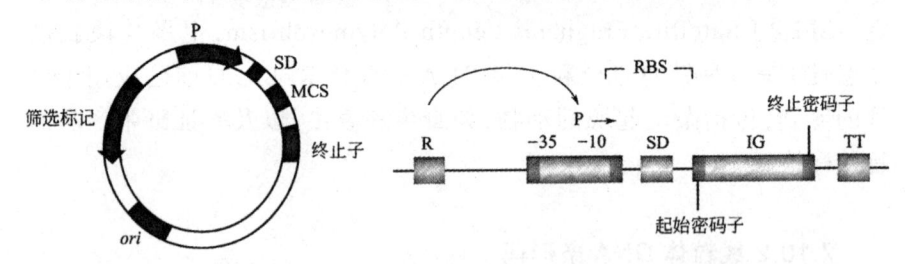

图 7-21 大肠杆菌表达载体的基本结构(左图)和必需结构元件(右图)

P—启动子;SD—Shin-Dalgarno 序列;MCS—多克隆位点;*ori*—复制起点;R—调节基因;IG—插入基因片段;TT—转录终止子;RBS—核糖体结合位点

---

① 刘志国.基因工程原理与技术(第 3 版)[M].北京:化学工业出版社,2016.

第7章 基因工程技术与方法

表达系统的另一个重要组成部分是宿主,依据宿主菌的不同,构建了不同的表达系统。目前,广泛应用的原核表达系统包括大肠杆菌表达系统、芽孢杆菌表达系统、链霉菌表达系统和蓝细菌(蓝藻)表达系统等。

7.11.1.2 原核生物的表达载体

表达融合型蛋白时,为了得到正确的真核蛋白,在插入真核基因时,其阅读框架与融合的 DNA 片段的阅读框架要一致,翻译时才不至于产生移码突变。表达载体的构建比较困难,但市场上已有不少构建好的表达载体可供选择。较为常见的有非融合型表达载体 pKK223-3、分泌型克隆表达载体 PIN Ⅲ 系统、融合蛋白表达载体 pGEX 系统。

7.11.2 外源基因在真核细胞中的表达

$E.coli$ 表达系统是目前最为有效的和方便的表达系统,可以进行许多异源蛋白的高效表达。但在 $E.coli$ 中大量表达的外源蛋白容易形成包含体,而包涵体的破碎通常会造成目的蛋白的失活。由于真核基因通常含有内含子,在 $E.coli$ 中不能进行正确的剪切和拼接,因此必须表达它的 cDNA 序列。另外,真核生物的许多蛋白都是糖蛋白,用 $E.coli$ 作为表达宿主,不能对真核蛋白进行正确的糖基化等翻译后加工,因此发展了各种真核表达系统。[①]

---

① 杨建雄.分子生物学[M].北京:化学工业出版社,2009.

第 8 章 基因工程技术的应用

8.1 基因工程技术在农业生产中的应用

8.1.1 玉米光合作用相关基因定位与功能解析

光合色素是绿色植物、光合自养型藻类以及光合细菌进行光合作用的重要组分。对于绿色植物而言,光合色素主要分布于叶绿体中,用于捕获光能及传递电子。光合色素代谢异常直接影响叶绿体发育,进而导致植物叶色突变的产生。

玉米作为我国第一大粮食作物,它不仅是重要的粮食作物,也是动物饲料的重要来源,同时也是制作玉米生物制品、工业酒精的主要原料。由于玉米广泛的用途使其在世界农业生产中占有重要的地位,在生物领域、工业生产、农业生产等各个方面都表现出很好的应用前景。玉米叶色突变体在玉米生长发育的不同阶段具有明显的表型特征,大部分突变在苗期即可显现出来。由于光合色素的减少,直接导致叶绿体发育异常、光合作用受阻、光合效率下降,造成大部分叶色突变体在苗期生长异常,甚至死亡,最终导致玉米减产。在叶色突变体发现的早期,叶色突变体常常被忽视,但随着科学技术的发展,现阶段研究中,玉米叶色突变体可作为探究其光合作用、核质信号转导、光形态建成、激素合成等过程分子机制的理想材料。由于其特殊的表型特征,成为玉米育种中重要的一类种质资源。

现阶段对于叶色突变体的研究主要在高等植物中进行,已研究的

第8章 基因工程技术的应用

叶色突变体的物种包括玉米、水稻、小麦(*Triticum aestivum* L.)、拟南芥(*Arabidopsis thaliana* (L.) Heynh)、高粱(*Sorghum bicolor* (L.) Moench)、谷子(*Setaria italica* (L.) P.Beauv.)、棉花(*Gossypium hirsut-um* L.)、黄瓜(*Cucumis sativus* L.)、番茄(*Solanum lycopersicum*)等,其中单子叶植物主要以水稻和玉米为主,双子叶植物以拟南芥为代表。这些叶色突变体大多数源于自然突变及物理化学诱变,突变表型由为单基因隐性核基因所控制。根据对已定位的基因的功能注释,发现控制叶色突变表型的基因及相关调控因子可直接或间接影响叶绿素含量的变化。根据现有研究可将叶色突变体的分子遗传机制主要划分为四大类:一是叶绿素合成途径基因的变异;二是叶绿素降解途径基因的变异;三是叶绿体发育相关基因的变异;四是其他代谢途径基因的变异。

8.1.1.1 叶绿素合成途径基因的变异

叶绿素分子主要和光合膜上的蛋白质结合,特定的叶绿素能够捕获太阳光,用于光能转化为化学能的第一步反应,将化学能储存在 NADPH 和 ATP 中。叶绿素分子是由 4 个吡咯环(Ⅰ-Ⅳ)组成卟啉环,环中心为镁离子(Mg^{2+}),吡咯环Ⅳ连有一个植醇链。19 世纪初,德国化学家韦尔斯泰特利用层析法成功分离得到叶绿素,这也是人类最早发现叶绿素的存在。叶绿素分子家族成员现已发现 5 种,分别为叶绿素 *a*、叶绿素 *b*、叶绿素 *c*、叶绿素 *d* 和叶绿素 *f*。其中,叶绿素 *a*、叶绿素 *b* 和叶绿素 *c* 发现较早,叶绿素 *d* 是在 1943 年由 Manning 等人发现。叶绿素 *f* 的发现最晚,于 2010 年被 Chen 等人发现。

1. 叶绿素生物合成途径

现阶段,植物、藻类以及蓝藻细菌中叶绿素合成相关酶已经被鉴定,主要对其蛋白质组成和结构、所需的辅酶因子、物理性质、催化性质、蛋白互作以及别构调节活性分别进行阐述。植物中大多数叶绿素合成的关键酶类基因被克隆和鉴定(图 8-1 和表 8-1)。

(1) 5-氨基酮戊酸(ALA)的合成

在动物、植物、苔藓、藻类和大多数细菌中,ALA 是四吡咯类化合物生物合成的前体。现阶段研究人员发现生物体内 ALA 合成可以分为两条途径:一是 C_4 途径(C_4 pathway),即 ALA 合成酶催化琥珀酰辅酶 A 与甘氨酸反应合成 ALA。二是 C_5 途径（C_5 pathway），谷氨酸和 tRNA^{Glu} 经过 3 步酶催化反应形成 ALA。早期研究人员通过实验证明了 ALA 是叶绿素合成前体：高等植物种子在黑暗条件下萌发，萌发出的叶片由于缺少叶绿素而表现为黄色，随后将其放入含有 ALA 的溶液中继续培养，由于原叶绿素酸酯的积累，数小时后叶片变为绿色。

其中叶绿素合成中 ALA 合成为 C_5 途径，具体酶催化反应过程如下：第一，谷氨酰 tRNA 合成酶（GluRS）催化谷氨酸和 tRNA^{Glu} 形成谷氨酰-tRNA。第二，谷氨酰-tRNA 还原酶（GluTR）还原谷氨酰-tRNA 形成谷氨酸酯-1-半醛。第三，谷氨酸-1-半醛转氨酶（GSA）催化谷氨酸酯-1-半醛最终形成 ALA。

（2）原卟啉Ⅸ的合成

原卟啉Ⅸ合成是以上述叶绿素合成第一步形成的 ALA 为底物，经过 6 步酶催化反应形成，具体酶催化反应过程如下：① ALA 脱氢酶（ALAD）催化 ALA 形成胆色素原（PBG）。②以 PBG 为底物，在羟甲基胆素合酶（HBS）的催化下，形成羟甲基胆素（HB）。③尿卟啉原Ⅲ合酶（UROS）催化 HB 生成环状的尿卟啉原Ⅲ。④尿卟啉原Ⅲ脱氢酶（UROD）催化尿卟啉原Ⅲ脱氢生成粪卟啉原Ⅲ。⑤尿卟啉原Ⅲ氧化酶（CPOX）催化粪卟啉原Ⅲ脱氢生成原卟啉原Ⅸ。⑥原卟啉Ⅸ氧化酶（PPOX）催化原卟啉原Ⅸ形成原卟啉Ⅸ（Proto Ⅸ）。

（3）叶绿素 a 的合成

根据细胞所需原卟啉Ⅸ通过插入不同的金属离子来决定后续的合成方向。当插入金属离子为 Mg^{2+} 时，则继续进行叶绿素合成；当插入金属离子为 Fe^{2+} 时，则进行血红素生物合成。

（4）叶绿素 a/b 循环

叶绿素合成的最后一步即为 Chl *a* 和叶绿素 *b*（Chl *b*）的互相转化过程。该循环过程包括 4 步反应：第一，叶绿素酸酯 *a* 加氧酶（CAO）催化叶绿素酸酯 *a* 生成叶绿素酸酯 *b*。第二，叶绿素酸酯 *b* 在叶绿素合酶的催化作用下形成 Chl *b*。第三，叶绿素 *b* 还原酶（CBR）还原 Chl *b* 合成 7-羟甲基叶绿素 *a*。第四，7-羟甲基叶绿素 *a* 还原酶（HCAR）还原 7-羟甲基叶绿素 *a* 最终形成 Chl *a*。

第8章 基因工程技术的应用

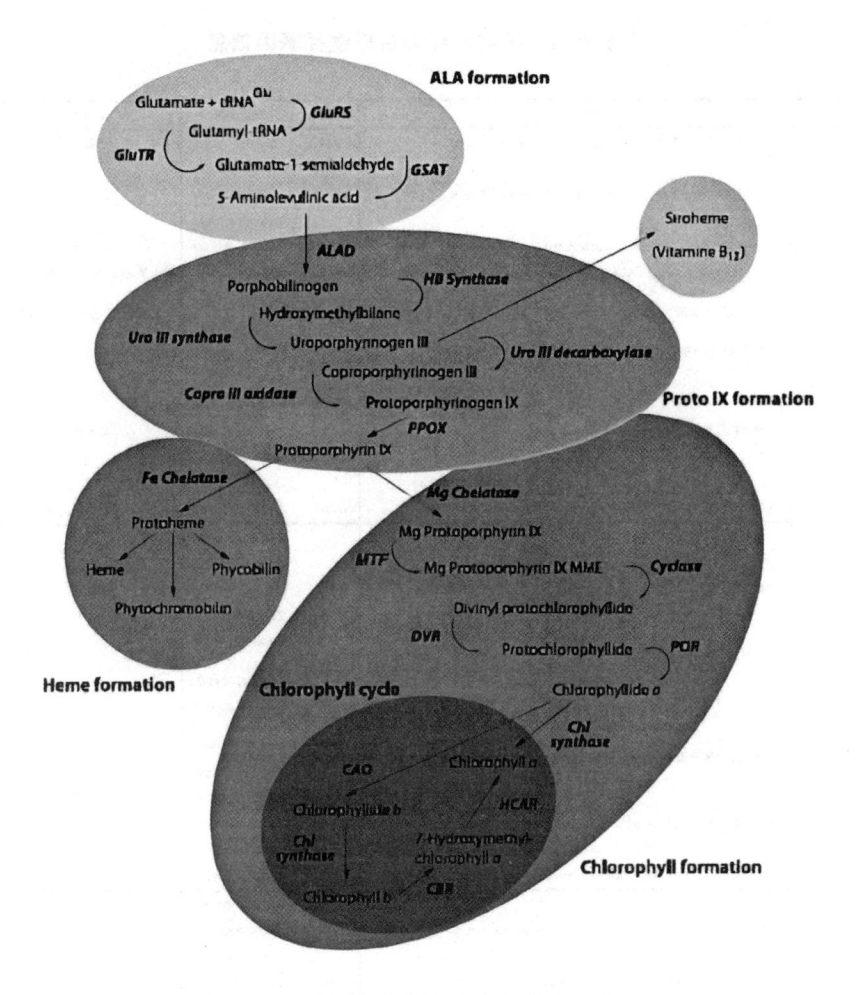

图 8-1 叶绿素和血红素生物合成途径

表 8-1 植物叶绿素合成途径基因信息

关键酶	基因名称	玉米基因	反应类型
谷氨酸 tRNA 合成酶（Glutamyl-tRNA Synthetase, GluRS）	GluX	Zm00001d032532	连接反应
谷氨酰-tRNA 还原酶（Glutamyl-tRNA Reductase, GluTR）	HEMA	Zm00001d026405 Zm00001d013915	还原反应
谷氨酸-1-半醛转氨酶（Glutamate 1-semIaldehyde Aminotransferase, GSA）	GSA	Zm00001d038547	重排反应
ALA 脱氢酶（ALA Dehydratase, ALAD）	HEMB	Zm00001d014715	两分子 ALA 不对称醇醛缩合反应
羟甲基胆素合酶（Hydroxymethylbilane Synthase, HBS）	HEMC	Zm00001d015366 Zm00001d053807	四分子胆素原缩合反应
尿卟啉原III合酶（Uroporphyrinogen III Synthase, UROS）	HEMD	Zm00001d027950 Zm00001d029074 Zm00001d044321	环化反应
尿卟啉原III脱氢酶（Uroporphyrinogen III Decarboxylase, UROD）	HEME	Zm00001d028083 Zm00001d011387 Zm00001d011386	脱羧反应
尿卟啉原III氧化酶（Coproporphyrinogen III Oxidase, CPOX）	HEMF	Zm00001d002358	氧化脱羧反应
原卟啉原IX氧化酶（Protoporphyrinogen IX Oxidase, PPOX）	HEMG	Zm00001d003214 Zm00001d008203 Zm00001d040539 Zm00001d034338 Zm00001d030962	氧化反应
镁离子螯合酶（Mg^{2+}-Chelatase）	CHLI CHLD CHLH	GRMZM2G043453 Zm00001d023536	镁离子螯合反应
镁原卟啉IX甲基转移酶（Mg-protoporphyrin IX Methyltransferase, MTF）	CHLM	Zm00001d018411 Zm00001d036046	甲基转移反应
镁原卟啉IX单甲酯环化酶（Mg-protoporphyrin IX Monomethyl Ester Cyclase, MgPEC）	CRD1 Ycf54	Zm00001d008230 Zm00001d040463 Zm00001d029027	氧化反应
联乙烯基原叶绿素酸酯还原酶（Divinyl protochlorophyllide Reductase, DVR）	DVR	Zm00001d029150	还原反应
原叶绿素酸酯氧化还原酶（Protochlorophyllide Oxidoreductase, POR）	POR	Zm00001d001820 Zm00001d032576 Zm00001d013937	还原反应
叶绿素合酶（Chlorophyll Synthase）	CHLG	Zm00001d037984 Zm00001d042026	酯化反应
叶绿素酸酯 a 加氧酶（Chlide a Oxygenase, CAO）	CAO	Zm00001d004531 Zm00001d011819	氧化反应
叶绿素 b 还原酶（Chlorophyll b Reductase, CBR）	CBR	Zm00001d013651 Zm00001d039312	还原反应
7-羟甲基叶绿素 a 还原酶（7-hydroxymethyl Chl a Reductase, HCAR）	HCAR	Zm00001d031860	还原反应

2. 叶绿素生物合成调控

叶绿素合成途径的中间代谢物能够根据细胞需求的不同，用于其他四吡咯化合物合成，如血红素、西罗血红素等。但是四吡咯化合物具有光毒性，会导致活性氧（ROS）的产生，对植物产生较为严重的损伤，因此叶绿素合成途径存在严格的调控机制。当叶绿素合成途径及相关调控基因发生突变，均会导致叶色突变体产生。其中 ALA 合成、镁原卟

第8章 基因工程技术的应用

啉Ⅸ合成以及叶绿素 a/b 循环等步骤是叶绿素合成过程中的关键调控步骤。

(1) ALA 合成调控

ALA 是叶绿素和血红素生物合成的前体物质，ALA 的形成包括两步酶学过程，依次催化反应的酶为 GluTR 和 GSA，分别由核基因 *HEMA* 和 *GSA* 编码。其中 GluTR 的活性成为 ALA 合成的关键限速调控步骤。

GluTR 的编码基因包括 *HEMA1*、*HEMA2* 和 *HEMA3*，*HEMA1* 基因主要在光合组织中高表达，光敏色素和质体信号均可调控 *HEMA1* 基因的表达而影响叶绿素合成。当通过干扰技术抑制 *HEMA1* 基因表达，进而抑制血红素和叶绿素的生物合成，hema1 拟南芥表现出叶绿素缺陷表型，即部分黄化到完全黄化。黄瓜 *CsHEMA1* 基因可以恢复拟南芥 hema1 突变体黄化条纹表型，并降低水杨酸所诱导的细胞死亡。而 *HEMA2* 基因主要在根中表达，在光合器官中表达量较低，*HEMA2* 基因的表达不受红光、远红光、蓝光、紫外光和白光以及质体信号的调控。蔗糖或葡萄糖可抑制子叶中 *HEMA2* 基因的表达，而该响应属于非光依赖型响应过程。同时两个 GluTR 蛋白在黑暗和光照条件下受到不同程度的翻译后调控，黑暗条件下 GluTR2 可进行 ALA 合成，GluTR1 与 Fluorescent（FUL）蛋白结合未被激活，避免原叶绿素酸酯积累造成叶片组织的坏死。对于 ALA 合成翻译后调控主要包括 Clp 蛋白酶对 GluTR 降解的负向调控以及 GluTR 结合蛋白对 GluTR 稳定的正向调控。同时叶绿体信号识别颗粒 cpSRP43 与 GluTR 间存在相互作用，cpSRP43 蛋白缺陷会导致 GluTR 水平降低，其可作为 GluTR 的分子伴侣，参与叶绿素的生物合成过程。

(2) 镁原卟啉Ⅸ合成调控

镁离子螯合酶作为叶绿素合成的限速酶，催化 Mg^{2+} 插入到原卟啉Ⅸ，形成镁原卟啉Ⅸ。镁离子螯合酶由 CHLI、CHLD 和 CHLH 三个亚基组成，蛋白分子量大小分别为 40kDa、70kDa 和 140kDa。在不同物种中编码镁离子螯合酶三个亚基的基因数目可能存在差异，拟南芥中 *CHLI1* 和 *CHLI2* 两个基因均编码 CHLI 亚基，*CHLD* 基因和 *CHLH* 基因分别编码镁离子螯合酶的 CHLD 和 CHLH 亚基。而大豆中镁螯合酶的三个亚基分别由四个 *GmChlI*、两个 *GmChlD* 和三个 *GmChlH* 基因编码。这些基因主要在光合组织中表达，均定位在叶绿体中。

（3）叶绿素 a/b 循环调控

叶绿素 a 和叶绿素 b 循环途径主要针对叶绿素 a/b 比例进行调控。其中叶绿素酸酯 a 加氧酶 CAO 是该循环途径的关键酶，催化 Chl a 合成 Chl b。CAO 蛋白含有两个保守的功能 motif：Rieske 铁硫中心和非血红素单核铁结合位点。CAO 由 A、B 和 C 三个亚基组成，A 亚基和 B 亚基通过响应 Chl b 含量来调控 CAO 蛋白水平，C 亚基为催化亚基。ClpC1 基因编码叶绿体 Clp 蛋白酶，通过调节 CAO 蛋白的稳定性来调控 Chl b 的合成，clpc1 拟南芥突变体 Chl a 和 b 的比率下降。水稻中有两个编码叶绿素 a 加氧酶基因 OsCAO1 和 OsCAO2。OsCAO1 可被光诱导，主要在光合组织中表达。而 OsCAO2 在黑暗中高表达，光照使其下调表达。OsCAO1 的 T-DNA 插入突变体表现为浅绿色叶片，而 OsCAO2 敲除突变体未表现出明显差异变化。OsCAO1 主要在 Chl b 合成中发挥作用，而 OsCAO2 可能在黑暗条件下具有功能。水稻 pgl、yl1、507ys 和 ygl10 突变体均为叶绿素 a 加氧酶基因突变所致，表现为黄绿色叶片表型，叶绿素中 Chl b 含量显著下降，甚至类胡萝卜素含量减少，伴随叶绿体发育异常和光合效率降低。

8.1.1.2 叶绿素降解相关基因变异

叶绿素降解是自然界较为常见的生物学现象，当植株衰老、果实成熟，以及植株受到生物胁迫和非生物胁迫侵害时均会发生叶绿素降解。植物光合作用有时会产生氧自由基，对植物细胞造成损伤，而叶绿素降解产物具有抗氧化、维持细胞活性的能力。另外，有些作物衰老缓慢、叶绿素降解速度下降，在成熟期出现滞绿表型，有助于作物产量的提高。

1. 叶绿素生物降解途径

叶绿素降解途径相关的分解代谢产物和基因在很长一段时间未被研究人员所了解，直到 1991 年，Kräutler 等人在大麦（Hordeum vulgare L.）叶片中鉴定并解析出叶绿素降解途径最后一个分解代谢产物非荧光叶绿素代谢物 Hv-NCC-1 的结构。随着 NCC 被解析出后，研究人员根据底物脱镁叶绿酸 a，逐渐鉴定分析得到不稳定的红色叶绿素代谢物（RCCs）和初级荧光叶绿素代谢物（pFCC）。

叶绿素代谢最终产物 NCC 位于液泡。叶绿素的分解代谢过程在叶

第8章 基因工程技术的应用

绿体中开始，分解产物随后转运至细胞质中，最后到达液泡中，因此叶绿素的降解主要发生在叶片细胞的上述三个区室内。根据叶绿素降解发生区室可将整个叶绿素降解过程分为两部分（图 8-2）：

（1）在叶绿体中，Chl b 在 CBR 和 HCAR 的催化下形成 Chl a，随后脱镁螯合酶催化 Chl a 形成脱镁叶绿素 a，脱镁叶绿素 a 在脱镁叶绿素酶（PPH）催化下形成脱镁叶绿酸 a，最后以脱镁叶绿酸 a 为底物，在脱镁叶绿酸 a 氧化酶（PAO）和 RCC 还原酶的催化下形成 pFFC。

（2）pFFC 通过叶绿体膜的代谢产物转运子被转运至细胞质中，进一步修饰为 mFCCs（modified FCCs）。随后典型的 mFCC 被细胞膜上的 ABC 转运体转运至液泡中，并快速异构化形成极性的 NCCs。部分 mFCC 会高度修饰为高修饰荧光叶绿素代谢物 hmFCCs 或形成带有醛基的 dioxobilin 型荧光叶绿素代谢物 DFCCs（Dioxobilin-type Fluorescent Chl catabolites）。DFCCs 转运至液泡中，形成 dioxobilin 型非荧光叶绿素代谢物 DNCCs（Dioxobilin-type nonfluorescent Chl catabolites），积累在叶片和果实中。

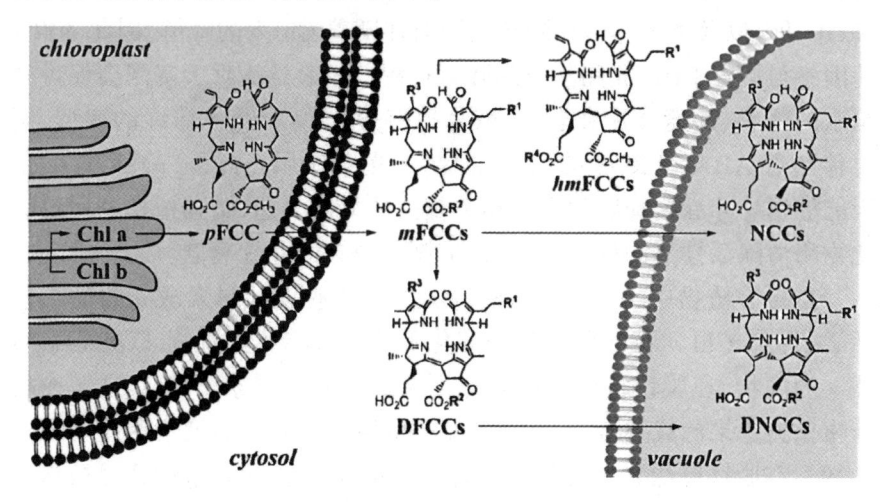

图 8-2 叶绿素降解途径

2. 叶绿素降解途径调控

叶绿素降解途径在绿色植物中是高度保守的，是叶绿素生物合成的"逆向过程"。随着对叶绿素降解的深入研究，研究人员发现叶绿素降解与作物产量存在一定的关系。作物成熟期叶片衰老延迟，使光合时间延长,伴随着干物质合成增加,更多的干物质转运至作物储藏器官中,进而增加作物产量。因此,为了理论研究及指导作物生产,叶绿素降解途径关键酶类基因已被鉴定出来(表8-2)。叶绿素降解同样拥有自己精细复杂的调控网络。

叶绿素降解的第一步是在叶绿体中进行的,首先需要将Chl b还原为Chl a,该过程属于叶绿素合成中叶绿素 a/b 循环的一部分以及捕光叶绿素 a/b 蛋白复合体降解的第一阶段,这一过程由两个不同的叶绿素b还原酶完成。NON-YELLOW COLORING(NYC1)基因编码的是一种类囊体膜定位的短链脱氢酶/还原酶(SDR),含有三个跨膜结构域。NYC1 与 NYC1-like(NOL)基因编码的类囊体膜定位蛋白NOL形成复合体,发挥叶绿素 b 还原酶的作用。在绿色的叶片中,NYC1 基因的mRNA和蛋白含量处于相对较低的水平,暗诱导的叶片衰老过程能够促进 NYC1 的表达。拟南芥和水稻的 nyc1 突变体均表现出滞绿表型,并且 nol 突变体表现出与 nyc1 突变体相似的表型,但是 nyc1/nol 双突变体并未显示出叶绿素降解抑制增强的表型。突变体中捕光复合体 II(LHC II)以及类囊体基粒降解的同时伴随着Chl b 的降解,因此 NYC1 基因参与调控 LHC II 和基粒的降解过程。过表达 NYC1 基因会促进叶绿素的降解、加速叶片衰老,并恢复拟南芥 nyc1 突变体滞绿的表型,同时伴随着 ABA 和 ROS 的积累,抑制了光合作用。此外,敲除 NOL 基因能够诱导叶绿素降解和衰老相关基因的下调表达,增强植株利用过氧化物酶清除活性氧的抗氧化能力,抑制热诱导的叶片衰老。

在高等植物中,Chl a 去螯合 Mg^{2+} 生成脱镁叶绿素酸 a 的途径包括2条:①Chl a 在叶绿素酶的催化下形成叶绿素酸酯 a,以叶绿素酸酯 a 为底物,在脱镁螯合酶的催化下合成脱镁叶绿素酸酯 a,这一途径与柑橘类水果的成熟有关;②脱镁螯合酶催化Chl a 转变为脱镁叶绿素 a,随后在脱镁叶绿素酶的作用下合成脱镁叶绿素酸酯 a,该途径被认为是叶片衰老过程中叶绿素降解的关键途径。

叶绿素酶是一种位于叶绿体膜的组成酶,催化叶绿素分解代谢途径的第一步。Chlase1 基因编码活性的叶绿素酶,催化叶绿素的脱植基化,乙烯能够诱导 Chlase1 表达,参与柑橘果实中叶绿素的降解。CLH具有酯酶motif,拟南芥中存在两个 CLH 基因 AtCLH1 和 AtCLH2。AtCLH1 不具有典型的叶绿体信号肽,但具有叶绿素酶活性,茉莉酸甲酯诱导该基因表达,促进叶绿素的降解和植株衰老。尽管 AtCLH2 具

第8章 基因工程技术的应用

有典型的叶绿体信号肽，但是 *AtCLH2* 不能响应茉莉酸甲酯信号。此外，拟南芥 *AtHCOR1* 也具有叶绿素酶活性，过表达 *AtHCOR1* 基因能够增加叶绿素酸酯的含量，在不改变叶绿素的含量的同时增加 Chl *a* 的分解。

　　陆生植物和藻类中 *Stay-Green*（SGR）基因编码脱镁螯合酶，敲除 *SGR* 基因植株表现为滞绿表型。在 LHC Ⅱ 上，*SGR* 与叶绿素分解酶（CCEs）之间存在直接或间接的相互作用，在衰老的叶绿体中 *SGR* 在招募 CCEs 方面发挥着至关重要的作用。拟南芥中已鉴定出 3 个 SGR 基因，分别为 *SGR1*、*SGR2* 和 *STAY-GREEN LIKE*（*SGRL*），其中重组的 SGR1/2 对 Chl *a* 的脱镁活性较高，而 SGRL 对叶绿素酸酯 *a* 的脱镁活性较高。过表达 *SGR* 基因能够加速 Chl *b* 向 Chl *a* 的转化过程。研究人员通过对 *SGR* 基因功能的研究，发现 *SGR* 既可以脱去游离叶绿素中的镁离子，也可将叶绿素蛋白复合体中叶绿素的镁离子脱去，因此 *SGR* 在光系统降解方面同样发挥着重要的作用。但光系统 Ⅱ（PSI）的核心复合体降解是不依赖于 *SGR* 介导的叶绿素降解途径，在拟南芥叶片衰老时，*sgr1/sgr2/sgrl* 三突变体的外周天线复合体和光系统 Ⅰ（PSI）核心复合体的降解速度延缓，而 PS Ⅱ 的核心复合体快速降解。此外，*SGR* 介导的 Chl *a* 的脱镁过程能够调控 *NYC1* 介导的 Chl *b* 的降解。在野生型拟南芥中过表达 *SGR* 基因能够增加 *NYC1* 的 mRNA 和蛋白水平。镁离子的缺乏诱导 *SGR* 基因的上调表达并增加 ROS 的产生，ROS 又可作为反馈调节因子正向调控 *SGR* 基因表达。*SGR* 介导的叶绿素降解过程能够促进镁离子从成熟叶片到发育中叶片的重新转移以及在镁缺乏条件下对成熟叶片起到光氧化保护的作用。

　　脱镁叶绿素酶 PPH 是一种定位于叶绿体的水解酶，广泛分布于藻类和陆生植物，催化脱镁叶绿素的脱植基化过程。*pph* 突变体无法降解叶绿素，表现出滞绿表型。六倍体小麦的基因组上存在 3 个 *PPH* 基因，分别为 *Ta PPH-7A*、*Ta PPH-7B* 和 *Ta PPH-7D*，均定位于叶绿体，过表达 *Ta PPH-7D* 基因加速叶片衰老。PPH 与叶绿素酶 CLH 间存在相互作用，共同参与叶绿素的降解过程。同时，PPH 会影响碳代谢和营养物质的积累。番茄的 *pph* 敲除突变体叶片中类胡萝卜素含量和蔗糖输出增加，但生育酚含量不变，成熟果实中生育酚含量减少。在不同胁迫条件下，小麦 *PPH-7A* 基因正向调控千粒重这一重要农艺性状。

　　脱镁叶绿酸 *a* 的卟啉环的开环反应是叶绿素降解的中心反应过程，需要脱镁叶绿酸 *a* 氧化酶 PAO 和红色叶绿素代谢物还原酶（RCCR）的参与，并且 PAO 和 RCCR 在叶绿素代谢物的解毒方面发挥着重要作用。PAO 基因最早是从玉米中被鉴定出来。玉米 *PAO*（也称为 *LLS1*）基因被认为是一种细胞死亡抑制基因，定位于叶绿体，参与成熟叶绿体中光依赖的细胞死亡、维持叶绿体完整性和细胞存活。*PAO* 基因的变异能够抑制叶绿素的降解过程，使得 pao 突变体中积累较多的光反应性脱镁叶绿酸 a，植株表现出滞绿表型。

另外，脱镁叶绿酸 a 作为一种光敏剂，既能诱导细胞中 ROS 的产生，引发 ROS 介导的光依赖的细胞死亡，也可通过信号传导途径介导光不依赖的细胞死亡，导致叶片出现类病斑的表型。拟南芥 *ACD1* 基因参与调控 PAO 活性，抑制 *ACD1* 基因表达导致细胞光氧化损伤，但植株未表现出滞绿表型。RCCR 既参与调控叶绿素的降解过程，也参与类胡萝卜素的生物合成。沉默 *RCCR* 基因能够增加叶绿素和类胡萝卜素的含量。当 RCCR 功能被抑制时，植株会积累 RCC、FCCs、NCCs 等中间代谢产物以及 ROS，引发光依赖的细胞死亡，导致叶片出现与 pao 突变体类似的类病斑。此外，拟南芥 RCCR 编码基因 *ACD2* 的过量表达还能够抑制丁香假单胞菌的感染症状，调节由假单胞菌引起的程序性细胞死亡。

表 8-2 叶绿素降解途径关键基因

关键酶	基因名称	玉米基因	反应类型
叶绿素 b 还原酶（Chlorophyll b Reductase，CBR）	NYC1	Zm00001d013651	还原反应
		Zm00001d039312	
7-羟甲基叶绿素 a 还原酶（7-hydroxymethyl Chlorophyll a Reductase，HCAR）	NOL	Zm00001d031860	还原反应
叶绿素酶（Chlorophyllase，CLH）	CLH	Zm00001d032926	水解反应
		Zm00001d019758	
脱镁螯合酶（Magnesium Dechelatase，MCS）	MCS		镁离子去螯合反应
		Zm00001d021899	
脱镁叶绿素酶（Pheophytinase，PPH）	PPH	Zm00001d015205	脱植基化反应
		Zm00001d040820	
		Zm00001d027656	
		Zm00001d018358	
脱镁叶绿酸 a 氧化酶（Pheophorbide a Oxidase，PAO）	SID	Zm00001d002582	氧化反应
		Zm00001d035045	
		Zm00001d034523	
红色叶绿素代谢物还原酶（Red Chlorophyll Catabolite Reductase，RCCR）	RCCR	Zm00001d030549	还原反应

第8章 基因工程技术的应用

8.1.2 耐冷相关基因的挖掘

黄瓜、甜瓜和西瓜是葫芦科中重要的三种瓜类,其果实营养丰富,是人类矿物质和碳水化合物的重要来源。作为世界性的园艺作物,其分布面积广、栽培规模大、产量高,具有较高的经济价值。由于它们起源于热带和亚热带地区,不耐低温,因此,挖掘耐冷相关基因和研究其调控机制是葫芦科作物中的一项重要研究内容。相较于拟南芥、水稻、番茄等模式植物,瓜类作物在耐低温方面的研究基础相对薄弱,耐冷基因挖掘工作仍任重而道远。

8.1.2.1 正向遗传学手段挖掘葫芦科作物中耐冷相关基因

目前,正向遗传学手段剖析复杂数量性状的方法主要有两种:基于遗传交换的连锁分析(Linkage analysis)和基于连锁不平衡(Linkage disequilibrium)的关联分析。其中,基于连锁分析的QTL(Quantitative trait locus)定位主要利用双亲材料构建遗传分离群体和绘制高密度遗传图谱,通过数量性状的表型值与分子标记之间的连锁分析,来确定各个QTL在染色体上的位置和效应。关联分析是利用连锁不平衡为基础的自然群体,挖掘控制目标性状的功能基因和功能位点的分析方法。目前,采用此方法挖掘耐冷相关基因已广泛应用于水稻、玉米、棉花、大豆和高粱等大田作物,在园艺作物番茄、葡萄、甜瓜、黄瓜和南瓜中也有相关报道。特别是模式植物水稻中通过正向遗传学手段鉴定到大量耐冷相关基因,例如,qLTG3-1(LOC_Os03g01320)、LTT7(LOC_Os07g22494)、COLD1(LOC_Os04g51180)、HAN1(LOC_Os11g2929)等。

迄今为止,在葫芦科中挖掘耐冷相关基因仅停留在QTL定位阶段,仅在黄瓜中初步获得几个耐冷候选基因,尚未定位到具体基因。

黄瓜低温萌发能力(Low-temperature germination,LTG)和苗期耐冷性(Low-temperature tolerance,LTT)对于生产应用意义重大,且受多基因控制,遗传机理较为复杂。目前,研究报告表明黄瓜低温萌发能力与苗期耐冷性两者之间并不相关,是独立遗传的。Song等(2018)利用耐LTG的北欧温室型黄瓜65G和敏LTG的华北型黄瓜02245杂交的140个重组自交系(Recombinant inbred lines,RILs)

进行了种子萌发期的耐低温QTL定位，共鉴定到3个低温相关QTL（qLTG1.1、qLTG2.1和qLTG4.1），其中qLTG1.1（包含6个可能的候选基因：Csa1G408720、Csa1G421890、Csa1G421900、Csa1G421910、Csa1G421920和Csa1G421930）和qLTG4.1在黄瓜种子萌发过程中在低温耐受性中发挥重要作用。同样，Yagcioglu等（2019）通过耐LTG品种与敏感自交系7088D构建遗传分离群体，收集5种环境下的138个重组自交系的LTG表型数据，同样在第1、2和4号染色体上鉴定到3个QTL（qLTG1.2、qLTG2.1和qLTG4.1），并结合F2：3家系大群体将qLTG1.2缩小至348kb的区域，该区域包含22个基因，将CsGy1G022380列为LTG可能的候选基因。但遗憾的是以上获得的LTG候选基因均未进一步验证基因功能。

LTT相关的耐冷性QTL也有数篇报道。王红飞（2014）首次利用连锁分析和基因组测序方法对黄瓜的苗期耐冷性进行了QTL鉴定，在黄瓜第3号染色体上鉴定到3个与冷害指数相关QTL（qCT-3-1、qCT-3-2、qCT-3-3），在第7号染色体上鉴定到1个与恢复指数相关QTL（qCT-7-1）。随后，周双（2015）利用冷害指数作为评价指标，在黄瓜第3号染色体上检测到6个耐冷QTL（qCT-3-1、qCT-3-2、qCT-3-3、qCT-3-4、qCT-3-5、qCT-3-6）。此外，在黄瓜的第1、5和6号染色体上也发现有调控黄瓜苗期耐冷性的QTL位点（qLTT1.1、qLTT5.1、qLTT6.1和qLTT6.2），其中qLTT6.2为主效QTL，在耐冷胁迫方面贡献最大，解释了约25%的表型变异。并且该QTL含有3个可能的候选基因（Csa6G445210、Csa6G445220和Csa6G445230），其中Csa6G445210（EIN2同源基因）和Csa6G445230（ARF转录因子）受低温诱导显著上调表达。

甜瓜中耐冷基因的挖掘工作尚处于起步阶段。姚雪（2016）对247个自然群体进行了GWAS分析，将12,937个SNP位点与耐冷性表型数据进行关联，共检测到6个与甜瓜苗期耐冷显著相关的SNP位点，分布在甜瓜第2、3和12号染色体上，解释了9.11%—13.38%的表型变异。本实验室还利用全基因组关联分析在212个甜瓜种质中鉴定到51个与甜瓜苗期冷害指数相关的位点，构建了74个标记—性状关联，其中位于第1号染色体的CMCT505位点在不同年份和不同种质类型中重复出现，可能是控制甜瓜苗期耐冷性的关键位点，并且发现该位点的有利自然变异大多来自野生甜瓜和薄皮甜瓜种质。但是，甜瓜和西瓜中目前仍

第8章 基因工程技术的应用

未鉴定到耐冷主效 QTL 和关键候选基因。

8.2.2 反向遗传学手段研究葫芦科作物中耐冷相关基因

植物低温适应性为复杂的数量性状,通过正向遗传学手段鉴定和挖掘冷响应调控基因仅在拟南芥、水稻、玉米、番茄等少数模式植物中有较多报道。由于葫芦科作物基因组测序完成时间相对较晚,与水稻等禾本科植物相比,瓜类作物耐冷性评价体系不够完善,转基因技术体系尚未成熟,直接导致瓜类以正向遗传学方法挖掘耐冷基因收效甚微。而且植物冷响应调控网络中许多基因在功能上具有一定的保守性,同时在不同物种之间也存在一定的差异。因此,从反向遗传学角度入手,分析重要冷响应基因家族表达谱、关键小 RNA、转录调控基因和重要功能基因等,能有效揭示瓜类响应冷胁迫的分子机制,完善和补充植物冷响应调控网络。

1. 冷信号通路中的转录因子研究

CBF(C-repeat binding factor)转录因子在植物冷响应调控网络中起着"分子开关"的作用,其介导的冷信号通路在植物中具有保守性。CBF 信号通路在瓜类冷响应调控中也同样发挥重要作用,通过表达部分瓜类 CBF 基因能够增强植株耐冷性。ICE-CBF-COR 冷信号通路中,ICE1 转录因子结合到 CBF 启动子上正调控植物耐冷性。将拟南芥 ICE1 基因在黄瓜中异源过表达,可诱导黄瓜中冷响应基因表达,同时促进可溶性糖和游离脯氨酸积累,抑制丙二醛积累,增强转基因黄瓜植株耐冷性。作为冷信号通路的调控枢纽,过表达 CsCBF1、CsCBF2 和 CsCBF3 基因均能增强黄瓜苗期耐冷性,且 CsCBF1、CsCBF2 和 CsCBF3 蛋白均能特异性地直接结合 CsCOR15A 和 CsKIN1 的启动子,激活其表达,从而增强植株耐冷性。通过 QTL 定位结合转录组分析在甜瓜中鉴定到 4 个 CBF 家族成员(CmCBF1、CmCBF2、CmCBF3 和 CmCBF4),在拟南芥中异源过表达后增强了植株的耐冷性(数据未发表)。Li 等(2022d)也发现 VIGS 沉默 CmCBF1、CmCBF2、CmCBF3 和 CmCBF4 后甜瓜幼苗的耐冷性显著性降低。并且 CmABF1(ABRE-binding factor 1)和 CmCBF4 两个转录因子直接靶向 Cm ADC(Arginine decarboxylase),激活其表达,从而增加植物中腐胺生物合成,提高甜瓜苗期耐冷性。此外，CBF 还参与调控低温贮藏条件下的甜瓜果实耐冷性。因此，研究 ICE-CBF-COR 冷信号通路中的关键基因对瓜类作物耐冷性遗传改良具有重要应用价值。

转录因子在植物冷响应调控中发挥重要作用，模式植物中已有大量转录因子被报道参与调控植物耐冷性。近年来，瓜类作物中也陆续报道多个转录因子家族可能参与植物耐冷性调控。WRKY 家族是植物中最大的转录因子家族之一，广泛参与植物非生物胁迫调控。西瓜基因组中共鉴定到 57 个 WRKY 家族成员，其中的 17 个基因受冷诱导显著上调，25 个基因受冷诱导下调表达，表明这些 WRKY 基因可能通过不同的调控途径参与西瓜冷胁迫响应。黄瓜 CsWRKY21 和 CsWRKY46 均能正向调控拟南芥耐冷性，但两者的调控方式不同。超量表达 CsWRKY21 诱导 CBF 及其下游调控基因表达，表明 CsWRKY21 参与 CBF 介导的冷响应通路，而 CsWRKY46 则直接调控 ABA（Abscisic acid）途径中关键转录因子 ABI5 的表达，进而诱导 RD29A 和 COR47 表达，参与 ABA 依赖的冷响应调控途径。另外，ABA 能够诱导 CsWRKY41 和 CsWRKY46 的表达，激活 WRKY41/WRKY46-miR396b-5p-TPR 模块，提高黑籽南瓜嫁接黄瓜幼苗的耐冷性。

MYB 转录因子也广泛参与植物响应干旱、盐和冷胁迫等多种非生物胁迫。西瓜中含有 79 个 R2R3 型 MYB 转录因子，其中 16 个 MYB 转录因子在叶和根中响应低温胁迫。进一步研究发现，R2R3 型 MYB 转录因子 Cla007586 负调控烟草耐冷，Cla005622（ClMYB46）受低温诱导显著上调表达，且过表达 ClMYB46 提高烟草耐冷性。

热激转录因子（Heat shock transcription factors，HSFs）在真核生物中普遍存在。植物中 HSFs 主要分为 HSFA、HSFB 和 HSFC 三种类型，特异性地结合热休克元件（HSEs），与其他转录因子形成转录复合物，影响热激蛋白编码基因的表达。研究发现 植物 HSFs 广泛参与响应高温、低温、干旱、高盐和 ROS（Reactive oxygen species）胁迫等多种非生物逆境。最新研究发现 CsHSFA1d 参与调控热激诱导黄瓜幼苗的冷驯化，短暂热激处理或过表达 CsHSFA1d 后黄瓜表现出了更强的冷胁迫耐受性。进一步发现过表达 CsHSFA1d 和短暂热激处理均能提高冷处理后黄瓜幼苗内源 JA（Jasmonic acid）含量，导致 JA 途径的抑制蛋白 CsJAZ5 的降解从而释放 CsICE1 蛋白，随后激活 ICE-CBF-COR 通路，增强黄瓜幼苗的耐冷性。低温驯化是提高植物耐冷性的普遍策略，

第8章 基因工程技术的应用

CsHSFA1d 通过热激处理诱导植物冷驯化为瓜类耐低温分子育种提供了重要参考。此外,部分 bHLH、ARF、NAC、HD-ZIP 家族转录因子参与瓜类响应冷胁迫,其调控机制有待进一步研究。

2. 冷信号通路中的功能基因研究

活性氧清除相关酶也广泛被报道参与植物冷响应调控。在正常条件下,植物体内活性氧的产生和清除处于动态平衡。在冷胁迫下,植物体内会产生大量活性氧,而活性氧是一把"双刃剑",既可以作为信号分子激活逆境相关基因的表达,同时过度积累会对植物产生一定的毒害,因此植物体内存在活性氧清除系统来调节活性氧含量的平衡。POD、SOD 和 APX 等抗氧化酶参与调控瓜类苗期耐冷性,已作为评价植物耐冷性的重要指标。交替氧化酶(Alternative oxidase,AOX)是一种线粒体末端氧化酶,能降低呼吸电子传递过程中产生的活性氧,与植物非生物逆境胁迫密切相关。黄瓜中仅有 1 个 AOX 基因,与西瓜和甜瓜 AOX 基因位于进化树同一分支上,冷胁迫诱导黄瓜 CsAOX2 显著上调表达。西瓜中同样也只含有 1 个 ClAOX 基因,也受低温诱导表达,并且不同基因型之间存在丰富的多态性,可能是一个驯化基因。植物通过冷驯化能够获得更强的耐冷性,研究发现这种"获得性耐冷性"能够被植物"记住"并维持一段时间。由 CsRBOH(Respiratory burst oxidase homologue)基因编码 NADPH 氧化酶的活性及其产生的过氧化氢(H_2O_2)在冷驯化后的恢复期中仍保持在较高水平,这对黄瓜冷驯化后的"获得性耐冷性"的维持至关重要。RBOH 依赖的信号通路为植物冷驯化理论提供了新的见解。此外,活性氧清除系统在瓜类果实采后低温贮藏过程中也发挥了重要作用。

细胞膜的稳定性是植物抵御外界低温的重要保障。研究发现细胞膜中不饱和脂肪酸含量越高,膜的流动性越高,植物的耐冷性越强。脂肪酸去饱和酶(Fatty acid desaturase,FAD)通过增加脂肪酸的不饱和度,来增强细胞膜的稳定性,调控植物响应非生物逆境胁迫。黄瓜中鉴定到 23 个 FAD 基因,这些基因大多表现出冷诱导和热抑制的表达模式,表明 FADs 可能参与黄瓜温度应激响应过程。另外,外施 SA 能够诱导黄瓜幼苗叶片和根系中 CsFAD 表达,提高细胞膜稳定性,增强幼苗耐冷性。

棉子糖家族寡糖(Raffinose family oligosaccharides,RFO)作为

渗透保护剂和脱水保护剂,参与植物逆境胁迫的调控。冷胁迫诱导黄瓜幼苗体内棉子糖、水苏糖和肌醇半乳糖苷这3种RFO快速合成,并在细胞液泡中大量积累,细胞质和叶绿体中部分积累,从而降低细胞液的冰点,提高植株耐冷性。水苏糖合成酶基因CsSTS受冷胁迫诱导表达,通过增加水苏糖含量提高黄瓜幼苗的耐冷性。

低温胁迫下黄瓜幼苗根系中己糖积累与蔗糖酶活性密切相关,液泡转化酶CsVI1能够水解蔗糖为己糖,过表达CsVI1增强Ⅵ1酶活性,增加根系中葡萄糖和果糖的含量,提高黄瓜根系对低温的耐受性。

蛋白激酶在各种非生物胁迫的信号转导途径中发挥重要作用。钙依赖蛋白激酶CDPK(Calcium-dependent protein kinase)是一种重要的Ser/Thr蛋白激酶,甜瓜中含有18个CDPK基因和7个CRK(CDPK-related protein kinases)基因,胁迫表达谱分析发现,大多数CmCDPK和CmCRK基因参与植物低温响应。MAPK信号级联由3种蛋白激酶组成(MEKKs、MKKs和MPKs),是所有真核生物中普遍存在的信号模块。Song等(2015)对西瓜中MPK和MKK家族进行了系统性分析,鉴定到15个ClMPK和6个ClMKK基因,逆境表达谱分析发现多个ClMPK和ClMKK成员能够响应冷胁迫。以上蛋白激酶参与瓜类响应冷胁迫,但具体调控机制仍不清楚,有待深入研究。

8.2 基因工程技术在畜牧业、养殖业中的应用

8.2.1 影响鸡骨骼肌发育的核心基因

鸡肉已逐步成为消费量最大的肉类产品。骨骼肌尤其是胸肌是影响家禽产肉性能的重要因素,因而受到广泛关注。然而,肌肉生长发育这类复杂经济性状受遗传和环境因素,特别是营养因素的复杂调控。揭示遗传和营养对肌肉生长发育的协同调控作用,是改善骨骼肌生长发育,提高地方鸡产肉量的基础。

第8章 基因工程技术的应用

8.2.1.1 可变剪接是调控骨骼肌发育的重要因素

1. 可变剪接类型及形成机制

可变剪接(Alternative Splicing,AS)是重要的转录调控事件,可从单个前体 mRNA 分子和连续的蛋白质变体生成多个转录本,从而在许多生物过程中发挥动态调节作用。[①] 一般情况下可变剪接的转录本亚型可被6种剪接方式所解释。最常见的是外显子跳跃,这只是成熟 mRNA 中某一外显子被简单地跳过或保留而形成的新的亚型。另一个普遍的剪接方式是以使用外显子以外的可变剪接位点为特征的。在这种情况下,会导致 3' 或 5' 剪接位点的替代使用,这两种剪接事件分别占人类可变剪接事件的 18.4% 和 7.9%。人类中罕见的可变剪接事件是内含子保留,即成熟的 mRNA 中保留了某些内含子序列。此外,外显子互斥也是一种重要的可变剪接模式,这是指两个可替代的外显子以牺牲相邻的可替代为代价参与 mRNA 的转录。目前的理论表明,可变剪接的形成是依靠反式剪接因子识别顺式调控剪接的结构域(motif)而形成的。这种顺式 motif 停靠在 pre-mRNA 的不同位置,因而导致上述不同位置上的可变剪接模式。而可变剪接因子数量众多,TSVdb 和 TCGA 等数据库均已收录了很多可变剪接因子,但近年来仍有很多新的剪接因子被不断发掘。

2. 使用 RNA-seq 可鉴别肌肉中的可变剪接事件

剪接敏感微阵列或 RNA-Seq 的使用允许对多个组织中的转录本亚型进行系统分析,这些研究突出骨骼肌转录组数据在挖掘可变剪接事件中的优势。早期的剪接敏感微阵列有能力定量已知的可变剪接亚型,比如 Bland 等(2010)在小鼠骨骼肌中确定了 95 个肌发生保守的可变剪接事件。随着 RNA-seq 技术的发展,尤其是在 Cufflinks 等拼接和定量技术的开发后,大幅提升了 RNA-seq 数据检测可变剪接的能力。比如小鼠成肌细胞不同生长时期的转录组数据就被鉴定到已知基因的 12712 个未知新亚型。在这些新发现的亚型中,7395 个(58%)具有新的剪接方式,而其余的亚型是先前已知的外显子的新组合。此后更

[①] 张洪渊.生物化学教程(第4版)[M].成都:四川大学出版社,2016.

大规模的全组织转录组测序和跨物种的多组织转录组测序,在使得肌肉特异性的可变剪接事件在肌肉组织中亚型的多样性进一步丰富的同时,明确了可变剪接在器官分化和组织发育中的重要性。最近的研究更是将 RNA-seq 中的可变剪接与遗传变异进行关联,将阿尔茨海默病等疾病的遗传变异位点和 12794 个基因的可变剪接事件关联,进一步扩展了 RNA-seq 在可变剪接研究中的作用。

　　RNA-seq 数据在分析可变剪接中的另一大优势是量化可变剪接,这是基于转录本水平和事件水平。这两种量化方法适用条件不同,但都在目前的可变剪接研究中被广泛运用。基于转录本水平的量化是通过使用短读长(reads)的 RNA-seq 数据来估计全长的 mRNA 亚型的丰度和相对比例。这种方法通常涉及将 reads 与参考基因组或从头拼接的转录组对齐,然后使用期望最大化算法估计 mRNA 亚型的丰度。Cufflinks 是此方法的一个杰出代表。基于事件水平的量化是使用 RNA-seq 数据直接量化可变剪接事件,即剪接百分比(Percent spliced in, PSI),它表示一个基因某个特定外显子或剪接位点在所有亚型中的比例。PSI 估计的置信区间取决于感兴趣的剪接事件的整体 RNA-seq 的 reads 覆盖率,因此较高的覆盖率或更长的 reads 导致更可靠的 PSI 估计值。达到量化水平的可变剪接研究目前在家禽骨骼肌发育中较少,但以前的研究已经表明在家禽骨骼肌发育过程中存在大量可变剪接事件。随着转录组数据不断丰富,有必要利用新的分析方法和统计手段重新审视或全新解析鸡肌肉发育过程中的可变剪接事件,从而在量化水平扩展可变剪接在鸡骨骼肌发育中的功能和作用机制。

8.2.1.2 营养供给通过影响基因表达特征改变骨骼肌生长发育

1. 营养供给通过改变基因表达调节不同阶段骨骼肌发育

　　表观遗传机制和基因表达模式是营养供给能够调控肌肉发育的重要机制,包括 DNA 甲基化、组蛋白修饰、印记基因和非编码 RNA 等都对营养调控比较敏感。目前的研究清晰地介绍了营养供给磷酸化 mTOR 通路促进蛋白质翻译,从而促进肌纤维肥大的机制。同时,基因表达模式也受营养成分的调控。受营养供给变化使表达模式发生变化的基因可能直接作用于肌纤维生长和肥大的各种生理过程,进而调控骨

第 8 章　基因工程技术的应用

骼肌发育。

营养供给主要来自母体营养供给和出生后的外源营养供给。虽然家禽是卵生动物,胚胎发育不能靠母体提供营养成分,但关于哺乳动物母体营养成分差异对胚胎骨骼肌发育影响的研究会了解营养供给如何通过基因调节胚胎骨骼肌发育。来自哺乳动物的研究表明,母体营养供应会改变肌发生相关基因的表达特征,进而调控胚胎骨骼肌发育。妊娠前或妊娠早期母体营养限制会增加胎儿肌纤维面积,但降低肌源 PAX7 祖细胞的密度。在此期间,IGF1 的表达下降,IGF2 的表达上升,包括 TGFβ 和Ⅲ型胶原蛋白基因 α1 等与肌间胶原相关的基因表达上调。母体营养过剩抑制了早期胚胎肌发生过程中肌祖细胞 MEF2C 的表达,可能导致胚胎肌纤维的形成受损和胎儿成肌细胞的代谢变化。这些结果表明,早期胚胎肌发生过程中基因表达可能受到营养供给的调控。

在妊娠中后期,随着初级和次级肌纤维形成,怀孕不同阶段的营养成分供给可以改变胚胎中后期骨骼肌和脂肪组织的发育,这反过来可能对畜禽的产肉性能产生重要影响。最近的高通量转录组学较为系统地分析了妊娠中后期营养供应变化对骨骼肌基因表达的影响。

其中,变化最明显的基因是调控骨骼肌发育和脂质代谢相关的基因。比如 MYOD,锚蛋白重复结构域 1,组蛋白调节基因,B 细胞淋巴瘤 9,伴肌动蛋白相关锚定蛋白,钛帽基因,类突触组蛋白 2,CCAAT 增强子结合蛋白和过氧化物酶体增殖物激活受体。与糖酵解、三羧酸循环、氨基酸代谢和磷脂酸水解酶活性相关的基因表达发生变化,这些基因维持胎儿的基础代谢过程。此外,DNA 甲基化或组蛋白修饰相关基因的表达也发生变化,这些结果表明母体营养会影响胎儿基因表达,并对包括胎儿肌肉和脂肪相关组织在内的胎儿发育事件产生影响。上述营养供给所调控的基因对家禽肌肉生长发育的营养调控具有重要借鉴意义。但由于家禽是卵生动物,鸡蛋成分和营养作为唯一的营养原料和能量,其变化必然会影响肌纤维的形成。另外,母鸡的营养供给水平也可能影响后代的肌纤维发育。以前的研究发现母鸡低蛋白饲粮饲喂显著促进 4 周龄后的雏鸡的胸肌生长发育,并伴随着 IGF1 和 IGF1R 的表达。最近的研究评估了正常饲粮和营养缺失饲粮饲喂母鸡对胚胎肌纤维发育的作用。母鸡饲喂差异使胚胎中后期肌发生相关因子 MYOD、MYF5、MYF6、MSTN 和 MYOG 的表达水平发生显著变化,但不同基因在不同品系和不同时期的表达变化特征复杂。这些结果表明,与哺乳动物类似,营养供给会激活或抑制家禽肌纤维发育各阶段的基因表达,这些基因通过影响骨骼肌发育、代谢变化等生物学进程,调控骨骼肌发育。

出壳(生)后卫星细胞增殖促进骨骼肌肌纤维的肥大。迄今为止,肝细胞生长因子、FGF、IGF、NOTCH 和 WNT,白细胞介素(Interleukin,IL)-4和IL6,TGFβ 和糖皮质激素等生长因子都被报道受到营养调控。而这些生长因子是 Mcsc 激活和增殖必不可少的因子。因此,营养供给对这些生长因子的调控作用可能是促进卫星细胞增殖的原因。这些研究表明,营养供给可通过改变基因表达特征调节骨骼肌发育,但是否与骨骼肌发育核心基因的表达特征有关仍需要进一步研究。

2. 不同营养供给调控骨骼肌发育的关键基因不同

虽然营养供给通过调控基因表达影响骨骼肌发育,但营养供给条件多样,累积的研究表明不同营养供给条件改善骨骼肌发育所调控的基因有所差异。在家猪中的研究发现,能量限制或不同能量水平主要会激活一些蛋白合成基因和脂质代谢相关基因的表达。在大鼠中限饲后加入高脂饲粮主要引起时钟基因的和能量代谢标志基因的变化。日粮蛋白质是补充日粮能量最重要的原料,同时影响肌肉发育相关基因表达。此前在猪骨骼肌营养基因组的研究中发现,高蛋白饲料引起仔猪背最长肌中表达量升高最明显的基因包括细胞周期调节因子,生长激素(Growth hormone, GH)、IGF1、mTOR、血管内皮生长因子(Vascμlar endothelial growth factor, VEGF)和胰岛素受体。

此外,脂质代谢、能量代谢和核酸代谢相关基因也有所升高,提示高蛋白饲粮可能通过这些基因促进骨骼肌发育。在家禽中,以前的研究在一定范围内提高日粮蛋白质含量可以促进骨骼肌的生长,并暗示这与 MSTN 在骨骼肌中表达下调相关。最近的研究表明,家禽饲喂高蛋白饲粮使谷氨酰基肽环转移酶样基因的表达下降,这个基因通过促进成肌细胞分化调控骨骼肌发育。氨基酸添加是补充饲粮总能另一个主要途径。

已发现亮氨酸通过 SESN2 激活 mTORC1,即亮氨酸与 SESN2 的结合会破坏其与三磷酸鸟苷酶激活蛋白和重组激活基因的相互作用,从而激活 mTORC1 信号通路。同时,Xu 等(2019)报道了 SESN1 在骨骼肌中高表达,亮氨酸通过 SESN1 激活 mTORC1。而与骨骼肌肥大相

第8章 基因工程技术的应用

关的 IGF 也受到氨基酸的调控。摄入支链氨基酸(亮氨酸、异亮氨酸和缬氨酸)后,会增加肝脏或骨骼肌中的 IGF1 表达水平,进而促进成肌细胞肌管融合和蛋白质合成增加。最近的研究通过比较高赖氨酸和低赖氨酸组的胸肌转录组数据,并发现赖氨酸诱导 TGFb1,Rho 蛋白激酶 2,PPAR 共激活剂 1A,IGFBP2 和 Kruppel 样因子转录因子 4 的表达与肉鸡赖氨酸摄入量、体重增加和采食量增加有关。除此以外,微量元素,比如维生素 B2,维生素 E 和维生素 D,会通过促进不同的肌源性转录因子表达,促进鸡成肌细胞增殖或分化,从而提高鸡骨骼肌质量。这些结果表明,不同的营养供应所影响的基因不同,表达特征受影响的基因与营养供给所影响的表型紧密相关,说明不同营养条件下调控的关键基因不同。但系统地挖掘不同营养条件提高骨骼肌发育的关键基因仍需要大量的研究补充。

8.2.2 绵羊体内、外胚胎转录组分析及 NANOG、SRY 基因促细胞增殖

8.2.2.1 体外培养胚胎的特征

首例体外受精"试管犊牛"是由 Brackett 等获得。此后研究人员对卵母细胞体外成熟、体外受精、体外培养方法进行了改进。所有体外培养体系研究都围绕模拟输卵管内环境进行研究,理想培养基的最佳成分确定主要围绕输卵管内环境的分析和合成输卵管液(SOF)的制备。之后,这种培养基的制作方法被迅速采用,并开始补充血清或 BSA。此后,又构建了富含特定氨基酸的培养体系,将单细胞胚胎发育为囊胚。

尽管经过大量研究改善了培养体系,提高了囊胚率,但仍然不能与体内发育相比,也没有完全模拟出输卵管内环境。几乎所有用于绵羊 IVM 的成熟培养基均加入 10% 的血清,包括牛血清(FCS、FBS)、绵羊血清(SS、OSS 或 ESS)和卵泡液(FF)或 BSA。尽管血清的组成性质不确定且可变,但血清和 BSA 是哺乳动物卵母细胞和胚胎培养系统中培养基的最常见组分。Shirazi 等人评价了成熟培养液中蛋白源(FBS 和 BSA)对绵羊卵母细胞发育能力的影响,结果表明:与添加 BSA 相比,在成熟培养液中添加 FBS 可显著提高卵裂率和总囊胚率。

在 IVC 条件下,胚胎受到各种稳态压力,包括物理化学(温度、渗透压、摩尔浓度和 pH 值)、氧化(促氧化剂和抗氧化剂平衡)和能量(生产、利用和储存),所有这些压力都可能影响胚胎进一步发育。更重要的是,氨积累与氧水平相互作用,对小鼠胚胎 IVC 期间的代谢和基因表达产生负面影响。这些调节因子包括伴侣蛋白以及凋亡相关蛋白,如 Bax、Bid 和 Caspase-3,还包括与发育能力基因相关的蛋白,如 PLAC8 和 CDX2。Wnt 信号通路与硫酸肝素蛋白多糖联合作用下的转录失调也可能由 HS 暴露引起。OXPHOS 的解偶联剂和抑制剂似乎以类似的方式影响胚胎发育以及氧化还原敏感基因如 $HIF1A$ 和 $HIF2A$ 的表达,氧分压降低可增加参与糖酵解的代谢基因(如 $LDHA$)的表达。

培养条件可能干扰线粒体成熟和氧化磷酸化,迫使细胞依赖糖酵解以维持能量稳态,虽然这种适应在短期内是有益的,但可能导致表观遗传变化,对着床、胎儿生长和产后健康产生潜在的长期影响。与自然受孕相比,IVC 产生的胚胎活力仍然较低,因此需要多次,重复移植。最近对人类胚胎的微阵列分析揭示了基因组氧张力对代谢、细胞周期和 OXPHOS 相关基因表达的影响。受精后的最初几次分裂在转录组沉默的状态下发生,持续到胚胎基因组激活(EGA)完成。

因此,在成熟期间,配子基因组大量投入维持第一次合子分裂,并且只有早期胚胎细胞的细胞质区室具有显著的应激应答能力,EGA 后,胚胎细胞获得转录组可塑性,其提供对外部条件的一定应答。此外,致密化过程中间隙连接的获得提供了胚胎细胞之间在代谢、信号传递和响应外部条件方面更好的协调。由于早期胚胎在 EGA 前细胞自主活动,因此与着床前发育后期相比,这有助于其对 IVC 相关应激的敏感性升高。由于胚胎长时间培养,可能导致基因组表达发生变化,从而导致发育异常。例如,Schwarzer 等人发现,13 种不同的胚胎培养方案在小鼠胚胎中产生了不同的细胞和分子表型,这表明某些培养基成分可以干扰基因的表达调控。

向培养基中加入 L-丁硫氨酸亚砜亚胺,通过耗尽胚胎中的谷胱甘肽(GSH)而加重了这种缺乏,从而在氧化活性增加时引起发育障碍。根据囊胚的转录组学分析,尽管参与甘氨酸代谢的基因有过表达,但由此产生的炎症反应是明确的。这种处理后存活的胚胎也显示出与氧化代谢相关的基因表达降低。这样的特征在体内产生的胚胎中是典型的,并且表现出静止的内稳态,这也可能是在延长培养条件下可获得的胚

第8章 基因工程技术的应用

泡的最佳质量的标志。对含有 BSA 和血清脂质组分的培养基中产生的牛囊胚进行转录组学分析显示脂质过氧化和代谢失调的迹象,特别是 *LDLR*、*HMGCS1* 和 *MSMO1* 的下调,表明对胆固醇蓄积的应激反应以及 SREBP 和 PPAR 信号转导的抑制。

通路分析显示代谢抑制物 NRIP1 的激活,其参与甘油三酯的利用以及能量储存和消耗之间的平衡。在培养基中添加血清可加速牛胚胎的发育并增加胚泡形成的可能性,但也会增加异常发育的发生率,如"大后代综合征"。就囊胚率而言,体外胚胎生产的总效率在 15%—79% 之间,实验程序和实验室之间存在显著差异,取决于卵母细胞来源(即屠宰场或体内来源)、供体年龄、培养条件、生殖状态和遗传背景等。Gandolfi 和 Moor 在绵羊身上进行了胚胎与输卵管细胞共培养的实验,培养的输卵管细胞似乎通过向培养基中释放潜在的"亲胚性"因子或在 IVC 期间充当毒性因子的清除剂来支持胚胎发育直至囊胚阶段。

在 IVC 环境下,2- 细胞胚胎发育至囊胚的速度较好,但在何种程度上以及在何种关键发育阶段影响培养环境和囊胚质量是一个需要解决的问题。最近,输卵管细胞的 3D 系统已经被开发,可以更好地理解受精和早期胚胎发育阶段,并提供用于增强体外胚胎生产的新工具。Garcia 等研究发现在 5%O_2、5%CO_2 和 90%N_2 培养箱中进行培养,序列培养液,响应胚胎在卵裂期的不同代谢要求,进行了测试,但没有显示囊胚率的显著改善,而孵化率受到负面影响较小。Masala 等发现,超过 50% 的 2- 细胞胚胎是卵母细胞发育能力的良好指标,在最初 24 小时内分裂的胚胎与较晚分裂的胚胎相比产生更多的具有更高质量的囊胚,一些卵裂缓慢的胚胎在不同卵裂阶段停止发育,通常在基因组激活之前(8 到 6- 细胞阶段)或致密的桑椹胚阶段。

总转录扩增允许仅使用少数细胞筛选数千个 cDNA 探针。该方法已被用于评估不同物种的培养胚胎发育中重要基因表达水平的调节程度。虽然基因表达水平不一定等同于活性蛋白的功能效应,但转录组学分析对于描绘胚胎对不同体外环境的反应所潜在的全基因组影响是有价值的。值得注意的是,在牛胚胎的植入前发育期间(其中 EGA 较晚,如在人胚胎中),大量基因以不同水平表达,这取决于胚胎是体内(在输卵管中的最佳条件下)还是体外产生。早期发育对 IVC 的时间依赖敏感性在牛中尤其明显,如果及时,胚胎从体外环境转移到子宫通常是成功的。使用子宫移植前的滋养层活检,对受体奶牛不是卵母细胞供体的病例进行了分析显示，IVC特异性差异表达基因（DEGs）与妊娠成功或失败相关。

早期胚胎发育是哺乳动物发育的关键时期之一。这一早期阶段包括与基因组活动相关的各种形态和生化变化，以及一系列复杂的生理过程，其中许多仍是未知的，这些过程是由几个分子机制和途径控制的，在协调稳态和代谢过程中有一个基本的作用。理想的培养条件下在胚胎卵裂阶段，胚胎发生了几个关键事件，这些事件受到基因协调表达的调控。然而，在每一个关键事件、步骤中，体外培养条件的确切影响仍是未知的。在这些事件中，胚胎从使用来自母体基因组的mRNA转换到由胚胎基因组激活（EGA）产生的mRNA。EGA的起始是一个物种特异性的时间点，在小鼠中发生在2-细胞阶段，在人中发生在4-细胞阶段，在牛胚胎中发生在8-细胞晚期。EGA被认为是早期发育中生存能力最关键的事件，并与早期分化事件、胚胎成功着床和胎儿发育相关。多项研究表明，早在牛胚胎8-细胞期胚胎基因组激活前2-细胞段就出现了少量EGA，这一转变在胚胎基因组重编程和获得全能性方面至关重要。而这些过程对培养条件尤为敏感。因此，从成熟到EGA这一发育窗口期，环境因素的影响需要更多地研究。

显然，在体外培养过程中，体外培养体系尽可能模拟输卵管内环境，优化培养基，添加有利于胚胎发育的成分，但对抑制成分的添加、研究鲜有报道。因此，相对体内发育胚胎体外发育胚胎缺少负调控因子。胚胎在培养过程中，发育环境的变化，胚胎基因组转录图谱相比体内发育胚胎发生变化，与之相应的卵裂速度快是转录图谱变化的一种表型。例如，Schwarzer等人发现13种不同的胚胎培养方案导致小鼠胚胎中不同的细胞和分子表型，这表明某些培养基成分可以干扰基因的遗传调节。总之，胚胎发育是在时间和空间上表达的基因的连接与合作的结果。它是一个受时间、空间等特定参数影响的动态过程。在胚胎发育的特定时期，某些差异表达的基因参与了不同的生物学功能和代谢途径调节胚胎的正常发育。

第8章 基因工程技术的应用

8.2.2.2 单细胞转录组测序

1. 技术发展

随着单细胞RNA测序技术(scRNA-seq)的发展,我们有能力在单个细胞转录组水平上研究生物学问题。scRNA-seq技术的一个重要应用是在所有活生物体中建立更好和高分辨率的细胞目录,通常称为图谱。通过高通量单细胞转录组学,可以获得对生物组织细胞多样性的前所未有的洞察。批量RNA测序法只能定量许多细胞的平均信号,忽略了不同细胞中基因表达的随机性,不能揭示细胞异质性。通常,scRNA-seq的过程包括以下步骤:(1)首先从组织中分离单个细胞;(2)细胞裂解,得到mRNA;(3)进行mRNA分子捕获;(4)将mRNA逆转录(RT)为cDNA;(5)使用PCR或IVT扩增cDNA;(6)进行文库构建和测序。

在过去的几年中,scRNA-seq技术取得了巨大的进步,并开发了各种scRNA-seq方案。scRNA-seq方案的开发和创新极大地促进了单细胞转录组学研究,为研究大细胞群中单个细胞的基因表达异质性以及确定组织和生物体发育发现的动力学基础提供了更深入的见解。尽管scRNA-seq为生物学研究提供了便利,但该技术仍然存在许多缺点。它的基因表达矩阵是非常嘈杂的、高维的、稀疏的。因此,为了充分利用scRNA-seq技术,需要专门为scRNA序列数据设计的计算工具。

2. 技术要求

单细胞转录组测序技术主要可以分为单细胞分离技术、cDNA文库构建和后续的数据分析处理三个部分。scRNA-seq的第一步是分离单个细胞,捕获效率是scRNA-seq的一大挑战。目前,几种不同的方法可用于分离单细胞,包括有限稀释、显微操作、流动激活细胞分选(FACS)、激光捕获显微切割(LCM)和微流体技术。scRNAseq文库制备的质量受其他因素如技术噪声和生物噪声的影响。技术因素包括RNA捕获效率和质量、文库制备过程中的随机脱落、单细胞扩增技术和实验批次效应。至于生物噪声,生物样品的性质和不同的遗传背景(如细胞大小、基因表达)以及动态和随机的环境变化(各种细胞状态、细胞周期状态)难以通过实验操作来控制。因此,在scRNA-seq文库制备中仍然关键的挑战是最小化RNA损失和最大化信息精确度。scRNA-seq可能会受到破碎、死亡、多个细胞混合或被环境RNA污染的影响，并产生部分低质量数据。使用低质量的数据可能会妨碍下游分析并导致错误的解释。

3. 单细胞转录组测序技术在胚胎研究中的应用

scRNA-seq正在彻底改变我们对生物学的基本理解，这项技术开辟了超越细胞状态描述性研究的新研究前沿。迄今为止，单细胞RNA表达谱正迅速成为包括人类，动物和植物在内的各种研究中不可替代的方法，能够以前所未有的方式更准确，快速地鉴定组织中的稀有和新细胞。scRNA-seq技术也能检测胚胎多能干细胞、早期胚胎发育情况；单细胞甲基化测序技术能对卵母细胞和胚胎干细胞进行发育检测等。宇向东等采用Smart-Seq2扩增技术构建5个测序文库，应用HiSeqTM2500高通量测序技术对IVF技术生产的牦牛2-细胞、4-细胞、8-细胞、桑椹胚和囊胚5个发育阶段的胚胎进行转录组测序，其中有85.65%—90.02%的reads能比对到牦牛参考基因组序列上。

由于哺乳动物卵裂期胚胎细胞数量极为稀少，RNA-Seq技术可以有效地解决该问题。研究人员对小鼠，猴子，人卵裂期胚胎的单细胞转录组进行了研究。单细胞RNA测序（scRNA-seq）技术已成为揭示单个细胞内RNA转录物的异质性和复杂性以及揭示高度组织化的组织、器官、生物体内不同细胞类型和功能、组成的最先进方法。自2009年首次发现scRNA-seq以来，基于scRNA-seq的研究提供了跨不同领域的大量信息，在更好地理解人类、模型动物和植物细胞的组成和相互作用方面取得了令人兴奋的新发现。除了scRNA-seq在基础生命科学研究中的应用外，该技术还被证明是了解传染病的有力工具。

由冠状病毒SARS-CoV-2引起的COVID-19流行已影响全球超过7.51亿感染死亡近680万。了解COVID-19感染的发病机制对于预防传播、降低感染的严重程度以及快速有效地开发新的治疗策略至关重要。迄今为止，已经进行了许多使用单细胞RNA测序技术的研究，以了解COVID-19患者的免疫细胞景观和反应，并导致临床结果因年龄，性别，严重程度和COVID-19疾病阶段而异。单细胞转录组测序技术在胚胎转录组测序中广泛应用，对于有效检测家畜转录组和深刻理解家畜转录水平的相关调控有重要意义，但单细胞转录组测序对RNA的

第 8 章 基因工程技术的应用

量和细胞的同质性有很高的要求。虽然体外胚胎培养技术能够提供一定数量的卵裂期胚胎，但其培养效率依然不高，从胚胎发育调控研究的角度来看，仍然不能满足大量试验研究的需求。

8.3 基因工程技术在工业领域中的应用

8.3.1 污泥堆肥中重金属钝化和抗生素及抗性基因削减机制研究

8.3.1.1 污泥中各类抗性基因的环境风险及形成机制

抗生素抗性基因（Antibiotics resistance genes，ARGs）是一类位于可移动遗传元件（Mobile genetic elements，MGEs）上的基因，其能够使细菌等微生物产生对应的抗药性，可移动遗传元件主要由转座子、整合子、质粒等组成。ARGs 的迁移扩散方式主要有两种：垂直扩散和水平转移。

（1）垂直扩散：是一种基因转移方式，即亲代遗传信息中的 ARGs 在其子代间代代相传下去这一方式。

（2）水平（横向）转移：在不同物种之间，ARGs 存储在可移动遗传元件（MGES）上，通过转化、结合和转导等方式在不同细菌间相互传播。

抗生素不合理地规划和使用甚至长期滥用在一定程度上导致抗生素对环境的污染，这很有可能还会同时产生抗生素抗性基因，同时产生的抗生素废液和固废将对其周边环境及生物造成基因上的污染。抗生素抗性基因会在环境中传播、扩散，对人体健康和食品、水安全形成危害。

同样地，部分细菌处于重金属的环境下时会产生重金属抗性基因（Metalresistance genes，MRGs），表现出对重金属的抗性（包括生物吸附重金属、形成重金属沉淀、改变重金属价态和细胞膜运送重金属等方式），降低重金属对细菌的危害。因此，在生物修复土壤污染这一技术中，长期处于重金属污染土壤下的细菌的 MRGs 表达对重金属污染的治理有很大的潜在应用价值。用生物修复的方法治理重金属污染土壤的前提是了解重金属污染下微生物群落结构和重金属抗性基因的变化及其之间的相互关系和影响。Berg 等人研究发现 Cu 浓度与多种抗生素抗性基因的丰度呈正相关关系，Cu 含量的提升会带动四环素等多种 ARGs 的丰度提升，Pal 等还发现 Zn 及其 MRGs 与氨基糖苷类的抗生素抗性基因存在明显相关关系。

以上各研究表明重金属抗性基因（MRGs）对周围环境及生物的影响虽然并不大，但因其和 ARGs 一定的共生关系，可能会促进部分 ARGs 的传播扩散，因此在研究 ARGs 的同时对堆肥中的 MRGs 也进行研究是十分必要的。

细菌的 ARGs 形成的机制包括：（1）在环境中抗生素的胁迫下，细菌产生应激反应来减少抗生素对遗传物质造成的损害和影响；（2）长期抗生素的胁迫下，细菌形成了隔断抗生素的生物被膜；（3）细菌形成外排泵系统能够使得抗生素排出；（4）细菌产生使抗生素失去活性的酶；（5）通过基因突变或改变抗生素作用点，使抗生素失效。抗生素对革兰氏阴性细菌的抗性机理如图 8-3 所示。

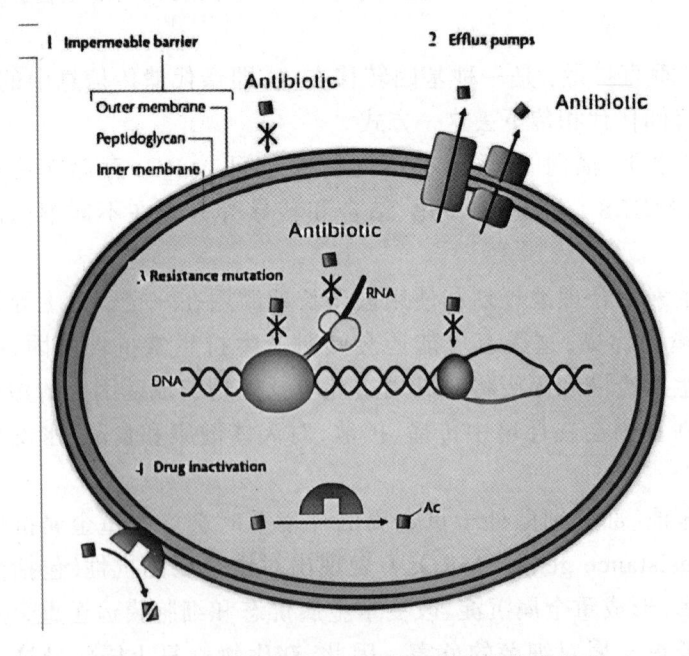

图 8-3 抗生素在革兰氏阴性细菌中的抗性机理

第8章 基因工程技术的应用

细菌的 MRGs 的产生机制与 ARGs 类似,主要包括生物吸附、胞外螯合、细胞阻隔、转化、排出 5 种方式。生物吸附为某些重金属的金属离子与细菌上的蛋白质等物质和金属螯合因子之间的静电吸附,从而使重金属的浓度得到下降。胞外螯合是通过细菌主动产生的蛋白质并在胞外与重金属进行螯合,从而降低毒性。细胞阻隔是细胞质中的胞质多磷酸盐将进入细胞内的重金属变为沉淀,及富含半胱氨酸的蛋白质吸附重金属,来降低重金属的毒性。转化即细菌将重金属价态变为危害较小的价态,例如硫酸盐还原菌将 Fe(Ⅲ)或类金属作为末端电子受体,通过酶促转化来催化还原反应,将 Cr(Ⅵ)还原为危害更小的 Cr(Ⅲ)。

较高的温度能够使 ARGs 的丰度更快地降低,因为高温处理能够有效对抗生素进行削减,抗生素含量减少的同时致使其对细菌的选择性压力降低,随之产生的 ARGs 也得到了降低。伴随着温度的增加、时间的推移,ARGs 宿主的多样性和丰度也会减少,并且高温能让基因的水平转移被抑制,从而让堆肥产品中 ARGs 的丰度降低,提高了堆肥产品的价值。高温堆肥技术在堆肥无害化方面均效果显著,是降低 ARGs 的环境风险的一种可持续性的方法。但韦蓓的研究表明,高温有利于嗜热细菌的生长繁殖,导致了细菌数量在高温阶段不断地增加,因此磺胺类抗性基因和大环内酯类抗性基因的丰度也随着细菌数量的增加而有所增加。

最近几年,抗生素抗性基因在环境中传播扩散的污染问题被世界各研究者广泛关注。在湖泊、土壤和地下水中检出抗生素的消息屡见不鲜,抗生素进入环境导致一系列污染问题亟待解决。环境中所残留的抗生素通过食物水等方式进入人体后,只有其中的一小部分能被人体自身代谢,其余的大部分往往随着粪便和尿液排出体外,通过生活污水进入污水处理厂。在污水处理厂中,污水中的抗生素最后会富集在活性污泥中,使得污泥成为新的抗生素污染源。

污泥有着含水量高,易腐烂的特点,这使污泥有刺激性的臭味,并且伴随着大量的细菌、病原体及重金属等毒害物质。倘若污泥随意填埋摆放,不仅气味会污染环境,在下雨时还会因为雨水冲刷从而进一步污染土壤和地下水,对生态环境和人类健康造成威胁。此外,抗生素的残留还可能导致产生抗生素抗性基因。即使经过了处理,抗生素产生的环境风险也不一定能够得到降低。如在堆肥过程中,β-内酰胺类 ARGs 的 blaTEM 的拷贝数增加了 1.17 倍,表明堆肥产品的直接运用在土地上存在着风险,所以在堆肥时严格控制抗生素和 ARGs 的含量是十分有必要的。

综上所述,我们有必要对污泥以及污泥中的污染物质进行控制,建立起真正能从污染源上遏制抗生素及其 ARGs 进入自然环境的技术,减小抗生素及其 ARGs 污染扩散的生态风险,同时固定重金属,尽可能使土壤中重金属的迁移活动变少从而减少植物对重金属的吸收,降低其生物有效性,从而减少对生物的毒害。

8.3.1.2 生物炭和宏基因测序在堆肥上的应用

宏基因组测序(Metagenomics)是指直接获取样品中全部微生物的遗传 DNA 并进行文库构建的测序方法,它能直接从环境中提取 DNA 进而发现新的功能基因,不需要对微生物进行分离和培养,能够研究微生物多样性和群落组成、相对丰度、基因表达以及之间的相互关系和影响因素,有准确性高、内容全面、更具可操作性等优点。因此,堆肥领域经常利用宏基因组技术来进行分子生物学上的研究。

夏慧等通过宏基因组测序技术发现,蚯蚓在污泥堆肥中能减少 ARGs 的传播风险。Huang 等通过宏基因组分析发现堆肥过程中添加赤泥可以有效地固氮,减少氮损失从而提高堆肥产品的质量。利用宏基因测序技术,有助于堆肥过程中微生物群落演替情况以及抗性基因变化情况的研究,有效降低传统分子生物学实验所造成的误差,保证了分子生物学数据的准确性。

8.3.2 活性污泥系统溶解性微生物产物(SMPs)的形成与环境应激机制

8.3.2.1 溶解性微生物产物(SMPs)

溶解性微生物产物(soluble microbial products, SMPs)是微生物在消耗基质阶段和水解及衰亡过程中产生的溶解性有机物的总和,占二级出水有机质总量的 60% 以上;SMPs 的组成成分复杂,主要有蛋白质、腐殖酸、多糖、脂类、DNA 等;同时,SMPs 也具有分子量分布广泛

第8章 基因工程技术的应用

的特征,其分子量分布在 0.2kDa ~ 50kDa 的范围内。由于 SMPs 组成成分复杂的特点,多种检测方法被应用于测试和表征其理化特征。通常情况下,溶解性有机碳(DOC)被用来表征 SMPs 的总含量,Lowry 法、蒽酮-硫酸法、苯酚-硫酸法等传统的化学比色法被用于测试 SMPs 中蛋白质、腐殖酸、多糖等组分的含量。据报道,对于一种用于处理 10 个不同城市污水的 MBR 反应器,其出水 SMPs 的 DOC 含量分布在 6.3 ~ 23.9mg/L 的范围内,同时,测试结果显示 SMPs 中多糖含量最高,其浓度分布在 3.1 ~ 17.4mg/L 的范围内,其次为腐殖酸,腐殖酸的浓度分布在 2.4 ~ 8.7mg/L 的范围内,相较多糖和腐殖酸,SMPs 中蛋白质的含量最低,分布在小于 4.5mg/L 的范围内。

除了传统的化学比色法之外,傅里叶变换红外光谱(Fourier transform infrared spectroscopy, FTIR)、拉曼光谱(Raman spectroscopy)、X 射线光电子能谱(X-ray photoelectron spectroscopy)、三维荧光光谱(3-Dimensional fluorescent excitation emission matrix spectroscopy, 3D-FEEM)等光谱学方法也常被用于表征和分析 SMPs 的理化特征;其中,由于三维荧光光谱具有高灵敏度、高选择性、高稳定性、对样品前处理要求简单等特点,相较其他光谱学方法,三维荧光光谱在 SMPs 测试方面的应用更为广泛和普遍。

借助三维荧光光谱,可定量定性地分析 SMPs 中蛋白质类和腐殖酸类荧光有机物的特征;荧光有机物特征峰位置的蓝移或者红移可间接反映 SMPs 中官能团丰度的变化特征,当荧光峰位置向短波方向移动时,该现象称为蓝移,蓝移意味着 SMPs 中羧基、羟基、氨基、烷氧基等官能团丰度的下降,相反,当荧光峰位置向长波方向移动时,该现象称为红移,红移意味着 SMPs 中羧基、羟基、氨基、烷氧基等官能团丰度的上升。值得注意的是,三维荧光光谱的测试结果为各类荧光峰互相叠加的图谱,平行因子分析法(PARAFAC)可以将三维荧光谱图拆分成多个独立的荧光组分,得到更为精确的 SMPs 荧光组分信息。除化学比色法和荧光光谱法之外,分子量分布特征亦是表征 SMPs 组成和浓度的重要指标之一。凝胶色谱分析仪(gel permeation chromatography, GPC)、气相色谱仪(gas chromatography, GC)、高效液相色谱仪(high-performance liquid chromatography, HPLC)、气质联用法(gas chromatography-mass spectrometry)、高效凝胶排阻色谱法(size-exclusion chromatography, SEC)等精密仪器均可用于测试 SMPs 的分子量特征分析。相较其他分子量测试方法,高效凝胶排阻色谱法(SEC)不仅对样品的前处理要求简单,该仪器与DOC、DON和UV254检测器的联用可检测出SMPs中各个分子量分段中有机物的定量信息。

Huang等人的研究显示,在15℃条件下,以葡萄糖和苯酚分别作为生物反应器进水中的碳源时(COD含量均为500mg/L),出水SMPs中分别有70.4%和49.2%有机物的分子量小于1kDa,分别有28.4%和25.3%有机物的分子量大于10kDa。Dong和Jiang表示,当序批式的膜生物反应器的污泥停留时间SRT从10天增长至60天后,SMPs中分子量大于30kDa的有机物含量从24.8%增长至37.2%(以DOC含量的百分比计)。Ni等人的报道称,微生物在消耗底物过程中产生的SMPs分子量小于290kDa,在内源呼吸阶段分泌的SMPs分子量则分布在290kDa~5000kDa的范围内。

综上可知,SMPs的分子量分布特征与反应器进水基质的种类和浓度、反应器运行参数、微生物代谢的进程等因素均紧密相关。

8.3.2.2 微生物应激响应机制的探究

如图8-4中所示,在活性污泥系统中,微生物经过一系列的氧化反应获得自身增长所需要的能量和物质,同时达到去除污染物的目的,而这些复杂又迅速的反应是依靠生物酶的催化来完成的。因此,微生物的新陈代谢活动也可借助各类酶活性指标来反映;例如,好氧速率、氨氧化酶活性、抗氧化酶活性等。此外,随着检测技术的发展和进步,基因组学、蛋白质组学、细胞毒理学等技术作为重要的代谢机理探究以及毒性预测的方法,逐渐也被应用于预测和评估各类环境因素的毒性影响程度和响应机制。当各类环境因素的变化对微生物活性产生影响时,借助酶活性、基因毒理学、蛋白质组学等方法,我们能够更全面地探究微生物代谢过程的变化特征和机理,更深一步地分析微生物代谢机制与其代谢产物之间质与量的关系,继而,为调控和优化水处理技术提供有价值的支持信息。

第8章 基因工程技术的应用

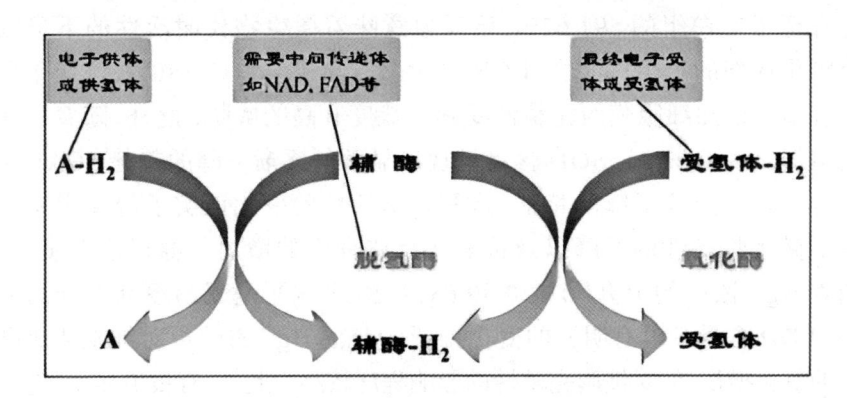

图 8-4 微生物氧化反应基本过程示意图

1. 酶的调节作用

众所周知,在活性污泥系统中,微生物的呼吸速率、硝化速率和反硝化速率与废水中有机碳和氮的去除效率紧密相关。在微生物的呼吸过程中,各类细菌以氧作为电子受体来完成维持其增长与代谢的氧化还原反应,因此,微生物的耗氧速率(oxygen uptake rate,OUR 或者 specific oxygen uptake rate,SOUR)可被用来反映微生物的代谢活性。除了耗氧速率之外,氨氧化酶(AMO)、亚硝酸盐氧化还原酶(NOR)、硝酸还原酶(NR)、亚硝酸盐还原酶(NIR)等酶活性指标通常被用来反映活性污泥中自养菌的硝化和反硝化效率。

有研究表明,在 5mg/L 的 Cu^{2+} 胁迫条件下,异养菌和自养菌对应的耗氧速率分别下降到了空白组的 18% 和 52%。当溶解氧从 2～4mg/L 范围内下降至小于 0.5mg/L 的范围内时,异养菌的耗氧速率反而有所上升,但是自养菌的耗氧速率明显下降。显然,当环境因素改变时,活性污泥中自养菌和异养菌的活性也会随之变化。

值得注意的是,当环境因素发生变化时,细胞内氧化自由基(HO-、O^{2-}、H_2O_2 等,又称活性氧)的浓度会随之升高,氧化自由基浓度过高则会造成微生物的氧化损伤,随后,微生物则会产生一系列抗氧化反应以抵御外来因素的影响。据相关报道可知,乳酸脱氢酶(LDH)、三磷酸腺苷水平(ATP)、过氧化氢酶(CAT)、超氧化物歧化酶(SOD)、活性氧水平(ROS)等酶活性指标通常被用于表征微生物在应激反应中的氧化损伤以及抗氧化反应的特征。有研究表明,当盐度为 6% 时,ROS 水平上升至了空白组的591.62%,该现象意味着微生物代谢活性的下降以及氧化损伤的产生;同时,LDH含量上升至了空白的180%,该变化意味着细胞壁和细胞膜的完整性受到了盐度升高的威胁;此外,随着盐度的增加(0%~6%),SOD含量呈现出显著的逐渐下降的趋势,CAT含量也表现出连续下降的特征,这两种酶活性的变化证实了盐度影响条件下微生物活性的下降以及抗氧化反应程度的增加。也有报道显示,随着Hg^{2+}浓度的上升(0~0.39mM),ROS水平呈现出逐渐上升的趋势,LDH含量则没有明显的变化特征;显然,Hg^{2+}毒性可对细胞造成严重的氧化损伤,但对细胞完整性的影响程度较小。此外,有报道显示,随着ROS水平的升高,相关酶活性的表达水平也会随之发生改变,继而刺激微生物分泌更多的SMPs。但是,当各类环境因素发生改变时,目前有关各类酶活性表达水平和SMPs组成及含量之间相关关系的信息仍有待补充,而这些信息将有助于更加深入地理解SMPs释放和变化的机理。

2. 功能基因组学在微生物代谢机制方面的应用

功能基因组学是一种新型的分子生物学测试技术,该技术结合了分子遗传学和生物学方法,通过对细胞中特定基因的生物功能及其产物作用的分析,深入探究环境因素影响条件下微生物的应激代谢途径及其调控机制;基因毒理学和蛋白质组学这两种新型检测技术均属于功能基因组学的测试手段。有研究表明,环境因素对微生物代谢造成的影响并非直接作用于各个代谢通路,而是导致了某些生物过程的异常表达,继而引发了一系列氧化还原反应的异常表达。因此,在各类环境因素突变的条件下,借助功能基因组学的方法,探究这些变化影响微生物代谢活性的机制,有助于更深入地分析SMPs变化的根本原因。

(1)基因毒理学

在突发环境事件频发的情况下,高效且快速的污染物毒性评估和预测方法有益于更有效地防范和治理水处理过程中面临的问题。高通量基因毒理学便是有效的污染物毒性检测技术之一,该技术以某种细胞或者细胞系作为实验载体,从分子生物学角度出发,在多种实验因素(例如,污染物种类、污染物剂量、暴露时间等)条件下,分析微生物体内的各种代谢途径和调控通路的表达水平,探究微生物对各类环境因素的应激响应特征和机制。目前,随着人们对环境风险评估的关注度的增加,基因毒理学技术的开发和应用也越来越多。Gou等人结合功能基因技

第8章 基因工程技术的应用

术与毒理学开发的新型基因毒理学方法已被证实是一种全面、快速且有效的毒性评价方法,该方法能够评估多种类功能基因表达水平,通过分析多种响应途径(氧化应激、蛋白质应激、DNA应激、膜应激等)来反映各类环境因子对微生物代谢过程的影响。

经该方法检测可知,在15min内,经电芬顿法,布洛芬(ibuprofen)的降解率可达到83%,但其降解产物的毒性反而上升至了原来的1.2倍左右,这些有毒降解产物使得与抗氧化和淬灭自由基相关的功能基因(soxS、sodA、sodB、grxA)的表达水平上调,细胞膜结构和功能(san、bacA、dacB、sdhC等功能基因表达异常)也受到了影响,甚至造成了DNA损伤(ada、uvrA、uvrD、ssb等功能基因表达水平的变化反映了该现象)。

显然,该基因毒理学测试方法不仅能够定量评估污染物的毒性影响程度,还可以准确反映受影响的生物功能及其调控反应。但是,值得注意的是,当微生物的代谢过程发生改变时,其代谢产物的特征也会随之发生改变。例如,当ROS水平上升至一定程度后,微生物会分泌一定量的小分子有机物(丙酮酸、类黄酮、类胡萝卜素等)来淬灭氧化自由基。目前,基因毒理学方法多用于污染物毒性影响的预测和评估;当环境因素发生改变时,有关其基因毒理学影响(或者说是功能基因的应激响应)与微生物代谢产物之间质与量的相关关系的研究仍需要补充。

(2)蛋白质组学

蛋白质是普遍存在于生物体内的功能分子,其生物功能和表达水平不仅依赖于相关mRNA的表达水平,也与宿主的信息转录及调控有关。蛋白质组学是随着肽段/蛋白质分离、质谱分析、同位素标记定量、生物信息分析等新技术的发展而产生的,该方法能够鉴定和量化细胞、组织和微生物产物中的蛋白质,全面分析蛋白质的结构、功能、表达及其变化特征。因此,蛋白质组学是可以表征微生物代谢过程、功能及其特征的最有效的方法之一。

经蛋白质组学检测可知,Cd^{2+}能够促进蛋白质中含硫氨基酸的合成,该氨基酸的合成在谷胱甘肽的生物合成过程中发挥着重要作用;Cr^{6+}的出现会导致微生物分泌更高含量的脂多糖和胞外蛋白质,这些脂多糖和胞外蛋白质黏附在细胞膜的外表面,通过吸附Cr^{6+}达到阻止其进入细胞内部的目的。

另外,也有报道表示,当温度升高时,与其相关的蛋白质表达上调,微生物通过功能蛋白质的折叠、聚集、运输等方式来维持细胞的热稳定性。显然,当环境因素发生改变时,相关功能蛋白质的含量、表达水平、功能甚至结构会随之发生改变。但是,当各类环境因素发生改变时,蛋白质组学多用于植物根系代谢特征的探究,有关蛋白质组学在活性污泥出水有机物方面的应用仍然有所欠缺,而蛋白质组学在水处理过程的应用有助于更深入地明晰微生物的应激响应特征与调节机制。

8.4 基因工程技术在医药、卫生领域中的应用

8.4.1 阿卡波糖生产菌的基因改造

8.4.1.1 糖尿病及口服降糖药的现状

为了使药物更好地发挥药效,促胰岛素分泌剂药物需要在餐前或者餐中服用。该类药物有引发低血糖的风险,因此需要定期检测血糖并记录,服药时间需尽可能固定。

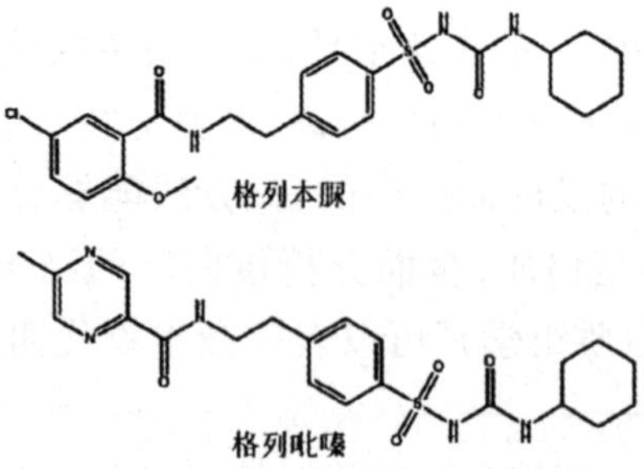

图 8-5　格列本脲、格列吡嗪的化学结构式

双胍类药物以二甲双胍作为代表(图 8-6),是治疗 2 型糖尿病的常见药物。该药物可以抑制肝糖原的分解降低肝脏葡萄糖的生成,同时增强体内胰岛素的敏感性使胰岛素达到更好的降糖作用。由于二甲双胍

第8章 基因工程技术的应用

独特的降糖机制,因此通常与其他药物联用来治疗单一降糖药物不能达到较好降糖效果的糖尿病患者。在药物联用的过程中需要注意每种降糖药物的服用方法,二甲双胍通常不会导致低血糖的发生,但是由于其他药物的联用,仍需定期检测血糖注意血糖的变化,在发生低血糖时及时处理。

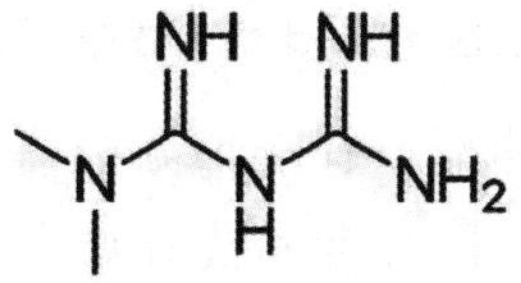

图 8-6　二甲双胍的化学结构式

噻唑烷二酮类的代表药物有曲格列酮、吡格列酮等(图 8-7)。该类药物作用机制是通过增加细胞内葡萄糖转运体的生成,提高细胞摄取葡萄糖的效率来达到降低血糖的作用。另外,同双胍类药物类似,该药物也可以通过改善胰岛素抵抗发挥降糖作用。在噻唑烷二酮类药物使用的过程中,可能会增加心脑血管疾病的发生概率,因此有心脑血管疾病既往病例的患者需谨慎服用。

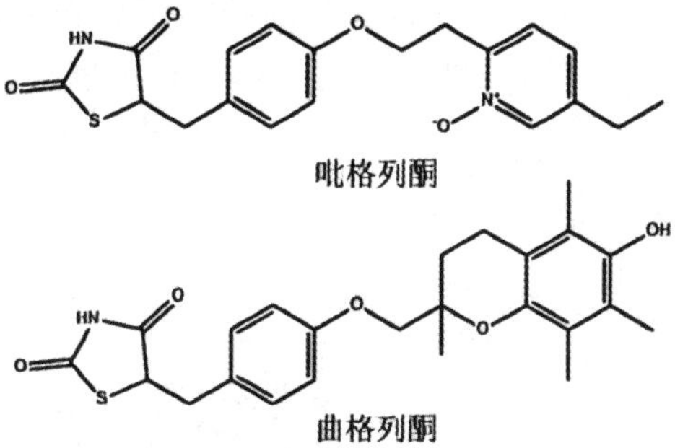

图 8-7　吡格列酮、曲格列酮的化学结构式

α-糖苷酶抑制剂类药物包含米格列醇、伏格列波糖等(图 8-8)、阿卡波糖(图 8-9),作为比较成熟的治疗糖尿病的药物,在临床上已被广泛应用,其作用机制是通过延缓小肠对碳水化合物的吸收来降低餐后血糖峰值并且降低血糖波动。该类药物不会引发低血糖病,不会导致营养吸收障碍,并且对于肝脏副作用较小,除此之外还可以显著降低由糖尿病引起的血管病变的概率。

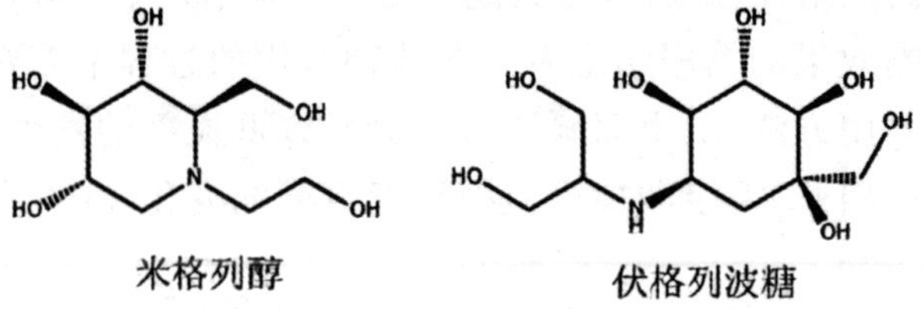

图 8-8 米格列醇、伏格列波糖的化学结构式

阿卡波糖作为 α-葡萄糖苷酶抑制剂药物，在临床上被广泛地应用于 2 型糖尿病的治疗。1990 年首先在德国上市（Bayer 公司，商品名 Glucobay，拜糖平），1995 年 9 月获美国 FDA 批准在美国上市，该产品至今仍占领绝大部分市场份额，其用量长期占口服降糖药前列。阿卡波糖化学式为 C25H43NO18，分子量为 645.60，结构式见图 8-9。阿卡波糖是从放线菌的发酵液中分离纯化获得的伪寡糖。由于其结构类似寡糖，对肠道内的淀粉酶和 α-葡萄糖苷水解酶有着较强的亲和力，可以作为竞争性底物与淀粉酶和 α-葡萄糖苷酶结合，减少淀粉及多糖物质的水解，延缓葡萄糖的生成，达到控制餐后血糖水平的作用。作为治疗药物，阿卡波糖不会引起胰岛素水平升高，并且降低了缺血性心脏病的发生概率，同时也可以避免磺脲类降糖药物所导致的低血糖症，具有较高的安全性，因此在口服降糖药的市场中一直占据较大的市场份额。

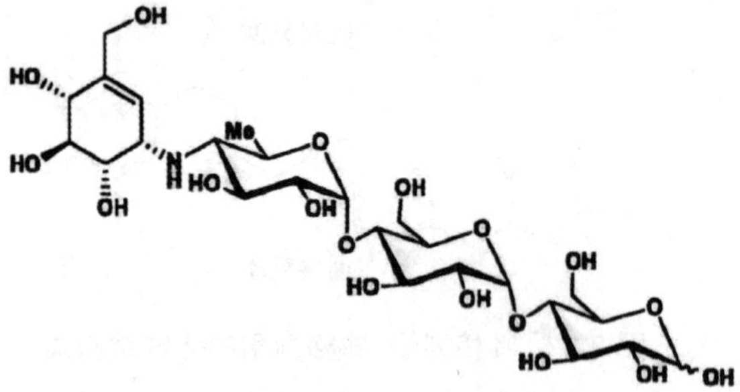

图 8-9 阿卡波糖的化学结构式

8.4.1.2 阿卡波糖生产菌株的基因工程改造

依赖于分子生物学科的迅速发展，一系列基因改造策略及高效的基因编辑工具被发现并应用于阿卡波糖生产菌的菌种改造。Tetiana Gren

第 8 章 基因工程技术的应用

开发了游动放线菌与大肠杆菌种属间接合转移的实验方法,采用了基于 φC31 整合位点的整合型质粒 pSET152。该质粒被证明可以稳定存在于放线菌基因组上,并且对于菌体的生长没有明显影响。随后,基因表达质粒 pSETT4 也被开发并用于 *Actinoplanes* sp. SE50/110 的基因改造。此外,Lena Schaffert 基于 pSET152 质粒对葡萄糖醛酸苷酶基因进行表达,通过启动子的替换测试了 13 个不同的启动子在 *Actinoplanes* sp. SE50/110 细胞内的表达强度,并将它们分类为弱启动子(7457),中等启动子(efp, cdaR, rpsL, rpsJ, cgt 和 tipA)和强启动子(apm, ermE*, katE, moeE5, gapDH)。研究人员采用不同强度的启动子与阿卡波糖合成基因 acbC 进行组合表达,使该基因表达水平得到了明显提升。CRIPSR/Cas9 作为一种高效的基因编辑工具,Timo Wolf 成功地将该基因编辑系统应用于 *Actinoplanes* sp. SE50/110 并对基因组上编码酪氨酸酶的基因 MelC 进行了删除。在后期研究中发现该菌株在发酵培养过程中没有黑色素产生,证明了该基因参与菌株生长过程中黑色素合成。

该 CRIPSR/Cas9 系统基于 pKC1139 质粒构建,可以通过温度的控制实现质粒的消除,极大地提升了基因编辑的效率,并且可以实现"无痕"编辑。依赖于已有的基因工程的分子工具和种属间接合转移的方法,Zhao 进一步对 *Actinoplanes* sp. SE50/110 种属间接合转移的实验条件进行了优化。调整了供体细胞和受体细胞的数量以及比例,优化了孵化时间和培养基中 $MgCl_2$ 的浓度,选择甲氧苄啶代替萘啶酸去抑制大肠杆菌的生长,提高了种属间接合转移的效率。借助高效的基因操作方法,研究人员将阿卡波糖生物合成基因簇在 *Actinoplanes* sp. SE50/110 菌株中实现了过表达,使阿卡波糖产量提升了 35%。

比较基因组和蛋白组学通常被应用于借助样本间不同的表型寻找相应的基因靶点或者蛋白靶点。Xie 通过 *Actinoplanes* sp. SE50 与其衍生菌株 *Actinoplanes* sp. SE50/110 的阿卡波糖生物合成基因转录水平进行比对,在研究中发现基因转录水平对比显示 *Actinoplanes* sp. SE50/110 中阿卡波糖生物合成基因表达量相比于 *Actinoplanes* sp. SE50 有 3-7 倍提升。此外通过两者基因组比对,发现了在基因组上存在 15 个碱基位点发生突变,位于 8 个编码基因。将 *Actinoplanes* sp. SE50 基因组上这 8 个基因分别进行敲除验证,发现其中基因 ACWT_4325 的敲除导致菌株细胞干重由 14.6g/L 提升至 16.9g/L,同时阿卡波糖产量提升了25%。该基因编码乙醇脱氢酶,催化细胞内乙醇向乙醛的转化,而细胞内乙醇主要来源于乙酰辅酶A的转化。推测该基因的敲除直接导致了细胞内乙醇及乙酰辅酶A的积累,更多的代谢流向乙酰辅酶A所涉及的三羧酸循环中,而合成阿卡波糖的前体物质7-磷酸景天庚酮糖来源于三羧酸循环中的代谢产物磷酸烯醇式丙酮酸,由于前体供给提升导致了阿卡波糖产量有所提升。随后对细胞内的代谢产物进行检测发现,乙酰辅酶A浓度提升52.7%,磷酸烯醇式丙酮酸浓度提升22.7%,验证了这一推论。

此外,另一基因ACWT_7629(编码G延长因子)的敲除使阿卡波糖产量提升了36%,生物量没有发生明显变化。qRT-PCR检测中发现该基因的敲除导致阿卡波糖生物合成基因表达量提升了2-5倍,推测由于阿卡波糖合成基因转录水平的提升直接导致了阿卡波糖产量的提升。两个基因的敲除对于 *Actinoplanes* sp. SE50/110也起到了同样的作用,同时敲除这两个基因进一步使阿卡波糖发酵产量由3.73g/L提升至4.21g/L。随着合成生物学的快速发展,研究人员关于阿卡波糖生产菌株的改造也越来越深入。

Zhao通过生理生化实验分析发现在阿卡波糖生物合成过程中存在2个分支产物(1-epi-valienol和valienol),导致部分的代谢产物被分流至其他途径。为了减少valienone-7-P向1-epi-valienol-7-P的转化,途径中部分编码氧化还原酶的基因被敲除,同时acbN基因被过表达使更多的valienone-7-P向valienol-7-P转化;为了减少valienone-7-P向valienone的转化以及valienol-7-P向valienol的转化,推测磷酸水解酶在该反应中起到了重要作用,将编码水解酶的ACPL_8310基因敲除,同时另一编码水解酶的ACPL_2834基因和acbJ基因的启动子被替换为弱启动WVp和kasOp*,通过减弱细胞内磷酸酶活性以减少分子产物的产生;通过基因的过表达策略提升氨基脱氧己糖部分的合成效率,来源于Mycobacterium smegmatis MC2 155的rmlB基因以及来源于E.coli的rfbA基因作为编码该途径过程中的同工酶基因,相比于原宿主中acbB和acbA基因有更好的表达效果,因此将这些基因进行串联过表达进一步提升了阿卡波糖的生产效率。

第 8 章 基因工程技术的应用

8.4.2 泛素连接酶 NEDD4L 与 MEKK2 在脓毒症中参与单核细胞炎症因子释放

脓毒症(Sepsis)是种由外界抗原引发机体免疫炎症紊乱导致多脏器功能障碍的综合征。在脓毒症中,入侵病原体引发的细胞免疫功能障碍未能恢复到稳态,从而导致持续炎症反应和免疫抑制。

8.4.2.1 脓毒症差异基因的筛查

如今有关脓毒症的研究日益增加,研究的方法也是随着基因芯片的技术的发展,开始从基因的角度发掘疾病的机制。近期文献报道,在脓毒症小鼠体内 E3 泛素连接酶 Smurf1 泛素化 MEKK2,影响炎症因子的释放。通过生信分析结果,发现 NEDD4L 是脓毒症相关差异基因,通过 GO 富集和 KEGG 通路富集分析,NEDD4L 富集到通过参与 MAPK 信号传导通路调节炎症因子的释放,其中 MEKK 家族对于 MAPK 信号通路激活至关重要。猜想在脓毒症患者单核细胞中,与 Smurf1 同族的 NEDD4L 与 MEKK2 也参与脓毒症炎症。

8.4.2.2 NEDD4L 参与脓毒炎症因子释放

NEDD4L 是 E3 泛素连接酶 NEDD4 亚家族中的一员,其结构包括 1 个 C2 结构域,4 个 ww 结构域和 1 个 HECT 结构域,参与各种病理生理过程,目前有研究表明在对高血压、心力衰竭、糖尿病等多种心血管病产生明显影响。在脓毒症方面的研究较少。本研究发现,脓毒症患者外周单核细胞中,IL-6 与 TNF-α mRNA 表达量明显高于健康组。为探究是否炎症的产生与 NEDD4L 有关,将 Si-NEDD4L 干扰 RNA 转染 THP-1 细胞,下调并抑制内源性 NEDD4L 的产生。转染后的细胞 NEDD4L 的表达明显下降,将 THP-1 细胞分为:① control 组;② LPS 组;③ LPS+Si-NEDD4L 组。

Q-pcr 实验结果提示:与 LPS 组相比,LPS+Si-NEDD4L 组中 IL-6、TNF-α 明显升高,提示 NEDD4L 参与单核细胞炎症因子的释放。由于 IL-6、TNF-α 是 MAKP 信号通路的相关因子,说明脓毒症炎症因子的释放可能有 MAPK 信号通路的激活。NEDD4L 参与炎症的释放可能是因为激活了 MAPK 信号通路。

8.4.2.3 NEDD4L 通过调节 MEKK2 参与 THP-1 细胞炎症因子释放

MEKK2（MAP3K2）是 MAPK 激酶（MAPKK）家族其中一员，起着重要作用。为更深一步研究 NEDD4L 参与炎症释放的机制。用 LPS 刺激 THP-1 细胞 0H、6H、12H 细胞构建脓毒症模型，提取 RNA 及总蛋白，实验结果表示：在细胞模型中，NEDD4L 与 MEKK2 的 mRNA 水平及蛋白质水平都升高，在 12H 内随着 LPS 刺激的时间延长 NEDD4L 表达下降，MEKK2 表达升高。表明 NEDD4L 影响炎症的释放可能与 MEKK2 有关。为进一步研究 NEDD4L 与 MEKK2 的关系，我们将目标指向，NEDD4L 的上调和下调与 MEKK2 的表达的关系上。

利用 β，β Dimethylacrylalkannin（ALCAP2）上调 NEDD4L。将实验分两组 LPS（L）刺激组、ALCAP2+LPS（L+A）刺激组，结果发现 NDDE4L 升高，MEKK2 的表达水平下降，炎症因子的释放也下降。使用干扰 RNA 将 NEDD4L 下调。结果提示：SiNEDD4L 组中 MEKK2 表达升高，炎症因子的表达也升高。通过 NEDD4L 的上调与敲低实验，我们发现 NEDD4L 可以通过调节 MEKK2 影响 THP-1 细胞炎症因子释放。但是 NEDD4L 是如何调节 MEKK2 还有待下一步实验研究。

8.4.2.4 THP-1 细胞模型中 MEKK2 通过泛素蛋白酶体途径降解

蛋白质的翻译后修饰（Protein translational modifications，PTM）是蛋白质在翻译后，官能团的一个工价改变，可以改变蛋白质的结构和理化性质或者导致蛋白的水解，这些修饰主要包括磷酸化、乙酰化、泛素化。将泛素添加到底物蛋白上称为泛素化，插上泛素分子的蛋白能被蛋白酶体（S20、S26）识别和降解。泛素-蛋白酶体系统（UPS）是由泛素和 E1 泛素激活酶、E2 泛素结合酶、E3 泛素连接酶和蛋白酶体组成，NEDD4L 作为 E3 泛素连接酶的一员在炎症中也发挥着重要作用。Nedd4l 介导的泛素化负向调节 TGF-β，Kuratumietal 等人的研究中发现，Nedd4l 通过 Smad7 下调 TGFβ，在 HepG2 细胞系中过表达 Nedd4l 会抑制 TGF-β 信号通路，而沉默 Nedd4l 则会上调 TGFβ 信号通路。在 TLR 信号通路中，Nedd4l 对 TLR4 介导的固有免疫反应具

第8章 基因工程技术的应用

有调节作用,有研究表明,Nedd41通过催化K29连接的TRAF3半胱氨酸残基的泛素化,促进固有免疫中TLR信号介导的促炎细胞因子的产生。

通过以上研究发现NEDD4L通过泛素化参与调节炎症,不难怀疑是否MEKK2下调是因为被泛素化降解。为明确MEKK2是否被泛素酶体降解用环己酰亚胺(CHX)细胞内蛋白合成抑制剂和蛋白酶体抑制剂MG132处理脓毒症细胞模型,发现未用MG132刺激的MEKK2蛋白表达水平下降,使用了MG132刺激的实验组MEKK2表达量变化不大,说明在THP-1细胞模型中MEKK2的下调是通过泛素酶体系统。

8.5 基因工程技术在环境保护领域中的应用

8.5.1 BDE-47基因工程菌的构建及土壤微生态效应

8.5.1.1 BDE-47的特征及污染修复

多溴联苯醚(Polybrominated diphenyl ethers, PBDEs)被广泛用作阻燃剂,其优异的性能、低廉的成本以及不会影响材料特性等优势使其成为一种理想的选择。四溴联苯醚(2,2'-4,4'-tetra-bromodiphenyl ether, BDE-47)是PBDEs的同类化合物中最具毒性的一种。BDE-47能够迁移至大气、土壤、水体等自然环境中。BDE-47因其高亲脂性,会随着食物链和生物富集作用,蓄积在人体内,在生物体中呈现累积效应,毒害人类健康。

1.BDE-47的毒性

BDE-47具有高毒性和潜在暴露风险,虽然BDE-47的使用正在减少,但其仍能从过去生产的产品中释放出来,也可以通过PBDEs其他同系物脱溴产生。BDE-47对生物体具有神经毒性、免疫毒性、生殖毒性等,并且在人体内存在诱发癌症的风险。流行病学和动物研究显示,长期暴露在 PBDEs 环境中,人类甲状腺功能减退症的发病率升高,对动物也会产生神经毒性。BDE-47 通过激活氨基酸受体、抑制酶活性、影响信息传递、阻断信号通路等方式对人和动物脑组织产生破坏,使部分神经元丢失,阻断中枢神经系统,产生神经系统毒性。[①]有研究表明,孕前母体暴露在 BDE-47 环境下,会使胎儿智力水平下降,并且智降程度与暴露风险成正比。[②]BDE-47 会导致生殖系统中信号传递功能阻断,影响正常生殖细胞发育,损伤生殖细胞,扰乱性激素水平,干扰正常生殖功能。

总之,BDE-47 对人类生存和繁衍存在一定的健康风险。然而,膳食摄入和粉尘吸入是人类接触 BDE-47 的主要途径,因此应尽量避免暴露于 PBDEs 环境中。近年来,有关多溴二苯醚在人类样本如母乳、脐带血和胎盘中分布及浓度的报道有所增加。BDE-47 的毒理研究是一个庞大的网络,需要学者们各自深入,组建完整的毒性效应网络体系,目前 BDE-47 对人体及动物各项器官组织的毒性效应研究还不够全面,对各项生理活动的影响还有待探索,机体内部的毒性响应机制还有待研究。

2.BDE-47 的污染现状

PBDEs 大部分是在印制线路板中发现的。[③]2006 年开始实施的《有害物质限制指令》将多溴二苯醚的含量上限限定为,在欧洲大陆出厂的新电器和电子器件的任意组件中达到 0.1%。我国在 2010 年制定并实施了《电子废弃物回收污染控制技术规范》,其中对控制粉尘排放、禁止废渣回收利用、废渣无害化处理等进行了规范化。在最近的数十年里,许多废旧电器都被送到了诸如印度、中国、加纳这样的发展中国家,然后被拆卸再利用,通过调查发现这些地区出现了严重的环境污染。我国

---

① D.C.Dorman,W.Chiu,B.F.Hales,et al.Polybrominated diphenyl ether (PBDE)neurotoxicity: a systematic review and meta-analysis of animal evidence[J].Journal of Toxicology and Environmental Health,Part B,2018,21(4):269–289.

② N.Azar,L.Booij,G.Muckle,et al.Prenatal exposure to polybrominated diphenyl ethers(PBDEs)and cognitive ability in early childhood[J].Environment International,2021,146:106296.

③ A.Turner.PBDEs in the marine environment:Sources,pathways and the role of microplastics[J]. Environmental Pollution,2022:118943.

第 8 章 基因工程技术的应用

贵屿地区自 1980 年以来持续进行着不受监管的电子垃圾回收活动,自 2013 年起,贵屿电子废弃物回收区的地方政府建立了一个循环经济园区,取缔了非法拆除,对电子废弃物进行了规范化和集中化处理,逐渐将当地电子垃圾拆解的中心地从家庭作坊转移到集中的工业园区,直接影响了当地环境中 PBDEs 等污染物的浓度。

空气中的灰尘通常负载着颗粒物。我国广东省清远市电子垃圾回收站粉尘中多溴二苯醚浓度平均值可达 27500ng/g,远高于广东省广州市的平均值 1460ng/g。Lin 等调查了贵屿电子垃圾重污染区集中工业园区建成后,不同环境粉尘中多溴二苯醚的浓度和分布,研究发现,经过对电子废弃物的统一分解处理,PBDEs 的含量在最近几年有明显的降低。Whitehead 等对美国家庭环境进行了多项研究,发现在住宅灰尘中检测到了较高浓度的多溴二苯醚。Harrad 等表明粉尘是人类接触多溴二苯醚的主要过程,占每天接触多溴二苯醚的 82%。[①]

短程的河水流动和大气传输是疏水性有机污染物从污染场地迁移到周围地区的主要途径。沉积物是持久性、生物蓄积性和有毒的污染物的汇,同时也是这类污染物的来源。生物蓄积性污染物在移动过程中沉淀在沉积物中,并在每个营养层次上生物放大,最终影响人类的健康。多溴联苯醚是一种高亲脂和高疏水的物质,容易在水体中的沉积物中被吸收和累积。龚等检测了某自然保护区内的自然沉积物,发现 BDE-47 浓度高达 0.47±0.03μg/g。沉积物通常被水体覆盖,周围环境为厌氧状态,这个环境下 BDE-47 主要通过厌氧脱溴的途径降解。

农田土壤是人类生存和农业生产的重要资源,然而一系列工业活动如电子垃圾拆解等,却给农田土壤带来了环境问题。Yin 等对中国东部一家规范的电子废弃物回收点中的多溴联苯醚的含量进行了监测,结果显示受监管地区土壤和沉积物中 PBDEs 的污染程度低于未受监管区域,表明回收厂采取相应的污染治理对策,有助于减缓 POPs 的扩散;此外,在距离电子废物处理厂较远的市区的蔬菜样本中检出了 BDE-47,证明 BDE-47 具有较强的迁移能力。张等对台州地区的表层土壤进行多溴联苯醚的浓度进行了测定,结果表明,拆解区的 BDE-47 浓度为

---

① S.Harrad,C.A.de Wit,MAE.Abdallah,et al.Indoor contamination with hexabromocyclododecanes,polybrominated diphenyl ethers,and perfluoroalkyl compounds:an importAnt exposure pathway for people?[J].Environmental science&technology,2010,44(9):3221-3231.

60.78μg/kg，居民区的 BDE-47 浓度为 18.81μg/kg，农田区的 BDE-47 浓度为 7.52μg/kg。魏等对台州市两个电子垃圾堆放点及周边土壤进行了分析与试验研究，发现多溴联苯醚的浓度分别在 21.8 ~ 1310ng/g 之间和 6.19 ~ 220ng/g 之间。

3.BDE-47 的降解

光降解、氧化还原降解和微生物降解是处理和消除多溴二苯醚的三种主要技术，虽然前两种降解方式在降解 BDE-47 方面效率较高，但是这些技术都对环境条件提出了苛刻要求，并且可能生成部分有毒的中间产物。微生物降解是消除自然环境中多溴二苯醚的重要手段。厌氧降解主要以脱溴方式降解高溴联苯醚。与厌氧降解相比，好氧微生物降解速度更快，并且可能会实现完全矿化。Huo 等表明，在 BDE-47 污染场地中，好氧条件有利于 BDE-47 的去除，适宜的碳源和诱导因子可对 BDE-47 的降解起到促进作用。[①]

微生物还原脱溴是厌氧环境中多溴二苯醚最重要的衰减途径之一，Wang 等通过双碳溴同位素分析解析了厌氧降解潜在的反应机理，说明 BDE-47 和 BDE-153 的还原脱溴反应属于亲核取代反应，在这个过程中，C-Br 键的断裂是一个影响反应速度的重要环节。BDE-47 发生好氧脱溴时具有区别于厌氧降解一些独特的关键特征，如发生芳香环的裂解和羟基化等。课题组前期通过对 BDE-47 好氧降解菌 Acinetobacter pittii GB-2 进行了转录组分析，发现其主要降解路径为羟基化，并推测 *Ant*A 基因在其中发挥了重要作用。

Zhang 等通过转录组分析，发现 BDE-47 好氧降解菌株 Stenotrophomonas sp.WZN-1 主要通过胞内酶使其发生脱溴和羟基化而降解 BDE-47。Wu 等研究邻氨基苯甲酸降解成邻苯二酚的过程，发现 *Ant*ABC 基因簇共同编码 1,2- 二氧合酶，并于第一步起作用。Kim 等克隆表达了 *Ant*A 基因，并验证了该基因能够将邻氨基苯甲酸降解成邻苯二酚的功能。Eloy 等构建了 Pseudomonas savastanoi pv 菌株的 *Ant*A 基因突变体，成功验证 *Ant*ABC 基因簇降解邻氨基苯甲酸的功能。

---

① L.Huo,C.Zhao,T.Gu,et al.Aerobic and anaerobic biodegradation of BDE-47 by bacteria isolated from an e-waste-contaminated site and the effect of various additives[J].Chemosphere, 2022,294:133739.

8.5.1.2 基因工程菌降解污染物

基因工程菌（Genetically engineered bacteria，GEB）在修复工业废物污染，降低某些有害化合物的毒性方面发挥着重要作用。[1]通过对菌株的代谢过程进行设计，构建基因工程菌，使得有利于污染物生物降解的各种分子的高分泌，可以催化降解进程，并提高降解效率，是污染修复的有效途径。在复杂的生物和非生物压力下，降解菌会与本地生物竞争养分而影响存活，选择具有潜在高适应性能力的受体菌以提高基因工程菌在污染环境中的适应性是解决这一问题的关键。

Wang等利用不同微生物的有效降解基因，构建了两株分别具有两条完整氯儿茶酚降解途径的基因工程菌，这两株基因工程菌可以完全降解儿茶酚、3CC和4CC。Meng等将almA基因整合到大肠杆菌中，使其具有降解长链烷烃的功能，并对基因工程大肠杆菌降解原油进行了模拟修复实验，在基因工程菌降解率大幅提高的情况下，建立协同生物降解系统，并将小型实验室试验外推至现场，推动了溢油污染的未来管理。近年来，随着遗传学技术的不断进步，许多具有较好生物活性的基因工程菌相继问世，见表8-3，这些微生物被认为是一种有效的生物降解微生物。

表8-3 基因工程菌在污染物降解中的修复效果

污染物	基因	受体菌	基因工程菌	降解率
农药	*pytZ*	*Escherichia coli* BL21	*Escherichia coli* BL21 / pET-24a（K+）-*pytZ*	89.48%~99.75%
芘	*C23O*	*Pseudomonas* sp. wp4	wp4-*C23O*	82.87%
芳香烃	*xylE / C23O*	*Acinetobacter* sp. BS3	*Acinetobacter* sp. BS3-*C23O*	80.00%
总石油烃	*lux*	*A.baumannii* S30	*A.baumannii* S30 pJES	76.25%
柴油	*alkB*	*Acinetobacter* sp. Y9	p450-SK2/Y9	50.00%

---

[1] N.M.Kumar, C.Muthukumaran, G.Sharmila, et al. Genetically modified organisms and its impact on the enhancement of bioremediation[J]. Bioremediation:applications for environmental protection and management, 2018:53-76.

8.5.2 两种粘帚霉的耐镉特性及基因组差异比较分析

8.5.2.1 粘帚霉概述

粘帚霉菌（*Gliocladium* spp.）是一种土壤生态系统中重要的寄生性真菌。该真菌的分布范围广泛，属于半知菌亚门（Deuteromycotina），丝孢纲（Myphomycetes），丝孢目（Monilales），从梗孢科（Moniliaceae），粘帚霉属（*Gliocladium*）。目前已鉴定出30多个该属的物种。由于其在环境修复和生物防治的能力被广泛认可，粘帚霉菌成为一种广泛应用的功能菌株。

在环境修复方面，粘帚霉表现出巨大潜力。研究发现使用粉红粘帚霉对含有苯酚类化合物的工业废水进行处理。检测处理后污水发现苯酚类化合物含量减少51%以上，生化需氧量（BOD）减少85.4%。Shang等人在粉红粘帚霉中鉴定出能够高效降解霉菌毒素玉米赤霉烯酮（ZEN）及其衍生物的降解内酯酶（ZENG）。此外，粘帚霉在对重金属修复过程中也表现出一定潜力。研究表明融粘帚霉、绿色粘帚霉及粉红粘帚霉能够高浓度重金属镉胁迫下生长，当粉红粘帚霉在50mg/L的镉胁迫下，该菌对于重金属镉的富集量达到39.7μg/g，吸附率达到58.6%。因此，粘帚霉菌株对重金属、苯酚类有机物及玉米赤霉烯酮引发的环境污染具有一定修复能力。

在生物防治方面，朱薇薇等人研究发现绿色粘帚霉（*Gliocladium virens*）菌株发酵液对于多种植物病原真菌具有抑菌作用。其中，对辣椒灰霉病菌的抑制效果最为突出，抑菌圈直径可达24.16毫米。绿色粘帚霉还能够产生多种几丁质酶，对立枯丝核菌、镰刀菌、交链孢菌三种病原真菌细胞壁具有降解作用。经使用绿色粘帚霉发酵的几丁质酶粗酶液作用于病原菌后，病原真菌细胞壁出现降解现象，导致病原菌细胞壁变薄、断裂质壁分离以及原生质空泡等现象。此外，绿色粘帚霉产生的几丁质酶可以引起根结线虫卵壳的裂解，抑制根结线虫卵的孵化。绿色粘帚霉对真菌 *Macrophoma theicola* 引起的茶树黑腐病均表现出强烈的抑菌效果，其中最为显著的是对南印度茶树病害毒株 uPA-61 的拮抗作用，抑制率达到82%。此外，融粘帚霉在生防能力方面同样表现出一定的潜力。研究表明融粘帚霉对多种病原菌均有显著抑制作用，对金

第 8 章　基因工程技术的应用

黄色青霉菌径向生长的抑制率最大,达到了 63.33%,其次是葡萄孢霉,抑制率为 62.12%。对融粘帚霉的代谢产物进行分析后,发现其产生的抗生素对致病病原体的体外拮抗作用抑制率全部达到 100%,且相较于绿色粘帚霉产生的抗生素具有更好的生防效果。

此外,融粘帚霉还表现出较为显著的生物催化能力。研究发现,使用融粘帚霉对槲皮素进行生物转化后,合成出了槲皮素 –3-O- β -D- 吡喃葡萄糖苷。此后该菌还陆续催化合成出香豆素糖苷、甾体皂苷及鲁司可皂苷元 1-O- β -D- 吡喃葡萄糖苷。综上所述,融粘帚霉可能成为环境修复、生物防治以及天然产物生产及转化的高效工具,具有广阔的开发前景。

8.5.2.2　全基因组测序技术研究进展

基因组学是一门研究生物基因组 DNA 序列以及用于获得基因序列的方法的科学,而基因组测序技术则是基因组学的核心技术之一,其发展给基因组学研究带来了革命性的变革。

第一代基因组测序技术始于 1977 年,由英国生物化学家 Sanger 发明了双脱氧核苷酸末端终止测序法。该技术具有读长较长,准确性较高的优点,适用于新物种基因组的框架构建和长度为 kb–Mb 级别的小规模项目。然而,由于成本高、速度慢和通量低等缺陷,第一代技术逐渐被淘汰。第二代基因组测序技术的出现打破了第一代技术通量低的缺点,主要代表技术有 ABI SoliD、IonTorrent、Illumina Hiseq 和 Roche 454 测序技术。第二代技术最显著的特点是高通量,可以同时对多个序列进行测序,使基因组测序的速度和效率大大提高。但是,由于需要对测序片段进行扩增和序列读长较短,存在一定的局限性。第三代基因组测序技术开始崭露头角,该技术具有超长读长、运行快、无须模板扩增、直接检测表观修饰位点等特点。代表技术有 HeliScop、单分子测序技术和 SMRT 实时单分子测序技术等。第三代技术在保证测序通量的同时,能够获得读长较长的序列,对后续基因组的拼接和注释提供巨大帮助。另外,第三代技术还能直接检测 DNA 序列上的表观修饰位点,为分析基因调控和表观遗传变异提供了更为便利的工具。

近年来,随着测序技术的成熟和进步,基因组测序技术在真菌基因组测序方面得到了广泛的应用和研究。基于这些技术,研究者能够更加深入地了解真菌的基因组组成、基因结构和功能等方面的信息,为相关领域的研究提供了强有力的支撑。

8.5.2.3 真菌比较基因组学研究进展

由于真菌基因组特性,使得真菌基因操作和基因修饰变得更加容易掌控。因此,真菌基因组研究已成为生物科学领域的热点之一,从而促进了真菌的测序和注释工作的大量开展。1996年,酿酒酵母(*Saccharomyces cerevisiae*)的全基因组测序的结果发布,使得该物种成为第一个完成全基因组测序的真菌,成为基因组学的里程碑。自此以后,随着测序技术的不断进步,越来越多的真菌基因组得到了测序和注释。基因组序列的完整性和精度大大提高,为真菌的遗传与生理学、生物工程和医药等领域的研究提供了坚实的基础。例如,荷兰帝斯曼公司于2000年率先开启了黑曲霉(*Aspergillus niger*)的全基因组测序。对基因组序列进行了较完善的功能注释,揭示了与代谢调控、细胞转运和蛋白质降解有关的开放阅读框,进一步重新构建了黑曲霉代谢网络模型,很好地解释了黑曲霉高效生产葡萄糖淀粉酶的机制,为真菌工业化发展道路的开拓提供了重要的科学依据。

随着大量真菌基因组测序的开展,对真菌的分子进化、菌株间差异和功能基因组学等方面的研究也日趋深入。通过比较基因组学,可以分析近缘或同种微生物的不同生理小种之间的基因和基因组结构差异,进而探索近缘物种在特定条件下产生差异性状的相关功能基因。这种分析方法还可以阐释物种进化过程中的物种间亲缘关系,揭示物种进化过程中产生的收缩扩张基因以及独有基因的功能。目前,国内外很多研究人员已经陆续开展真菌在比较基因组学方面的研究,以探索基因的功能及物种的进化关系。2008年,研究人员对来自丝状真菌和卵菌的36个基因组(包括来自植物病原体的7个基因组)进行了比较研究,并揭示了一组有可能在植物病原体中产生致病作用的基因和基因家族。

此外,比较基因组学在真菌分子生态学中应用,帮助科学家们更好地了解真菌在不同环境下的适应性和分布特点。并在揭示生物进化和适应性进程中发挥着重要作用。研究人员通过提取广泛存在于海洋环境中的黄曲霉,并对其基因组进行测序和比较分析发现,该菌主要通过增加与钾平衡、抗重金属和磷酸盐代谢有关的基因数量,以及获得与电

第8章 基因工程技术的应用

子运输有关的基因和编码ATP结合盒(ABC)转运蛋白、水汽素和硫醇/二硫化物交换蛋白的基因来适应海洋环境。这一结果表明,黄曲霉在适应复杂海洋环境方面具有高度的适应性,并且可以通过增加与环境适应相关的基因数量来适应环境变化。研究人员还对来自重金属污染地点的菌株进行了全基因组测序,并对其与普通菌株进行比较。比较分析结果显示,分离菌株能够产生铁载体、ACC脱氨酶、生长素并能够溶解磷酸盐,以获得对重金属具有更强的抵抗能力。

参考文献

[1]（美）戴夫·邦德著. 基因工程 [M]. 广州：广东科技出版社，2020.

[2]（日）内宫博文著；孙崇荣，李育庆译. 植物基因工程技术 [M]. 上海：上海科学技术文献出版社，1987.

[3]《神奇的基因工程》编写组. 神奇的基因工程 [M]. 广州：广东世界图书出版公司，2010.

[4] 蔡宝立，陈启民等. 潜力巨大的基因工程 [M]. 天津：天津科学技术出版社，1986.

[5] 陈宏. 基因工程实验技术 [M]. 北京：中国农业出版社，2005.

[6] 陈章良. 植物基因工程学 [M]. 长春：吉林科学技术出版社，1994.

[7] 丁勇等. 基因工程与农业 [M]. 北京：科学技术文献出版社，1994.

[8] 董妍玲，洪华珠. 基因工程 [M]. 武汉：华中师范大学出版社，2013.

[9] 郭葆玉. 基因工程药学 [M]. 北京：人民卫生出版社，2010.

[10] 何远光，程红焱. 神奇的植物基因工程 [M]. 呼和浩特：内蒙古大学出版社，2000.

[11] 黄建生，郭明秋. 基因工程抗体 [M]. 广州：华南理工大学出版社，1997.

[12] 黄亚东，项琪. 基因工程技术与重组多肽的开发应用 [M]. 武汉：华中科技大学出版社，2021.

[13] 李超琼. 植物生物学理论与基因工程研究 [M]. 北京：科学技术文献出版社，2021.

[14] 李海云,李霞,邢立群.分子生物学与基因工程理论及应用研究[M].北京:中国原子能出版社,2019.

[15] 李华金.造福人类的基因工程[M].北京:现代出版社,2018.

[16] 刘亮伟,陈红歌.基因工程原理与实验指导[M].北京:中国轻工业出版社,2010.

[17] 罗艳蕊,陈晓光.基因工程与体育运动[M].北京:北京体育大学出版社,2007.

[18] 马建岗.基因工程学原理(第3版)[M].西安:西安交通大学出版社,2013.

[19] 彭秀玲,袁汉英.基因工程实验技术[M].长沙:湖南科学技术出版社,1987.

[20] 彭银祥,李勃,陈红星.基因工程[M].武汉:华中科技大学出版社,2007.

[21] 邱泽生,刘祥林,吴晓强.基因工程[M].北京:首都师范大学出版社,1993.

[22] 宋运贤,王秀利.基因工程(第2版)[M].武汉:华中科技大学出版社,2022.

[23] 王丽.基因工程原理与技术[M].长春:东北师范大学出版社,2002.

[24] 王连铮,尹光初,邵启全.大豆基因工程的受体系统[M].哈尔滨:黑龙江科学技术出版社,1986.

[25] 王维焱,叶方寅等.神奇的基因工程[M].武汉:湖北科学技术出版社,2001.

[26] 王正朝.基因工程= GENETIC[M].成都:电子科技大学出版社,2019.

[27] 王志艳.基因工程[M].呼和浩特:内蒙古人民出版社,2007.

[28] 吴乃虎.基因工程原理[M].北京:高等教育出版社,1989.

[29] 夏启中.基因工程[M].北京:中国农业出版社,2007.

[30] 肖兵.话说基因工程[M].北京:农村读物出版社;北京:中国农业出版社,2007.

[31] 徐小静.分子生物学与基因工程技术和实验[M].北京:中央民族大学出版社,2018.

[32] 薛建平,司怀军,田振东.植物基因工程[M].合肥:中国科学

技术大学出版社,2008.

[33] 杨汝德.基因工程[M].广州:华南理工大学出版社,2003.

[34] 杨业华.植物基因与基因工程[M].武汉:湖北科学技术出版社,1992.

[35] 叶江,张惠展.基因工程简明教程[M].上海:华东理工大学出版社,2015.

[36] 衣丰涛,杨明理,宿彦京.材料基因工程现状与前瞻[M].成都:四川大学出版社,2021.

[37] 易继财.基因工程原理与实验[M].北京:中国农业大学出版社,2020.

[38] 张惠展.基因工程(第4版)[M].上海:华东理工大学出版社,2017.

[39] 张树庸,耿运琪等.基因工程[M].北京:科学普及出版社,1989.

[40] 赵奕,朱平等.基因工程学入门[M].北京:农业出版社,1990.

[41] 郑振宇,王秀利.基因工程[M].武汉:华中科技大学出版社,2015.

[42] 周岩,赵俊杰.基因工程实验技术[M].郑州:河南科学技术出版社,2011.

[43] 朱俊华,甄文全,朱鹏.基因工程实验指导[M].北京:冶金工业出版社,2020.